空间微波遥感研究与应用丛书

合成孔径雷达图像信息解译与应用技术

孙　洪　夏桂松　桑成伟　苏　鑫　著

科学出版社

北　京

内 容 简 介

本书系统地论述了合成孔径雷达图像解译方法及其应用技术。全书由三部分组成。第一部分论述合成孔径雷达图像的统计特征和极化特征，这些特征是构成有用信息的基础。第二部分论述合成孔径雷达图像信息处理的原理和方法，重点论述三个关键技术：相干斑滤波、特征提取和图像分类。第三部分论述两类实用的合成孔径雷达图像应用系统：人机分工方式的目视解译系统，其中关键技术为特征降维；人机协同方式的目标检索系统，其中关键技术为目标识别和相关反馈。书中还呈现了作者长期研究的若干创新成果和应用实例。

本书对从事合成孔径雷达图像解译的研究人员是一本具有系统性的教材，对从事合成孔径雷达图像应用的工作人员是一本具有可操作性的参考工具书。

图书在版编目(CIP)数据

合成孔径雷达图像信息解译与应用技术/孙洪等著. —北京：科学出版社，2020. 2

(空间微波遥感研究与应用丛书)

ISBN 978-7-03-064421-3

Ⅰ. ①合… Ⅱ. ①孙… ②夏… Ⅲ. ①合成孔径雷达-图像处理 Ⅳ. ①TN958

中国版本图书馆 CIP 数据核字(2020)第 024341 号

责任编辑：彭胜潮/责任校对：何艳萍
责任印制：吴兆东/封面设计：黄华斌

科 学 出 版 社 出版
北京东黄城根北街 16 号
邮政编码：100717
http://www.sciencep.com
北京建宏印刷有限公司 印刷
科学出版社发行 各地新华书店经销
*
2020 年 2 月第 一 版 开本：787×1092 1/16
2022 年 3 月第二次印刷 印张：14 1/2
字数：340 000

定价：168.00 元

(如有印装质量问题，我社负责调换)

《空间微波遥感研究与应用丛书》
编　委　会

丛 书 序

空间遥感从光学影像开始，经过对水汽特别敏感的多光谱红外辐射遥感，发展到了全天时、全天候的微波被动与主动遥感。被动遥感获取电磁辐射值，主动遥感获取电磁回波。遥感数据与图像不仅是获得这些测量值，而是通过这些测量值，反演重构数据图像中内含的天地海目标多类、多尺度、多维度的特征信息，进而形成科学知识与应用，这就是“遥感——遥远感知”的实质含义。因此，空间遥感从各类星载遥感器的研制与运行到天地海目标精细定量信息的智能获取，是一项综合交叉的高科技领域。

在 20 世纪七八十年代，中国的微波遥感从最早的微波辐射计研制、雷达技术观测应用等开始，开展了大气与地表的微波遥感研究。1992 年作为“九五”规划之一，我国第一个具有微波遥感能力的风云气象卫星三号 A 星开始前期预研，多通道微波被动遥感信息获取的基础研究也已经开始。当时，我们与美国早先已运行的星载微波遥感差距大概是 30 年。

自 20 世纪“863”高技术计划开始，合成孔径雷达的微波主动遥感技术调研和研制开始启动。

自 2000 年之后，中国空间遥感技术得到了十分迅速的发展。中国的风云气象卫星、海洋遥感卫星、环境遥感卫星等微波遥感技术相继发展，覆盖了可见光、红外、微波多个频段通道，包括星载高光谱成像仪、微波辐射计、散射计、高度计、高分辨率合成孔径成像雷达等被动与主动遥感星载有效载荷。空间微波遥感信息获取与处理的基础研究和业务应用得到了迅速发展，在国际上已占据了十分显著的地位。

现在，我国已有了相当大规模的航天遥感计划，包括气象、海洋、资源、环境与减灾、军事侦察、测绘导航、行星探测等空间遥感应用。

我国气象与海洋卫星近期将包括星载新型降水测量与风场测量雷达、新型多通道微波辐射计等多种主被动新一代微波遥感载荷，具有更为精细通道与精细时空分辨率，多计划综合连续地获取大气、海洋及自然灾害监测、大气水圈动力过程等遥感数据信息，以及全球变化的多维遥感信息。

中国高分辨率米级与亚米级多极化多模式合成孔径成像雷达 SAR 也在相当迅速地发展，在一些主要的技术指标上日益接近国际先进水平。干涉、多星、宽幅、全极化、高分辨率 SAR 都在立项发展中。

我国正在建成陆地、海洋、大气三大卫星系列，实现多种观测技术优化组合的高效全球观测和数据信息获取能力。空间微波遥感信息获取与处理的基础理论与应用方法也得到了全面的发展，逐步占据了世界先进行列。

如果说，21 世纪前十多年中国的遥感技术正在追赶世界先进水平，那么正在到来的二三十年将是与世界先进水平全面的“平跑与领跑”研究的开始。

为了及时总结我国在空间微波遥感领域的研究成果，促进我国科技工作者在该领域研究与应用水平的不断提高，我们编撰了《空间微波遥感研究与应用丛书》。可喜的是，丛书的大部分作者都是在近十多年里涌现出来的中国青年学者，取得了很好的研究成果，值得总结与提高。

我们希望，这套丛书以高质量、高品位向国内外遥感科技界展示与交流，百尺竿头，更进一步，为伟大的中国梦的实现贡献力量。

主编：**姜景山**（中国工程院院士　中国科学院国家空间科学中心）
吴一戎（中国科学院院士　中国科学院电子学研究所）
金亚秋（中国科学院院士　复旦大学）

2017 年 6 月 10 日

序

近年来，我国在机载和星载合成孔径雷达领域有了很大发展，在不同的平台上录取了大量数据，在雷达成像方法方面也取得了可喜的进展。可以预期，合成孔径雷达图像将成为重要的信息资源。

合成孔径雷达可以全天候、全天时工作，作为遥感设备，其图像分辨率基本上与光学图像相当，可以及时了解地面场景的情况，受到许多应用部门的重视。其实，合成孔径雷达的作用远不止此，从它的图像里可以获取丰富的信息，当前对光学图像分析所取得的成果就充分说明了这一点。

应当指出，光学图像在遥感领域方面的巨大成就，对合成孔径雷达很有借鉴作用，但又不可能完全套用。为能从图像中充分提取场景的信息，对合成孔径雷达来说，由于它是基于相干电波进行检测和成像的，必须对电波与被测物体的相互作用有充分理解，特别是物体不同的几何特征和物理特性对电波散射的作用。电波在大气层，特别是在电离层中的传播特性也是不可忽略的。由于物体的复杂性、随机性，不同散射回波特性常以不同的数学特征表现在图像里，而成像方法与图像表现是紧密相连的。此外，雷达波长和极化方式的不同都会使物体的某些特征在图像里反映出来。

由此可见，为了充分发挥合成孔径雷达作为遥感设备的作用，必须从更基础的层面出发，对它进行深入的研究。

另外，与光学图像的研究和分析相比，合成孔径雷达图像处理和信息解译的水平还有很大的差距，有待研究和开发适合于合成孔径雷达图像特点的专门技术。

《合成孔径雷达图像信息解译与应用技术》一书正是针对上述要求编写的一本专著。该书由武汉大学孙洪教授主持撰写，是对她的科研团队20年来在合成孔径雷达图像解译方面研究成果的一个提炼。她和她的科研团队在合成孔径雷达图像蕴含的地物散射特征，及其特征的提取和应用技术方面坚持了20多年的深入研究，提出了若干适用于SAR图像信息分析的新方法和适用于SAR图像信息解译的新技术。

我国合成孔径雷达的发展方兴未艾，在大力推广应用的同时，对合成孔径雷达图像的后处理和解释作深入研究，从合成孔径雷达图像获取更多有价值的信息，对发展国民经济和国防事业来说都具有重大意义。

愿该专著的出版能对提升我国合成孔径雷达图像资源的应用能力起到重要作用。

保铮

保 铮　谨识

2019年4月27日

于西安电子科技大学

序

前　　言

近 30 年来，我国对合成孔径雷达的研制给予了大量的投入，在获取 SAR 数据方面有了很大发展。目前进入了提升我国合成孔径雷达资源应用能力的重要阶段，而应用能力的增强依赖于合成孔径雷达图像解译技术的支撑。这样的需求正是本书撰写的动力。

这 30 年内，陆续出版了一些经典的合成孔径雷达的专著，论述了合成孔径雷达的成像原理，描述了各种机载和星载合成孔径雷达的性能。本书则从合成孔径雷达图像数据出发，着重论述其信息解译的基本原理和实用技术。

在提高合成孔径雷达资源应用能力的意义上，合成孔径雷达图像信息解译技术主要包括：①分析合成孔径雷达数据特性；②提取数据中的地物特征；③构建利用地物特征信息的应用系统。

本书在简单回顾合成孔径雷达成像原理的基础上，在上述数据分析、特征提取和辨识以及信息应用系统三个层面上展开论述。其中呈现了专门针对合成孔径雷达图像特点的原创性信息解译方法，包括用于合成孔径雷达图像降斑的 Turbo 迭代滤波，用于合成孔径雷达图像目标增强的稀疏域子空间分解和用于合成孔径雷达图像目标分类的可区分字典学习方法，等等。

在合成孔径雷达图像解译领域，我们经历了整整 20 年的研究工作。从预先研究到实用技术研制，从理论研究到应用平台研制，我们承担并完成了近 20 项国家自然科学基金项目、国家高技术研究发展计划(863 计划)项目和国家重要的应用平台项目。

在这期间，我们得到了国内外专家的帮助和支持。首先，感谢法国巴黎高科电信学院的 Henri Maitre 教授。早在 2000 年，他在学术上和资源上帮助我们建立了武汉大学信号处理实验室合成孔径雷达图像处理团队。还要感谢西安电子科技大学雷达信号处理实验室的保铮院士，早在 2001 年他为我们提供资助开展合成孔径雷达图像解译的研究工作。Maitre 教授和保铮院士多次给予我们学术指导，保院士还为我们 2005 年翻译的 Maitre 教授的著作《合成孔径雷达图像处理》作序。我们还要感谢国内外的同行大专家，他们多次给予我们学术交流机会，启发我们的研究思路。他们是：Henri Maitre、Jong-Sen Lee、Eric Pottier、Wolfgang-Martin Boerner、保铮、魏钟铨、金亚秋、毛士艺、吴曼青和彭应宁。

作者要感谢武汉大学的杨文教授和何楚教授，他们从博士生开始，坚持 18 年与作者一道进行研究和开发合成孔径雷达图像解译技术及其应用系统。还要感谢 20 年来先后在实验室为“合成孔径雷达图像信息解译”的研制工作做出重要贡献的博士生和硕士生们，其中有些已经成为国家航天事业和雷达领域的骨干力量。他们是博士研究生：曹永锋、杨文、孙尽尧、管鲍、余翔宇、王晓军、杨勇、陈嘉宇、卢昕、徐戈、何楚、夏桂松、帅永旻、殷惠、刘梦玲、陈荣、张海剑、涂尚坦、苏鑫、徐侃、胡凡、桑成伟、刘舟、胡静文、刘辰光；以及硕士研究生：李小玮、吕毅、黄祥、黄培荣、蔡纯、王皓、汪红军、彭文敏、邹同元、颜卫、盛国锋、杜安丽、吴琼、李伟、杨培、周乐意。

本书在我们多年积累的研究成果和学术、学位论文的基础上，提炼出实用于 SAR 图像信息解译的技术，系统地论述其原理和方法。各章作者如下：第 1 章：孙洪；第 2 章：孙洪；第 3 章：桑成伟、孙洪；第 4 章：孙洪、桑成伟；第 5 章：夏桂松；第 6 章：夏桂松、桑成伟；第 7 章：桑成伟、孙洪；第 8 章：苏鑫、孙洪。本书的出版得到国家自然科学基金(项目编号：61771014)的资助。

作者特别感谢保铮院士为本书作序。他将毕生精力贡献给雷达和信号处理方面的研究和工程实践，他治学严谨，学术造诣深厚，被誉为“中国雷达之父”。在此，谨以本书向保铮院士表示我们崇高的敬意！

孙　洪

2019 年 5 月于

武汉大学电子信息学院

目　录

第二部分　SAR 图像信息处理

第三部分 SAR 图像应用系统

第1章　合成孔径雷达图像解译概论

近20年里，国际性空间遥感计划相继实施，高分辨率、多极化、多站合成孔径雷达(SAR)已经实际运行(麦特尔和孙洪，2005)。近10年来，我国空间微波遥感已经全面启动，有了自己的SAR图像资源。目前亟待提高SAR资源的应用能力。本书的出发点正是研究SAR图像信息解译的理论、方法和应用技术。

合成孔径雷达(SAR)图像的形成涉及电磁波的传播特性、微波与地物之间的相互作用，以及电子系统的结构。在经典的合成孔径雷达的专著中，业已系统地论述了电磁波传播的物理特性(麦特尔和孙洪，2005)，合成孔径雷达成像系统(麦特尔和孙洪，2005)和各种参数和各种形式的SAR图像数据(麦特尔和孙洪，2005)。本书从合成孔径雷达图像数据出发，着重论述其信息解译的基本原理和实用技术。

在提高SAR图像信息应用能力的意义上，SAR图像信息解译主要包括数据分析、信息提取及其应用系统等三方面的技术。

第一，合成孔径雷达图像数据的分析。分析SAR图像数据的几何特性和统计特性，深入了解其中蕴含的地物信息。

第二，地物目标特征信息的提取。研制适用于SAR图像特殊性的数字图像处理技术，充分挖掘出感兴趣的地物信息。

第三，合成孔径雷达图像信息应用系统的构建。建立可操作的信息解译应用平台，架起SAR图像解译理论与SAR图像信息应用的桥梁。

本章首先简述上述三方面的基本原理、方法及其关键技术，然后描述本书章节的安排。

1.1　合成孔径雷达图像中的地物信息

单通道或者多通道成像合成孔径雷达提供一个或者多个二维复数矩阵数据，称为单极化或者多极化SAR图像。每个像素的幅度和相位取决于合成孔径雷达分辨单元内所有目标体给出的后向散射波的总和。合成孔径雷达图像中蕴含的地物信息比光学图像丰富得多，主要有以下三类信息：

(1)由“图像”提供的空间几何信息；

(2)由像素的幅度和相位提供的雷达后向散射系数；

(3)由多通道SAR图像提供的地物极化散射特征。

1.1.1　SAR图像的几何信息

由于相干成像的机理，SAR图像与人眼习惯的光学图像大不相同。对SAR图像的空间位置和辐射系数都需要做一些特殊的解译。

合成孔径雷达是一种侧视系统，如图 1.1 所示。而雷达图像实际上是一种“距离”图像，即电磁波传播距离短的影像位于图像的“前面”位置，反之则反。因此，SAR 图像的空间几何并非总能与地面几何一致。观察图 1.2 下端 Ground range 描述的地形几何和上端 Slant range 描述的与之对应的雷达几何，可看到透视缩短、背坡延长、顶底倒置和阴影等几何形变的现象。

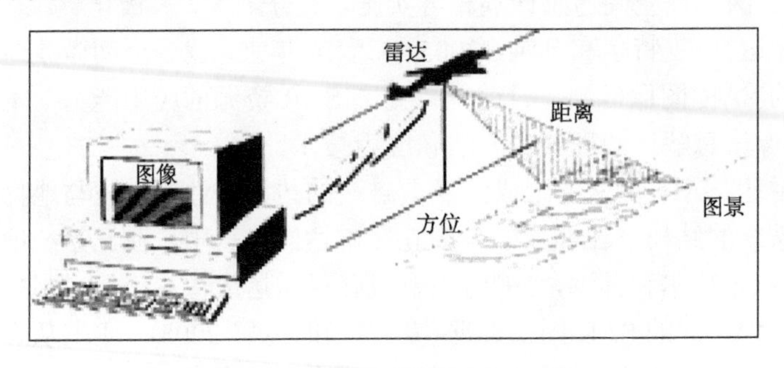

图 1.1　合成孔径雷达成像系统

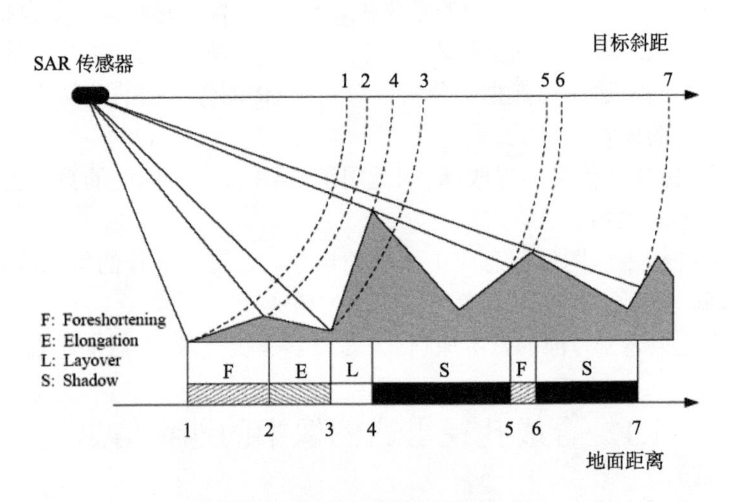

图 1.2　地形几何与雷达几何

(1) 透视缩短 (foreshortening)：对于朝向雷达入射方向的迎坡面，SAR 图像上一个分辨率单元映射的区域，比平坦地面情况下要大(地表朝向雷达入射方向的迎坡面上两点之间的斜距之差往往小于其地距之差)。透视收缩将造成下面两个后果：①地面分辨率改变，即迎坡面在 SAR 图像上压缩显示；②透视缩短的区域在图像中表现为较高的灰度值，因为一个分辨率单元所接收的能量是较大的地面区域的后向散射波之和。

(2) 背坡延长 (elongation)：与透视缩短相对应，背向雷达入射方向的斜坡在 SAR 图像上表现为较低灰度值以及拉长的区域。

(3) 顶底倒置 (layover)：当雷达波束入射角小于迎坡坡度时，入射波到达坡顶的斜距小于到达坡底的斜距，从坡底返回雷达的回波信号先于坡顶的信号到达雷达天线，此时，在 SAR 图像中出现“顶底倒置”现象。

(4) 阴影(shadow)：当背向雷达波束入射方向的地形坡度比较陡峭时，往往存在雷达波束无法照射到的区域，此时雷达无法接收到该区域的信号，在 SAR 图像中，该部分区域亮度极低，被称为阴影。

上述几何形变是侧视成像雷达特有的现象，这些现象增加了 SAR 图像目视解读的困难；另外使 SAR 图像在山区等场景具有独特的纹理，在信息解译中可以加以利用。

图 1.3 所示的埃及金字塔 SAR 图像明显出现了“透视缩短”“顶底倒置”和“阴影”等几种几何失真的现象。

因此，对于目视解读，需要熟悉雷达几何的特点，也可以利用某些几何失真获取隐藏的信息，如利用阴影估计地物高度(麦特尔和孙洪，2001)。

图 1.3　埃及金字塔的俯视光学遥感图像与侧视 SAR 图像

1.1.2　SAR 图像的统计信息

合成孔径雷达图像看起来像一种噪声极强的颗粒状斑点图像。即使在后向散射的物理特性平稳的区域，其像素点的亮度值是非常发散的。图 1.4(a) 展现的 ERS-1 香港维多利亚湾单视 SAR 图像，明显可见斑点效应，方框中平静区域的局部幅值呈现为起伏变化的随机信号。与图 1.4(b) 展现的光学遥感图像相比，视觉效应和信号特性大不相同。

合成孔径雷达图像的每个像素是由雷达分辨单元内所有目标体给出的后向散射波的总和。每个目标体反射回波的总和是以相干的方式实现的。可以用这样的数学模型描述：每个像素的复数值是由若干个随机矢量首尾相接的结果。因此雷达后向散射系数的幅值和相位是服从一个固有分布的随机变量，SAR 图像表现出固有的斑点图像(麦特尔和孙洪，2005)。

因此，通过分析相干斑的统计特性，利用数字图像滤波技术，可以从 SAR 图像数据中估计出地物的雷达后向散射系数。

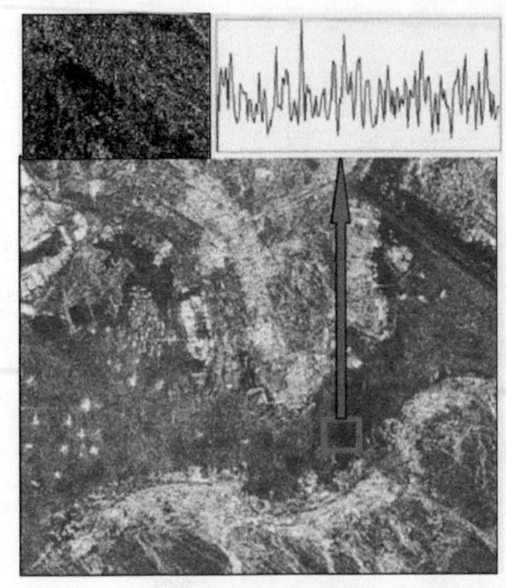

(a) 单视SAR图像信号

(b) 光学遥感图像信号

图 1.4 SAR 图像相干斑效应对比光学遥感图像(ERS-1 香港维多利亚湾)

1.1.3 地物目标的极化信息

雷达后向散射系数是雷达系统参数(频率极化、电磁波入射角等)和地物参数(地形、局部入射角、粗糙度、媒质的电属性、湿度等)的函数。从接收到的 SAR 图像数据中可以提取不同的相关地物信息。先驱科学家建立了雷达极化学[近代的代表为 W. M. Boerner 教授(Boerner,1988)]。近 30 年来,科学家研究提供了近百种地物目标的极化散射特征分量[经典的专著(Lee & Pottier,2009)给予了集中的论述]。这些分量用来表征目标的几何、纹理和材质等物理机制。

从量测数据中提取地物目标极化特征有两类:一种针对相对平稳或者相对固定的目标;另一种针对由若干独立的小单元组成的分布式目标。

1. 平稳目标的散射特征

对于散射特征平稳的相对固定的目标,从极化 SAR 图像数据中分解出表征目标的粗糙度、取向性、对称性等特征分量。由于这类目标的散射回波是相干的,因此其分解方法称之为相干分解。

特别地,相干分解可以从极化 SAR 数据中分解出目标的几何形状及其材质的平坦度,如平坦平面、二面角、球体、倾角、螺旋体等形状的散射分量。

2. 分布目标的散射特征

对于由若干独立的小单元组成的分布式目标,其散射回波随时间而变,借助统计的方法提取出一些目标的统计特征和随机性测度。由于这类目标的散射回波是非相干的,或者部分相干的,因此其分解方法称之为非相干分解。

特别地,一方面分解出平均意义上的几何形状特征分量,如布拉格表面、球体、二面角、螺旋体等；另一方面统计出目标的非平稳程度，如对称/非对称因子、局部/整体扭曲成分、局部/整体耦合因子、方向随机性、角散射随机性、不同散射机理的随机性等。这些散射特征提供了目标的各种物理信息。

1.2　合成孔径雷达图像信息处理

借用数字图像处理技术，发展适应于 SAR 数据特性的 SAR 图像处理方法，以提取和辨识 SAR 图像所含的丰富地物信息。SAR 图像信息处理主要包括降斑滤波、特征提取和图像分类三大类技术。

1.2.1　降 斑 滤 波

通常，用数字图像滤波技术降低 SAR 图像的斑点效应，求得雷达后向散射系数的最佳估计。注意到，由于相干斑呈现为乘性噪声，且为非高斯分布模型，所以借用适用于加性高斯噪声的数字滤波器就需要做类似“同态变换”的处理。即使这样，仍然存在下面所述的两大困难，有待发展适合于 SAR 图像相干斑特点的有效滤波技术。

一个困难是，经过变换使具有乘性模型的相干斑加性化，应用贝叶斯最佳估计方法得到的估计值是有偏的，对估计精度及其鲁棒性都提出挑战。另一个困难是，如果利用相干斑的加性模型，SAR 图像的等效信噪比一般低于 0 分贝。在这种情况下，无论是贝叶斯估计器还是核函数滤波器都将失去其有效性。在降低强噪声的同时保留图像的细节信息方面提出挑战。

应对这些挑战，本书将在第 4 章论述特别为 SAR 图像滤波提出“Turbo 迭代滤波”和“稀疏域子空间分解”方法。

另外，对于多通道 SAR 图像数据，借助多极化 SAR 数据的相关性，利用多通道最佳匹配滤波器技术，可以根据需求获得“最佳能量”图像、“最佳信噪比”图像，或者“最佳对比度”图像。

1.2.2　特 征 提 取

由雷达后向散射系数强度构成的图像具有类似光学图像的可观性。因此可以借用数字图像处理技术来检测和辨识 SAR 图像的点、线、面目标：

(1)利用目标检测技术，搜索车辆、轮船、飞机等感兴趣的点目标；

(2)利用轮廓提取技术，检测道路、海岸线、边缘等感兴趣的线目标；

(3)利用图像分割技术，分辨不同纹理的区域。

注意到，由于 SAR 图像固有的相干斑，需要研制更加鲁棒的图像特征提取方法。对于点目标，要考虑在抑制斑点噪声同时要增强感兴趣目标的亮度；对于线目标，要考虑斑点引起的间断现象，需要特殊的连接处理；对于面目标，要考虑纹理的复杂性可能减弱同质区域的相关性。鉴于这些特殊的问题，本书将着重论述适用于 SAR 图像特性的随机森林目标提取方法、活动轮廓模型和流域分割法。

1.2.3 图 像 分 类

合成孔径雷达图像含有丰富的极化散射信息，可以反映地物目标的几何、纹理、材质等物理特性。依据提取的特征信息进行 SAR 图像分类是 SAR 图像解译和应用的最重要的技术之一。图像分类有三层意义：像素分类、目标分类和场景分类。

(1) 像素分类：根据单通道或者多通道 SAR 图像数据的统计特性，辨识像素的属性。对于单通道 SAR 图像数据，主要辨识像素的几何特征：处于同质区内，或者边缘上，或者孤立点，等等。对于多通道 SAR 图像数据，还可以辨识像素点的极化散射属性：单次散射、偶次散射、体散射、各向异性程度，等等。

(2) 目标分类：一个目标体一般由多个像素组成。所以在图像分割基础上，用空间统计方法，辨识目标体在平均意义上的几何属性和极化散射属性。目标分类是一种最常用的应用需求。

(3) 场景分类：一个指定的区域一般由多个目标体组成。例如，由若干个建筑物、道路、草坪、油库、飞机等目标体形成一个“机场”的场景。而场景的分类更大程度地依赖于先验知识。

无论是上述哪个层次的 SAR 图像分类，其基本原理都是根据提取的信号特征分量，在特征空间上划分不同的类别(用分类器实现)。SAR 图像分类面临的挑战主要在于以下两点：

(1) 地物目标的特征分量非常之多(几何特征、纹理特征、极化特征等)，而且各个特征分量一般并非独立，需要一个有效的降维处理。

(2) 不同类别的对象一般享有大量的共同特征分量，使得在特征空间上的分界线是高度非线性的，甚至可能无法找到有效的分界线，这就给分类器的设计带来困难。

鉴于这些原因，“机器学习”的方法可能是一个有效的 SAR 图像分类的途径。因此，本书将论述支持向量机(SVM)分类方法和可分性稀疏字典分类方法。当不同对象在特征空间上有混合时，SVM 方法可以实现非线性分类。而我们提出的可分性稀疏字典方法则可以通过“学习”，形成一个无混合的特征空间，获得高精度、高效率的 SAR 图像分类。

1.3 合成孔径雷达信息解译系统

SAR 图像有着广泛的应用需求，如地物分类、变化检测、环境监测等。要让 SAR 图像信息提取和辨识技术转变为 SAR 图像信息应用能力，就需要一个可操作的合成孔径雷达图像解译平台。这个 SAR 信息解译系统应该合理组合信息分析及其处理方法，并且设置必要的系统操作技术。

根据 SAR 图像特性以及通常的应用需求，介绍我们设计并且付诸于实用的两类 SAR 图像信息解译系统：SAR 图像目视解译系统和 SAR 图像目标辨识系统。

1.3.1　目视解译系统

SAR 图像目视解译系统利用计算机强大的数据分析和信息挖掘能力，提取出地物特征信息，并形成信息可视化图；然后将地物目标辨识的任务交给使用者，利用人的智能进行信息解译。目前这是一种应用最为广泛的 SAR 图像解译平台。

目视解译系统的主要功能在于从 SAR 图像数据中提取各种感兴趣的地物特征信息，并且构造各种“信息图像/图形”，供使用者目视解译。另外，根据应用需求建立典型目标的信息图库，供目视解译参考。

1. 目视解译系统的关键技术

目视解译系统就是利用信号处理技术提取 SAR 图像数据中的地物特征，并以人眼习惯的图像或者图形的方式展示出来。该系统的关键技术就是地物特征提取、特征空间降维和特征信息可视化。

1) 地物特征提取

从 SAR 图像数据中提取有意义的特征分量，用以构成具有可读性的影像。通常提取三类信息：接收数据的统计量、地物目标极化散射特征和目标的图像特征。

(1) 计算 SAR 图像数据的统计量，如局部均值、方差、相位差、相关系数等。

(2) 从数据中提取地物目标的物理特征分量，如单次反射系数、偶次反射系数、体散射系数、局部信息熵、入射角、方位角等。

(3) 从数据影像中提取图像信息，如边缘、结构、纹理等。

2) 特征矢量降维

对高维特征矢量实施降维，选取适应于不同地物目标的本质特征分量，或者提取几个准独立的特征分量。希望由选择出的特征分量构成的信息图像在最大程度上显现地物目标。

考虑到 SAR 图像固有的相干斑，同时注意到 SAR 图像提供的目标极化散射特征分量有近百个，这两个因素给 SAR 图像特征矢量降维技术提出了挑战。本书将论述适用于 SAR 图像特性的降维技术，如聚类降维和稀疏降维等。

3) 特征信息可视化

有两种常用的信息可视化方式用于合成孔径雷达图像目视解译：一种将每个像素提供的特征分量值构成图像，以观察特定的关于地物的物理特征的空间信息；另一种将指定区域的雷达回波的电磁场参数构成可视化图形(三维图形、等高线图形等)，以观察地物目标的极化散射波的状态。

(1) 特征分量图像：适应于人眼感官特性以及极化信息分量特点，选择合适的图像灰度处理和编码方式，增强信息图像的可读性。通常采用三种技术：①图像滤波和图像增强，以抑制斑点噪声，提高图像对比度；②灰度均衡和非线性灰度直方图调整，以均衡图像亮度；③根据用户对 SAR 图像的观看习惯，选择“黑白”图像或者“伪彩”图像。

如果取单个信息分量，经过灰度均衡，以黑白图像显示。这种信息图像用以集中观察特定目标的特定特征分量。另外，“黑白”图像可以降低观察者长时间观察带来的眼睛疲劳。

如果取三个准互补的信息分量，则用 RGB 或者 YCbCr 编码的伪彩图像显示。这样的“彩色”图像外观更接近人眼熟悉的光学彩图，也显现出更多的地物特征。

(2) 散射回波图形：雷达后向散射波的变化很大程度上反映了地物目标的物理特性，可以用三维图形从各个角度展示极化散射回波的分布，提供用于目标辨识的信息图形。

2. 常用的 SAR 信息图

根据 SAR 图像的信息特征，以及人们对信息图像的理解习惯，常用的 SAR 信息图像有三大类：雷达后向散射强度图像、目标极化散射特征图像，以及后向散射波场强分布图。

1) 雷达后向散射强度图像

用雷达后向散射系数构成的图像最接近人眼习惯的光学图像，只是在对这种 SAR 图像的几何位置以及灰度幅值在某些情形下有些特殊的理解(参见 1.1 节)。我们可以用不同的方式构造雷达散射系数图像，以观察到比光学图像多得多的地物信息。

(1) 单参数黑白图像

接收到的 SAR 图像复数数据直接对应地物的雷达后向散射系数，对于不同的数据类型，可以用不同的处理技术构成 SAR 图像。

- 单极化散射强度图像

在某个极化状态下，由散射强度经过灰度均衡可以构成可读性的黑白图像，用以展现散射系数的空间信息。为了提高可读性，常常应用斑点滤波器和图像增强器。一般 SAR 图像的分辨率越高，信噪比就越低，更加需要有效的降斑处理。

这是单通道 SAR 图像数据唯一可提供的可读性信息图像。因为对于单通道 SAR 图像复数数据，从幅值可以提取雷达后向散射系数信息，而其相位是一个均匀分布的“噪声”，不能提供任何信息。

- 散射系数相位差值图像

对于多通道 SAR 图像数据，两个独立通道的复数数据的相位差可以反映一些有意义的地物特性。例如，用于区分高杆作物与穗状庄稼。相位差值构成的图像可以用来观察不同性质的地物分布。

- 最佳极化散射强度图像

注意到，各种地物对不同极化状态下的散射特性大不相同。对某些极化状态表现出较强的回波；对某些极化状态呈现出很弱的响应，甚至成为“隐身”目标。

利用全极化 SAR 数据，可以根据接收到的横波和纵波的后向散射数据，合成为任意入射角和散射角的后向散射系数，这种技术称为极化合成。经过极化合成，使感兴趣目标在相应的极化状态下以最强的散射系数得以显现。

● 最大散射能量图像

对于多极化 SAR 图像数据，联合多个独立通道接收到的散射强度数据，利用多通道最佳滤波器，得到“最大散射能量图像”。根据应用需求设计最佳准则，可以得到最高信噪比散射强度图像，或者最大对比度的散射强度图像，等等，提高 SAR 图像的可读性。

(2) 多参数复合伪彩图像

可以将三个准独立的参数用 RGB 三个显示通道复合成伪彩图像，以更加丰富的视觉层次供目视解译。这种复合参数的伪彩图像反映了地物在不同参数的强度，以及各个参数强度的比例。

● 单通道 SAR 数据伪彩图像

对于单极化 SAR 图像数据，可利用的地物信息只有雷达后向散射系数的强度。可以从散射系数构成的黑白图像中提取两个准独立的几何信息，如一个边缘描述子、一个纹理描述子。由这三个参数用 YCbCr 编码构成伪彩图像。这个伪彩图像更加接近人眼熟悉的光学图像，而且有图像增强的效果。

● 多极化 SAR 数据伪彩图像

对于全极化 SAR 图像数据，直接将三个独立通道的回波强度组成一个伪彩色图像，用 RGB 三色展现地物在三个不同水平/垂直极化状态下的散射强度，以及用复合色展现三个强度占有的比例。

2) 目标极化散射特征图像

从全极化 SAR 图像数据中可以分解出反映地物目标的各种物理特征分量(如 1.1.3 节所述)。每个像素的特征参数值可以构成地物的极化散射特征图。

(1) 特定极化特征分量图像

选择感兴趣的地物目标的极化散射特征分量，其分量值可以构成该特指极化散射特征图像。例如，偶次散射强度图像(显现人工建筑物的规整拐角等目标)，螺旋体散射强度图像(显现人工复杂物体等目标)，等等。

(2) 三个极化特征分量复合图像

选取三个准独立的极化散射特征分量，分别输入给 RGB 三色显示通道，构成目标极化特征伪彩色图像。显现出的复合颜色展示了地物目标含有所选的三个散射特征分量占有的比重。

(3) 目标自适应最佳特征复合图像

注意到，不同的地物目标反映在不同的极化特征上。因此，对能量图像进行图像分割的基础上，用特征聚类的方法选取各个目标区域的最佳特征描述子组合，构成最佳特征复合图像(参见 7.5.1 节)，提供一个可读性好的全景伪彩色图像。

3) 后向散射波场强分布图

地物目标的后向散射波的场强分布深刻反映了地物目标的特性。从全极化 SAR 图像数据中可以推导出完全表征这个场强的三维函数。依据该函数构造可以任意转动的三维图形，称之为“极化特征图”。人眼对这种三维可视化图形具有很高的鲁棒性，可以适应相干斑和混合样本产生的变形。这样，参照典型的极化特征图，就能以高准确率目视解译地物目标的属性。

1.3.2 目标辨识系统

各种各样的合成孔径雷达图像的应用任务，如地物分类、变化检测、环境监测等，都需要用一个SAR图像目标识别系统来完成。目标识别一般指计算机自动识别。但是对于含有复杂场景的SAR图像，而且带有非线性模型的相干斑，现有的全自动SAR图像目标解译技术很难达到实用要求。

为此，采用人机交互的方式进行目标识别：利用数字图像处理技术和模式识别技术进行计算机自动识别，然后引入应用者的先验知识和辅助信息干预计算机自动解译过程。这种人机交互方式的目标识别也称为图像检索技术。

我们开发的SAR图像目标检索应用系统包含两大类关键技术是SAR图像自动解译和基于相关反馈的人机交互。

1. SAR图像自动解译

自动解译的核心技术主要包括数字图像处理和模式识别。

首先利用适合于合成孔径雷达信息特性的数字图像处理技术提取地物特征。这里包括图像滤波，边缘提取，纹理分析，分割、分类等技术。对于相干成像的SAR图像，不能照搬常规的图像处理技术，需要考虑带有乘性噪声的大幅遥感图像的特殊性。这部分是本书讨论的核心内容。

其次利用模式识别技术进行目标辨识，包括机器学习方法和目标库索引技术。

2. 基于相关反馈的人机交互

相关反馈是图像检索的特殊技术。利用人眼对若干自动解译的结果作出的“对/错”决定，干预自动解译系统中的经验假设，例如：

(1) 图像处理算法中的“最佳准则”(如虚警率)；

(2) 图像处理算法中的经验参数(如门限值)；

(3) 目标特征的提取方式；

(4) 分类器的权值分配等。

经过若干次自动解译与相关反馈的人机交互，可以获取足够高的目标解译结果。

1.4 本书内容

本书从以下三个层面论述合成孔径雷达图像信息解译的理论、方法和应用技术。

1. 合成孔径雷达图像数据分析

论述合成孔径雷达图像数据的统计特征(第 2 章)及其反映地物目标的极化特征(第 3 章)，以及这些特征的分析方法。

2. 合成孔径雷达图像处理方法

针对 SAR 数据的统计特征和极化特征，论述合成孔径雷达图像的自动解译技术，包括相干斑滤波(第 4 章)、特征提取(第 5 章)和分类方法(第 6 章)。

其中详细论述了我们提出的适用于合成孔径雷达图像处理的新技术：

(1) 多系统 Turbo 迭代滤波方法(Sun et al.，2003)。提出用两个准互补的简单滤波器以 Turbo 迭代的方式对于乘性模型的相干斑进行滤波，比一个高度复杂的滤波器更为有效和实用。

(2) 稀疏域子空间分解方法(Sun et al.，2017)。针对带有强斑点噪声又带有细节信息的复杂场景 SAR 图像，提出在稀疏域进行子空间分解。相比常规的时频域子空间分解以及基于稀疏域滤波和分类更为有效和实用。

(3) 可区分性字典学习分类方法(桑成伟，孙洪，2017)。利用 SAR 图像的大数据特点，提出适合于多极化 SAR 数据的字典学习模型，提取具有很高区分性的本质特征，可大大提高 SAR 图像分类及其目标辨识的精度和实用性。

3. SAR 图像解译应用系统

论述两个自主开发并业已实用的 SAR 图像解译系统：信息可视化系统(第 7 章)(殷慧，孙洪，2010)和目标检索系统(第 8 章)(孙洪，2010)。利用上面第 2 部分所述的 SAR 图像处理技术，同时利用视觉特性和人机交互技术，构成两个 SAR 图像解译平台，实际经历了地物目标搜寻、目标识别、变化检测等重要应用。

参 考 文 献

麦特尔 H. 2001. 合成孔径雷达图像处理. 孙洪译. 北京: 电子工业出版社.

桑成伟, 孙洪. 2017. 基于可区分行字典学习模型的计划 SAR 图像分类. 信号处理, 33(11): 1405-1415.

孙洪. 2010. SAR 图像检索平台. 中国国家版权局, 计算机软件著作权 2010SR059676.

殷慧, 孙洪. 2010. 基于单时相单极化高分辨率 SAR 图像的二次成像方法. 中国国家发明专利: ZL 2010 1 0505394.8.

Boerner W M, et al. (Eds.). 1988. Direct and inverse methods in radar polarimetry. Proccedings of the NATO Advanced Research Workshop, Sept. 18-24.

Lee J S, Pottier E. 2009. Polarimatric Radar Imaging: From Basics To Applications. New York: Taylor & Francis Group: Ch.6 & Ch. 7.

Sun H, Maitre H, Bao G. 2003. Turbo image restoration. Proceedings of Seventh International Symposium on Signal Processing and Its Applications, 1: 417-420.

Sun H, Sang C W, Liu C G. 2017. Principal basis analysis in sparse representation. Science China Information Sciences, 60(2): 028102.

第一部分

SAR 图像数据分析

第 2 章　SAR 图像统计特征及其信号模型

2.1　单视复数据的统计分布

合成孔径雷达(SAR)成像系统向地表发射电磁波照射散射体，接收到散射体散射的回波后，按照特定的成像方式对散射波进行处理，得到 SAR 遥感图像。由大量散射体反射的电磁波相干叠加造成同质区域内相邻像素的强度发生剧烈波动，导致 SAR 图像在视觉上呈现出忽明忽暗的斑点状。这种相干斑不但削弱了图像细节的表现能力，也给图像处理(如地物分类、目标识别等)带来很大困难。相干斑在很大程度上影响图像的解译而且难以分析和利用，通常将相干斑看作噪声，一些文献(Lopez-Fabregas，2003；Yoon-Kim，2003)称之为斑点噪声。相干斑的统计特性是抑制斑点噪声和 SAR 图像应用技术的重要依据。

相对于雷达发射的电磁波波长，地物目标较为粗糙，也就是说一个分辨单元由大量散射中心构成。雷达目标回波由分辨单元内这些散射中心散射波相干叠加的结果，如图 2.1 中左图所示。各散射中心在空间上随机分布，并且与雷达的距离也具有随机性。用图 2.1 中右图描述这个相干波的统计模型，也就是各散射体回波的矢量和：

$$\sum_{i=1}^{M}\left(x_i + jy_i\right) = \sum_{i=1}^{M}x_i + \sum_{i=1}^{M}y_i = X + jY \tag{2.1}$$

式中，$x_i + jy_i$ 为第 i 个散射体的回波；$X + jY$ 为 M 个回波矢量之和。

当散射单元满足如下条件时，则认为相干斑是“完全发展的相干斑”：

(1) 均匀介质的一个分辨单元内有大量的散射体，即式(2.1)中的 M 足够大；

(2) 斜距距离远大于雷达波长；

(3) 以雷达波长尺度衡量介质表现得非常粗糙。

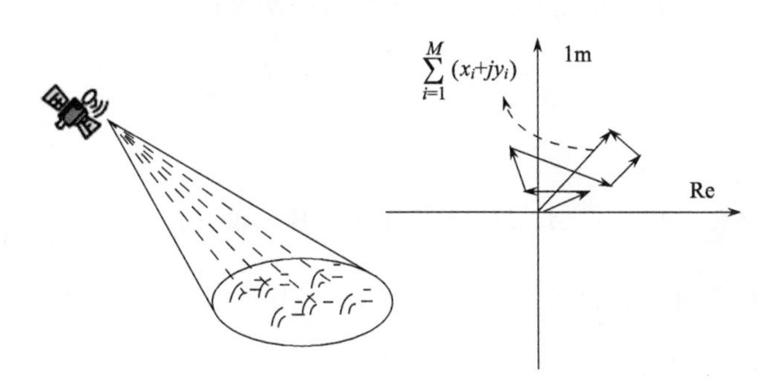

图 2.1　相干成像示意图

对于完全发展的相干斑，可假设 $(X+jY)$ 的相位在 $(-\pi,\pi)$ 上均匀分布。根据中心极限定理，矢量和的实部 X 和虚部 Y 独立同分布，且服从高斯分布，其均值为 0，方差为 σ：

$$p_x(x|\sigma)=\frac{1}{\sqrt{\pi\sigma}}\exp\left(-\frac{x^2}{\sigma}\right)$$
$$p_y(y|\sigma)=\frac{1}{\sqrt{\pi\sigma}}\exp\left(-\frac{y^2}{\sigma}\right) \tag{2.2}$$

2.1.1 幅度图像分布函数

考虑 SAR 幅度图像 A：$A=\sqrt{X^2+Y^2}$ 的概率分布，先计算 X 和 Y 的联合概率密度函数：

$$p_{X,Y}(X,Y)=p_X(X)p_Y(Y)=\frac{1}{\sqrt{\pi\sigma}}e^{-\frac{X^2}{\sigma^2}}\frac{1}{\sqrt{\pi\sigma}}e^{-\frac{Y^2}{\sigma^2}}=\frac{1}{\pi\sigma^2}e^{-\frac{\left(X^2+Y^2\right)}{\sigma^2}} \tag{2.3}$$

令 $X=A\cos\theta$，$Y=A\sin\theta$，则有

$$P_{A,\theta}(A,\theta)\mathrm{d}A\mathrm{d}\theta=P_{X,Y}(X,Y)\mathrm{d}X\mathrm{d}Y \tag{2.4}$$

对式(2.4)求导，可得

$$\mathrm{d}X=\cos\theta\mathrm{d}A-A\sin\theta\mathrm{d}\theta\text{，}\quad \mathrm{d}Y=\sin\theta\mathrm{d}A+A\cos\theta\mathrm{d}\theta$$

其雅可比行列式为

$$\mathrm{d}X\mathrm{d}Y=\begin{vmatrix}\cos\theta & -A\sin\theta\\ \sin\theta & A\cos\theta\end{vmatrix}\mathrm{d}A\mathrm{d}\theta=A\mathrm{d}A\mathrm{d}\theta \tag{2.5}$$

将式(2.2)、式(2.5)代入式(2.4)，可得幅度图像的幅度-相位联合分布：

$$p_{A,\theta}(A,\theta)=\frac{2A}{\pi\sigma^2}\exp\left(-\frac{A^2}{\sigma^2}\right) \tag{2.6}$$

对 θ 在 $[-\pi,\pi]$ 区间上积分，可得幅度图像 A 的概率密度：

$$p(A)=\frac{2A}{\sigma^2}\exp\left(-\frac{A^2}{\sigma^2}\right),\quad A\geqslant 0 \tag{2.7}$$

可见，单视 SAR 幅度图像 A 服从瑞利分布，其均值为：$E(A)=\sqrt{\frac{\pi\sigma^2}{4}}$，二阶矩为：$E\left[A^2\right]=\sigma^2$。均方差与均值的比值(即方差系数)可以有效衡量 SAR 图像的相干斑噪声强度。单视 SAR 幅度图像的方差系数为

$$\gamma_A=\frac{\mathrm{Var}(A)}{[E(A)]^2}=\frac{E(A^2)-[E(A)]^2}{[E(A)]^2}=\sqrt{\frac{4}{\pi}-1}\approx 0.5227$$

2.1.2　强度图像分布函数

SAR 强度图像为 $I = A^2$，将 $I = A^2$ 代入式(2.7)，可求得其服从指数分布：

$$p(I) = \frac{I}{\sigma^2}\exp\left(-\frac{I}{\sigma^2}\right),\quad I \geqslant 0 \tag{2.8}$$

其均值为 σ^2，方差为 σ^4。

标准差与均值的比值能有效衡量 SAR 图像的相干斑噪声水平。所以单视 SAR 强度图像的方差系数为 $\gamma_I = 1$，大于幅度图像的方差系数。这表明强度图像的相干斑噪声比幅度图像更为显著。

图 2.2 是由 TerriaSAR 获取的强度图像。图 2.2(b)所示均匀区域(白色矩形框)像素的直方图符合式(2.8)描述的负指数分布。图 2.2(c)为 SAR 幅度图像，所示均匀区域(白色矩形框)像素的直方图符合式(2.7)描述的瑞利分布。

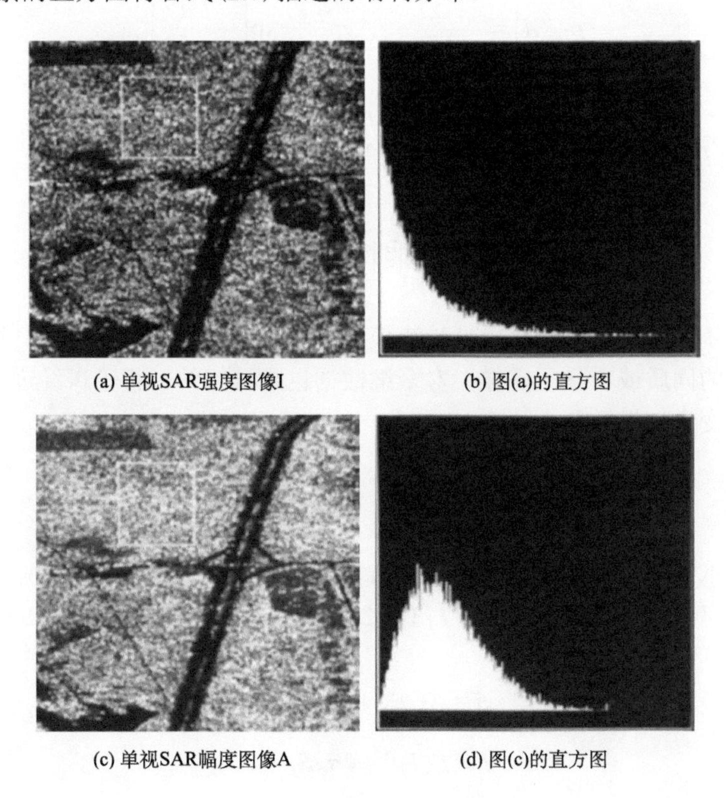

(a) 单视SAR强度图像I　(b) 图(a)的直方图

(c) 单视SAR幅度图像A　(d) 图(c)的直方图

图 2.2　SAR 图像相干斑的统计分布

2.2　多视数据的统计分布

多视 SAR 强度图像 I_L (设为 L 视)：

$$I_N = \frac{1}{N}\sum_{i=1}^{N} I_1(i) = \frac{1}{N}\sum_{i=1}^{N}\left[X(i)^2 + Y(i)^2\right]$$

式中，$X(i)$和$Y(i)$分别表示第i视数据的实部和虚部，由于$X(i)$和$Y(i)$独立同分布，且服从高斯分布，所以LI_L服从自由度为$2L$的χ^2分布，由此可得L视强度图像的概率密度函数为

$$p_L(I) = \frac{L^L I^{L-1}}{(L-1)!\sigma^{2L}}\exp\left(-\frac{LI}{\sigma^2}\right),\quad I \geqslant 0 \tag{2.9}$$

其均值为σ^2，方差为$\frac{\sigma^4}{L}$。

对于L视 SAR 幅度图像$A = \sqrt{LI_N}$，其服从自由度为$2L$的χ分布，由此L视幅度图像的概率密度函数为

$$p_L(A) = \frac{2L^L}{\sigma^{2L}(L-1)!}A^{2L-1}\exp\left(-\frac{LA^2}{\sigma^2}\right) \tag{2.10}$$

则均值为$\frac{\Gamma(L+1/2)}{\Gamma(L)}\sqrt{\frac{\sigma^2}{L}}$，方差为$\left(L - \frac{\Gamma^2(L+1/2)}{\Gamma^2(L)}\right)\frac{\sigma^2}{L}$，其中$\Gamma(\cdot)$为伽马函数。

2.3　相干斑的乘性模型和加性模型

相干斑在统计意义上可以用乘性噪声模型进行描述。在某些条件下，这个模型可以推广到空间上的同质或者异质图像，对多维数据也是可行的。相干斑经过对数变换后，由乘性模型退变为加性模型。

2.3.1　相干斑乘积模型

依据前一小节的分析，幅度图像A和强度图像I的均方差都正比于期望值。而且根据条件边缘概率$p(A)$（式 2.10）和$p(I)$（式 2.9），A和I可以写成

$$\begin{aligned} A &= E(A)S_A = \sqrt{\frac{\sigma^2}{2}}S_A \\ I &= E(I)S_I = \sigma^2 S_I \end{aligned} \tag{2.11}$$

式中，S_A和S_I分别遵循均值为$E(S)=1$的瑞利分布和拉普拉斯分布。

这表明，相干斑在完全发展的情形下为乘性模型，即

$$I(k,l) = R(k,l)S(k,l) \tag{2.12}$$

式中，$I(k,l)$为 SAR 图像中第(k,l)像素的强度或者幅度值；$R(k,l)$为雷达反射系数；$S(k,l)$为斑点噪声，服从均值为 1、标准差为σ_S的分布。

假设式(2.11)中的 $R(k,l)$ 与 $S(k,l)$ 统计独立，根据乘性噪声模型有

$$E(I)=E(R) \tag{2.13}$$

式(2.13)表明 $E(I)$ 是反射系数 R 的无偏估计。I 的方差 $\mathrm{Var}(I)$ 为

$$\begin{aligned}\mathrm{Var}(I)&=E\left[\left(I-E(I)\right)^2\right]=E\left[\left(R(v-1)+\left(R-E(R)\right)\right)^2\right]\\&=\left[\mathrm{Var}(R)+E(R)\right]\sigma_S^2+\mathrm{Var}(R)\end{aligned} \tag{2.14}$$

2.3.2 相干斑加性模型

大多图像处理方法建立在加性模型的假设之上。对于具有乘性模型[式(2.12)]的SAR 数据进行代数变换或者同态变换，转化为加性模型。

在线性贝叶斯估计中，将乘性噪声模型 $I=RS$ 转换成与反射系数相关的加性噪声 $N\triangleq(S-1)R$：

$$I=RS=R+(S-1)R=R+N$$

对于线性系统，如线性滤波器，通常用同态变换(对数变换)将乘性模型转换成加性模型。

对 L 视的强度图像 I 求对数：

$$Z=\log I=\log R+\log S=R_Z+S_Z \tag{2.15}$$

这时的分布为

$$p_Z(Z_0\mid R_Z)=\frac{\exp\left[L\cdot(Z_0-R_Z+\log L)-\exp(Z_0-R_Z+\log L)\right]}{\Gamma(L)} \tag{2.16}$$

当 $L=1$ 时，以上分布就是 Fisher-Tippett 分布(Arsenault-April，1976)，其均值和方差为(Xie et al.，2002)：

$$E\{Z\mid R_Z\}=R_Z-\log L+\psi(L)，\quad \mathrm{Var}(Z\mid R_Z)=\psi'(L) \tag{2.17}$$

式中，$\psi(L)$ 是 Digamma 函数。

注意到，对数变换后图像的条件均值 $E\{Z\mid R_Z\}$ 与强度图像 I 的均值的对数变换结果 R_Z 之间存在一定的偏差：$\psi(L)-\log L$。

还注意到，Z 要比 S 更接近高斯分布。当 $L>4$ 时，Z 可以近似认为是高斯分布的。图 2.3 显示了 $L=1$ 到 $L=8$ 时的 U 和 F 的分布函数，可以看出，$L=8$ 时，Z 的分布就非常接近高斯分布了。

幅度数据的对数变换为

$$A=R_AS_A\rightarrow\log A=\log R_A+\log S_A \tag{2.18}$$

式中，R_A 和 S_A 分别代表反射系数幅值和斑点噪声幅值。对于单视 SAR 图像，由式(2.7)，S_A 服从均值为 1.00、方差为 $(4/\pi-1)$ 的瑞利分布：

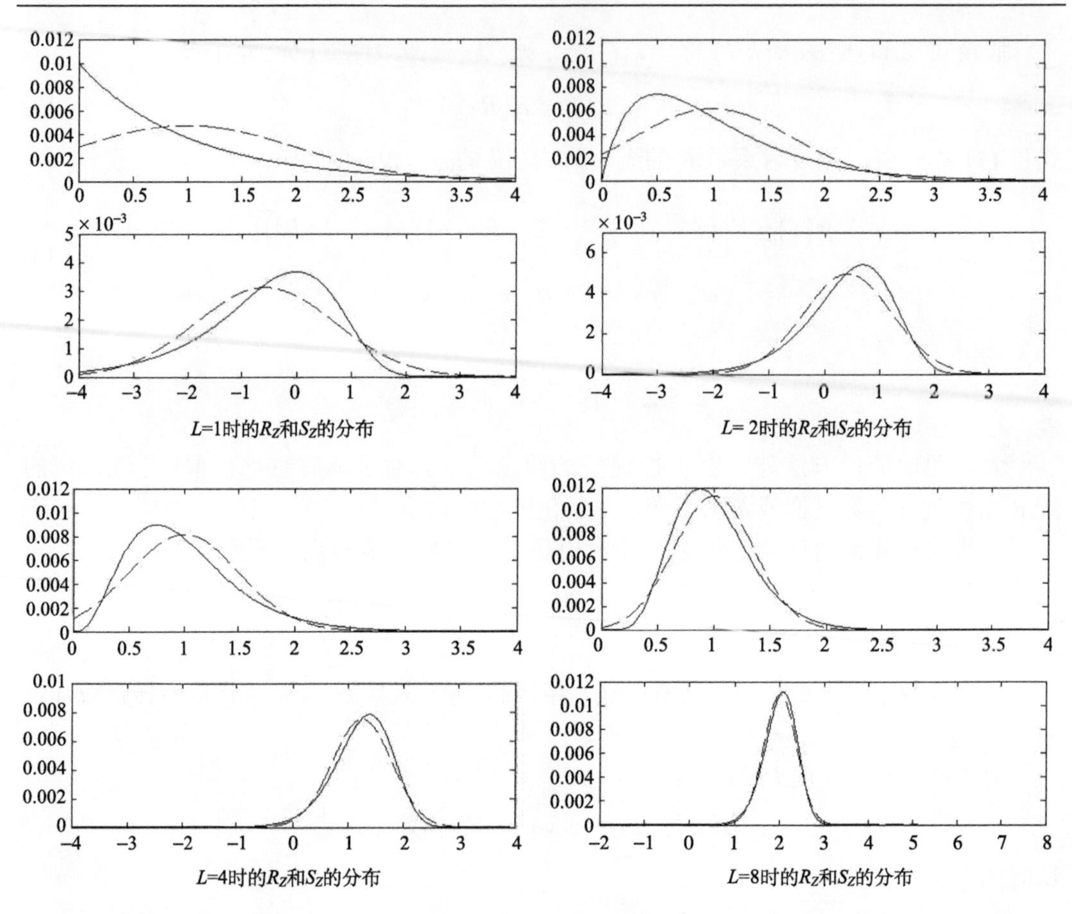

图 2.3　不同视数下的 R_Z 和 S_Z 的分布：每对图中上部分为 R_Z 的分布，下部分为 S_Z 的分布；每个实线为 R_Z 和 S_Z 的分布，虚线为具有相同均值和方差的高斯分布

$$P(S_A)=\frac{\pi\cdot S_A}{2}\cdot\exp\left(-\frac{\pi\cdot S_A^2}{4}\right)\quad S_A\geqslant 0$$

以 b 为底的对数变换后，令 $U=\log_b S_A$，则 U 的分布为

$$P(U)=\frac{\pi\exp(2U)}{2}\cdot\exp\left(-\frac{\pi\exp(2U)}{4}\right)\tag{2.19}$$

其中 U 的均值和方差为

$$E[U]=\frac{1}{2}\log_b\left(\frac{4}{\pi}\right)-\frac{1}{2}\cdot C，\quad \operatorname{Var}[U]=\frac{\pi^2}{24}\tag{2.20}$$

这里 C 是 Euler 常数（$C=0.577215$）。

对于 L 视的 SAR 图像，其斑点噪声的幅度信号的均值仍然为 1.0，其方差减小为原来的 $\frac{1}{\sqrt{L}}$。用 U_L 表示 L 视斑点噪声幅度信号的对数图像，它的概率分布不存在一个封闭式。但是利用特征函数，其分布函数可以表示成

$$P(U_L)=\frac{1}{2\pi}\exp(U_L)\cdot\int_{-\infty}^{\infty}\phi^L\left(\frac{t}{L}\right)\cdot\exp(-j\cdot\exp(U_L)\cdot t)\cdot \mathrm{d}t \tag{2.21}$$

式中，$\phi(t)$ 是瑞利分布的特征函数。随着视数的增加，斑点噪声的分布趋近于高斯分布（Xie et al.，2002）。

图 2.4 显示了不同均值和不同视数的强图图像、平方根强度图像以及对数强度图像的分布。其中视数分别选取为 $L=1$（实线），$L=3$（虚线），$L=8$（点线），$L=16$（点划线）；强度均值选为 $R=4.0$（实线），$R=8.0$（虚线），$R=16.0$（点线），$R=32.0$（点划线），平方根强度和对数强度的参数为 $R_S=\sqrt{R}$，$R_Z=\ln R$。

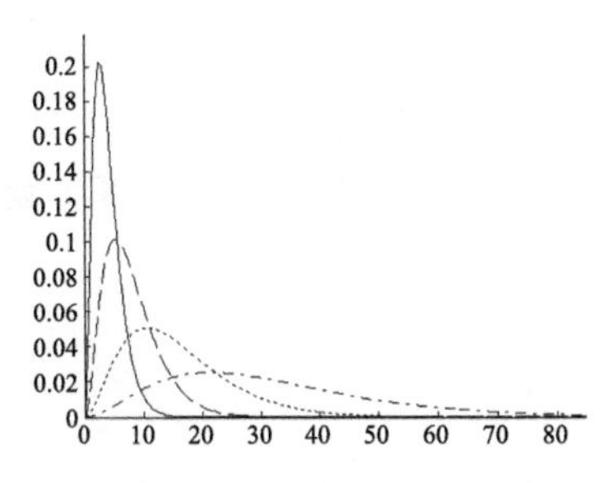

(a) 3视数、不同均值强度图像分布

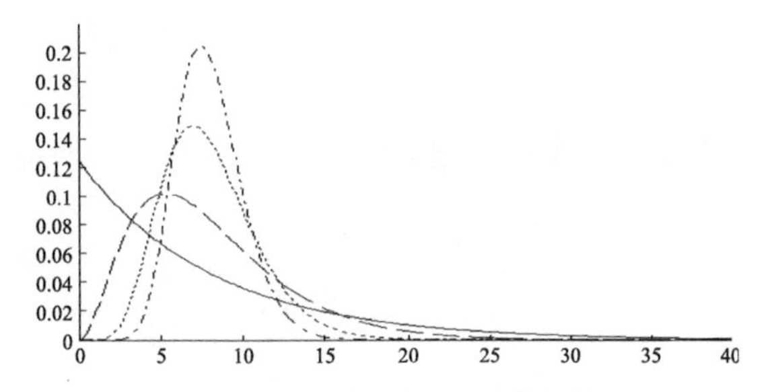

(b) 同均值、不同视数强度图像分布

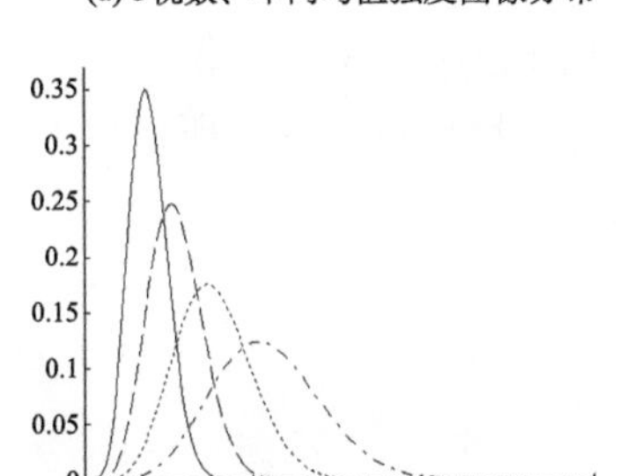

(c) 3视数、不同均值平方根强度图像分布

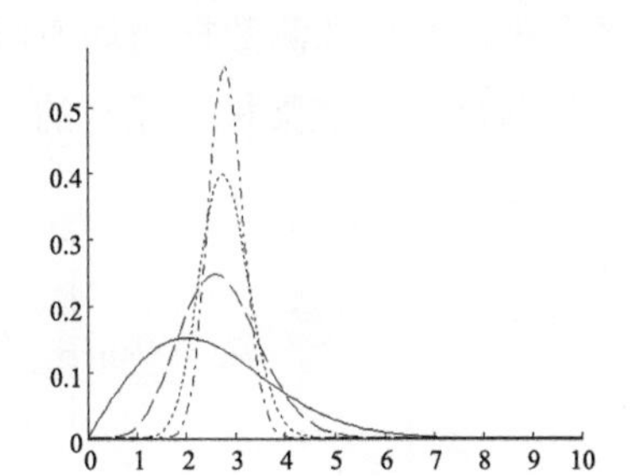

(d) 同均值、不同视数平方根强度图像分布

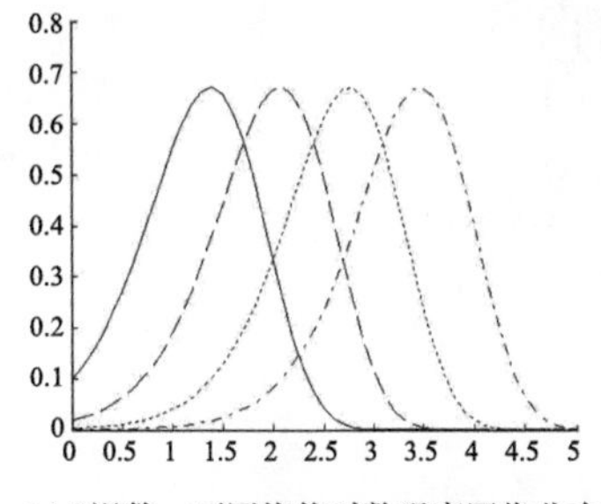

(e) 3视数、不同均值对数强度图像分布

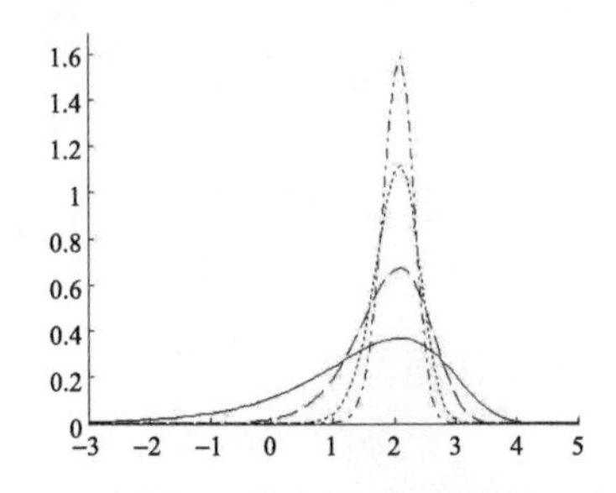

(f) 同均值、不同视数对数强度图像分布

图 2.4　L 视对数 SAR 数据的分布

2.4 多极化数据的统计分布

2.4.1 单视多极化数据统计分布

记录多极化 SAR 数据的极化散射矩阵 $\boldsymbol{S}$ 由四个复数元素 $\{S_{\mathrm{HH}}, S_{\mathrm{HV}}, S_{\mathrm{VH}}, S_{\mathrm{VV}}\}$ 构成。在不混淆的情况下，用其下标 $\{\mathrm{HH, HV, VH, VV}\}$ 表示该复数数据。对于互易介质，交叉极化的两项相同，于是极化观测矢量可以表示为

$$\boldsymbol{X}=\begin{bmatrix}\mathrm{HH}\\ \mathrm{HV}\\ \mathrm{VV}\end{bmatrix} \tag{2.22}$$

假设矢量 $\boldsymbol{X}$ 的元素 HH, HV, VV 服从联合复高斯分布，则矢量 $\boldsymbol{X}$ 的概率密度函数可以表示为

$$f(\boldsymbol{X})=\frac{1}{\pi^3\,|\boldsymbol{\Sigma}_c|}\exp(-\boldsymbol{X}^{\mathrm{H}}\boldsymbol{\Sigma}_c^{-1}\boldsymbol{X}) \tag{2.23}$$

式中，$\boldsymbol{\Sigma}_c = E\{XX^{\mathrm{H}}\}$ 为复极化观测矢量的协方差；H 表示复共轭转置；$E\{\cdot\}$ 表示数学期望。同时，每个极化通道观测数据的均值假设为零，即 $E\{X\}=0$。对于方位向对称的介质，散射矩阵的同极化和交叉极化元素的交叉乘积的集合平均可以忽略。所以协方差矩阵 $\boldsymbol{\Sigma}_c$ 可以表示为

$$\boldsymbol{\Sigma}_c=\sigma_{\mathrm{HH}}\begin{bmatrix}1 & 0 & \rho\sqrt{\gamma}\\ 0 & \varepsilon & 0\\ \rho^*\sqrt{\gamma} & 0 & \gamma\end{bmatrix} \tag{2.24}$$

其中，

$$\begin{aligned}\sigma_{\mathrm{HH}}&=E\{|\mathrm{HH}|^2\}, \qquad \varepsilon=\frac{E\{|\mathrm{HV}|^2\}}{E\{|\mathrm{HH}|^2\}}\\ \gamma&=\frac{E\{|\mathrm{VV}|^2\}}{E\{|\mathrm{HH}|^2\}}, \quad \rho=\frac{E\{\mathrm{HH}\cdot\mathrm{VV}^*\}}{\sqrt{E\{|\mathrm{HH}|^2\}E\{|\mathrm{VV}|^2\}}}\end{aligned} \tag{2.25}$$

符号“*”表示复共轭。

2.4.2 多视多极化数据统计分布

为方便分析，可用矢量 $\boldsymbol{K}$ 表示复散射矩阵 $\boldsymbol{S}$，如 Lexicographic 基下的 3 元素极化矢量(参见本书第 3 章)：

$$\boldsymbol{K}_{3l}=\begin{bmatrix}S_{\mathrm{HH}} & \sqrt{2}S_{\mathrm{HV}} & S_{\mathrm{VV}}\end{bmatrix}^{\mathrm{T}}$$

设 L 视极化数据 $\boldsymbol{Z}$ 上的样本 $\boldsymbol{K}(i)$ 具有同分布。L 视协方差矩阵定义为临近像素的单视协方差矩阵的平均：$\boldsymbol{Z}=\frac{1}{L}\sum_{i=1}^{L}\boldsymbol{K}(i)\boldsymbol{K}(i)^{*\mathrm{T}}$，其中 $\boldsymbol{K}(i)$ 表示第 i 个单视数据。对于 $\boldsymbol{K}_{3l}$，L 视协方差矩阵为

$$\boldsymbol{Z}=\frac{1}{N}\sum_{i=1}^{N}\boldsymbol{C}(i)=\begin{bmatrix} \langle|S_{\mathrm{HH}}|^2\rangle & \langle\sqrt{2}\cdot S_{\mathrm{HH}}S_{\mathrm{HV}}^*\rangle & \langle S_{\mathrm{HH}}S_{\mathrm{VV}}^*\rangle \\ \langle\sqrt{2}\cdot S_{\mathrm{HV}}S_{\mathrm{HH}}^*\rangle & \langle 2\cdot|S_{\mathrm{HV}}|^2\rangle & \langle\sqrt{2}\cdot S_{\mathrm{HV}}S_{\mathrm{VV}}^*\rangle \\ \langle S_{\mathrm{VV}}S_{\mathrm{HH}}^*\rangle & \langle\sqrt{2}\cdot S_{\mathrm{VV}}S_{\mathrm{HV}}^*\rangle & \langle|S_{\mathrm{VV}}|^2\rangle \end{bmatrix} \tag{2.26}$$

式中，$\boldsymbol{C}(i)$ 是单视数据中第 i 个像素的协方差矩阵；N 是邻域像素点的数目。$\boldsymbol{Z}$ 是一个 Hermitian 矩阵(即 $\boldsymbol{Z}_{i,j}=\boldsymbol{Z}_{j,i}^*$)。其中对角线上的元素满足一个乘性噪声模型，而非对角线上的元素既不满足加性噪声模型也不满足乘性噪声模型，因此非对角线上元素的处理仍然是一个比较困难问题(Lee et al.，1999)。

令 $\boldsymbol{A}=L\boldsymbol{Z}$，则 A 服从复 Wishart 分布

$$f^{(L)}(A)=\frac{1}{\Gamma_d(L)}\frac{1}{|\boldsymbol{\Sigma}|^L}|A|^{L-d}\exp\left\{-\mathrm{Tr}\left[\boldsymbol{\Sigma}^{-1}A\right]\right\}$$

式中，$\Gamma_d(N)=\pi^{\frac{d(d-1)}{2}}\prod_{j=1}^{d}\Gamma(N-j+1)$；$\Gamma(\cdot)$ 为伽马函数。由此，L 视多极化数据的协方差矩阵 $\boldsymbol{Z}=\boldsymbol{A}/L$ 的分布为

$$f_z^{(L)}(\boldsymbol{Z})=\frac{1}{\Gamma_d(L)}\frac{1}{|\boldsymbol{\Sigma}|^L}L^{dL}\boldsymbol{Z}^{L-d}\exp\left[-L\mathrm{Tr}\left(\boldsymbol{\Sigma}^{-1}\boldsymbol{Z}\right)\right] \tag{2.27}$$

2.5　小结与讨论

由于相干成像机理(图 2.1)，SAR 数据的特征体现在统计分布上。这点与光学图像在本质上不同(光学图像的直方图并非其本质特征(麦特尔和孙洪，2006)。因此 SAR 图像处理及其应用技术通常基于统计信号分析和贝叶斯推理方法。本章讨论了不同的数据形式(强度、幅度、对数等数据)的分布特性[式(2.2)～式(2.10)，式(2.16)～式(2.21)]。

根据 SAR 数据的分布模型[式(2.9)～式(2.10)]可知，相干斑为一种乘性模型[式(2.11)～式(2.12)]。但是常用的信号处理及其应用技术是线性系统，因此，通常用对数变换将乘性模型转换成加性模型[式(2.15)]。本章讨论了相干斑加性模型的分布函数[式(2.16)～式(2.21)]及其均值偏差等特性[式(2.17)]。

多极化 SAR 数据提供了更加丰富的地物信息，本章还讨论了多极化数据的统计分布[式(2.22)～式(2.27)]，为多极化 SAR 数据的分析和应用提供数学依据。

参 考 文 献

麦特尔 H. 2003. 现代数字图像处理. 孙洪译. 2006. 北京：电子工业出版社.

麦特尔 H. 2008. 合成孔径雷达图像处理. 孙洪译. 2013. 北京：电子工业出版社.

Arsenault H H, April G. 1976. Properties of speckle integrated with a finite aperture and logarithmically transformed, J. Opt. Soc. Amer., 66(11): 1160-1163.

Lee J S, Pottier E. 2009. Polarimatric Radar Imaging: From Basics To Applications. New York: Taylor & Francis Group. 101-140.

Lee J S, Grunes M R, Grandi G D. 1999. Polarimetric SAR Speckle Filtering and Its Implication for Classification. IEEE Transactions on GeoScience and Remote Sensing, 37: 2363-2374.

Lopez-Martinez C, Fabregas X. 2003. Polarimetric SAR speckle noise model. IEEE Transactions on Geoscience and Remote Sensing, 41(10): 2232-2242.

Xie H, Pierce L, Ulaby F T. 2002. Statistical properties of logarithmically transformed speckle, IEEE Trans. on Geoscience and Remote Sensing, 40: 721-727.

Yoon S H, Kim Y S. 2003. Classified pixel-based windowing algorithm for polarimetric SAR speckle filtering. Electronics Letters, 39(1): 115-116.

索　　引

1. 公式列表

(1) SAR 数据的统计特性 2.1～2.10

2.1　相干波矢量合成
2.2　相干斑分布函数
2.3　复数据实虚部联合分布函数
2.4　复数据幅相联合分布表达式
2.5　复数据的雅可比行列式
2.6　幅度相位联合分布函数
2.7　幅度图像概率密度函数
2.8　强度图像概率密度函数
2.9　多视强度图像概率密度函数
2.10　多视幅度图像概率密度函数

(2) 相干斑模型 2.11～2.15

2.11　相干斑的随机过程描述
2.12　相干斑的乘性模型
2.13　强度信号的无偏估计
2.14　强度信号的方差
2.15　相干斑的加性模型

(3) 对数数据的统计特性 2.16～2.21

2.16　强度图像对数数据的分布函数
2.17　强度图像对数数据的均值和方差

2.18　幅度图像的对数变换
2.19　幅度图像对数数据的分布函数
2.20　幅度图像对数数据的均值和方差
2.21　多视图像对数数据的分布函数

(4) 多极化数据的统计特性 2.22～2.27

2.22　多极化数据的矢量表示
2.23　单视极化数据的概率密度函数
2.24　单视极化数据的协方差矩阵
2.25　协方差矩阵参数
2.26　多视多极化数据的协方差矩阵
2.27　多视多极化协方差矩阵的分布函数

2. 插图列表

第 3 章　SAR 数据极化特征

3.1　电磁波的极化表征

3.1.1　极 化 椭 圆

在笛卡儿(Cartesian)坐标系中令单色平面简谐电磁波沿 Z 轴方向传播，则电场矢量 $\boldsymbol{E}(z)$ 由 x 和 y 两个方向的分量 $E_x(z)$ 和 $E_y(z)$ 组成(如图 3.1 所示)，用式(3.1)表示。

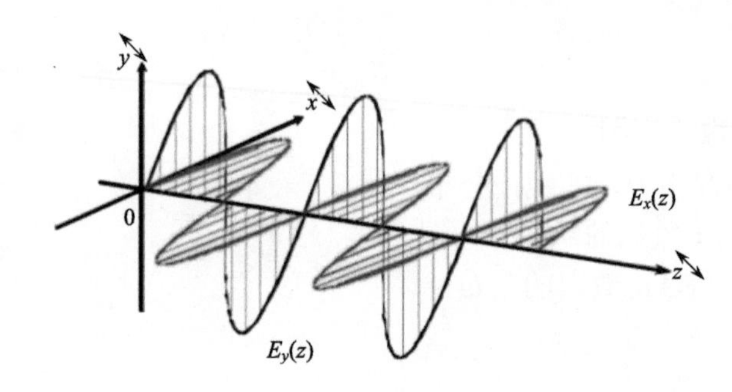

图 3.1　单色平面简谐波

$$\boldsymbol{E}(z) = E_x(z)\boldsymbol{u}_x + E_y(z)\boldsymbol{u}_y \tag{3.1}$$

式中

$$E_x(z) = E_{x_0} e^{ikz} e^{i\delta_x}$$

$$E_y(z) = E_{y_0} e^{ikz} e^{i\delta_y}$$

式中，$\boldsymbol{u}_x$ 和 $\boldsymbol{u}_y$ 分别为 x 和 y 的单位矢量基；δ_x 和 δ_y 为相位；k 为传播常量；E_{x_0} 和 E_{y_0} 分别为 $E_x(z)$ 和 $E_y(z)$ 的幅度。由此可得电场的时域矢量方程：

$$\boldsymbol{E}(z,t) = E_{x_0}\cos(\omega t - kz + \delta_x)\boldsymbol{u}_x + E_{y_0}\cos(\omega t - kz + \delta_y)\boldsymbol{u}_y$$

式中，ω 为角频率。对于某时刻 t，上式可整理成一个椭圆方程：

$$\left(\frac{E_x(z,t)}{E_{x_0}}\right)^2 - 2\left(\frac{E_x(z,t)E_y(z,t)}{E_{x_0}E_{y_0}}\right)\cos\delta + \left(\frac{E_y(z,t)}{E_{y_0}}\right)^2 = \sin^2\delta \tag{3.2}$$

其中 $\delta = \delta_x - \delta_y, -\pi \leqslant \delta \leqslant \pi$。图 3.2 给出在 $x \perp y$ 平面上式(3.1)描述的椭圆。

极化椭圆可以由椭圆大小尺寸 $\boldsymbol{A}$，椭圆率角 $\chi \in [-\pi/4, \pi/4]$ 以及椭圆方位角 $\varphi \in [-\pi/2, \pi/2]$ 三个参数得到唯一的描述。这三个描述量分别为

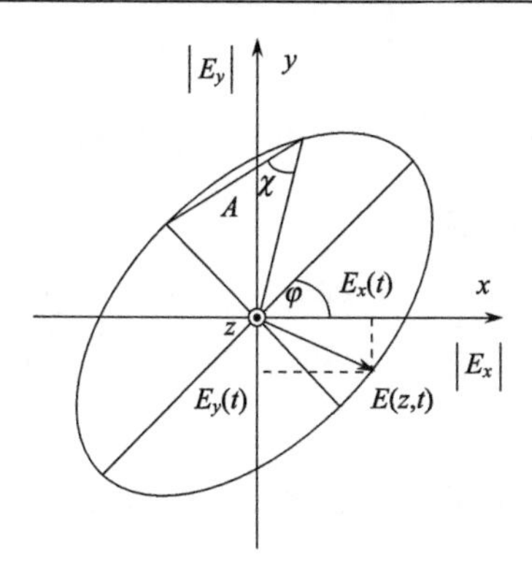

图3.2　极化椭圆

$$A = \sqrt{\left|E_{x_0}\right|^2 + \left|E_{y_0}\right|^2} \tag{3.3}$$

$$\tan 2\varphi = \frac{2\left|E_{x_0}\right|\left|E_{y_0}\right|}{\left|E_{x_0}\right|^2 - \left|E_{y_0}\right|^2}\cos\delta \tag{3.4}$$

$$\sin 2\chi = \frac{2\left|E_{x_0}\right|\left|E_{y_0}\right|}{\left|E_{x_0}\right|^2 + \left|E_{y_0}\right|^2}\sin\delta \tag{3.5}$$

根据电场矢量的旋转方向，可以将极化椭圆的旋向分为右旋(顺时针)和左旋(逆时针)。极化椭圆的旋向可以用椭圆率角χ进行描述：当$\chi > 0$时，极化椭圆为左旋；当$\chi < 0$时，极化椭圆为右旋。

广义上，电磁波根据电场矢量端点的运动轨迹可以分为完全极化波、部分极化波和非极化波。由椭圆方程(3.2)可以看到这三种极化波的特征：

完全极化波：$E_{x_0} \neq E_{y_0}$且δ为常数；

非极化波：E_{x_0}与E_{y_0}平均功率密度相等，并且互不相关；

部分极化波：介于完全极化波与非极化波之间的电磁波。

3.1.2　Jones　矢　量

对于完全极化波，即单色波(无噪声分量)，可以使用琼斯矢量(Jones)描述(Azzam& Bashara，1977；Lüneburg，1999)电场方程式(3.1)：

$$\boldsymbol{E}_{\text{Jones}} = \begin{bmatrix} E_x \\ E_y \end{bmatrix} = \begin{bmatrix} \left|E_{x_0}\right|\exp\left(i\delta_x\right) \\ \left|E_{y_0}\right|\exp\left(i\delta_y\right) \end{bmatrix} \tag{3.6}$$

极化椭圆描述的极化波状态与 Jones 矢量所表示的电场方程是等价的(Boerner，1981；Kostinski & Boemer，1986)，那么Jones矢量也可以用于表达极化椭圆的参数(椭圆尺寸A，椭圆率角χ和椭圆方位角φ)：

$$\boldsymbol{E}_{\text{Jones}} = Ae^{ia}\begin{bmatrix}\cos\varphi\cos\chi - i\sin\varphi\sin\chi \\ \sin\varphi\cos\chi + i\cos\varphi\sin\chi\end{bmatrix}$$

其中 a 是绝对相位参数。上式可写成

$$\boldsymbol{E}_{\text{Jones}} = Ae^{ia}\begin{bmatrix}\cos\varphi & -\sin\varphi \\ \sin\varphi & \cos\varphi\end{bmatrix}\begin{bmatrix}\cos\chi \\ i\sin\chi\end{bmatrix} \tag{3.7}$$

3.1.3　Stokes 矢量和 Poincare 极化球

极化波不仅包含完全极化电磁波，即电场矢量的端点在时变的极化椭圆上做周期性运动，还包含其他两种方式：部分极化波和非极化波。而琼斯矢量只适合于描述完全极化波，对于部分极化波，需要引入新的描述方法对其进行表征。

由式(3.6)可知，Jones 矢量是由幅度和相位组成的复变量，而 Stocks 矢量引入实数参数——功率值(Huynen，1990)来描述电磁波的极化状态。Stocks 参数定义如下：

$$\begin{cases} g_0 = |E_x|^2 + |E_y|^2 \\ g_1 = |E_x|^2 - |E_y|^2 \\ g_2 = 2|E_x||E_y|\cos\delta \\ g_3 = 2|E_x||E_y|\sin\delta \end{cases} \tag{3.8}$$

式中，E_x 和 E_y 分别为电场矢量的两个正交分量，即在 x 轴和 y 轴上的振幅；δ 为电场矢量在 x 轴与 y 轴上的相位差。对于完全极化电磁波，Stocks 矢量定义为

$$\boldsymbol{J} = \begin{bmatrix} g_0 \\ g_1 \\ g_2 \\ g_3 \end{bmatrix} = \begin{bmatrix} E_xE_x^* + E_yE_y^* \\ E_xE_x^* - E_yE_y^* \\ E_xE_y^* + E_yE_x^* \\ i\left(E_xE_y^* - E_yE_x^*\right) \end{bmatrix} = \begin{bmatrix} |E_x|^2 + |E_y|^2 \\ |E_x|^2 - |E_y|^2 \\ 2|E_x||E_y|\cos\delta \\ 2|E_x||E_y|\sin\delta \end{bmatrix} \tag{3.9}$$

对于完全极化波，由式(3.9)可知，Stocks 的四个参数有如下关系：

$$g_0^2 = g_1^2 + g_2^2 + g_3^2 \tag{3.10}$$

式(3.10)表明，Stocks 的四个参数中有三个参数独立。

Stocks 矢量[式(3.9)]也可由极化椭圆参数(椭圆尺寸 A、椭圆率角 χ、椭圆方位角 φ)描述：

$$\boldsymbol{J} = A^2\begin{bmatrix} 1 \\ \cos 2\varphi\cos 2\chi \\ \sin 2\varphi\cos 2\chi \\ \sin 2\chi \end{bmatrix} \tag{3.11}$$

对于部分极化电磁波，其振幅与相位为波矢量的平均，其 Stocks 参数为

$$
\begin{cases}
g_0 = \left\langle |E_x|^2 \right\rangle + \left\langle |E_y|^2 \right\rangle \\
g_1 = \left\langle |E_x|^2 \right\rangle - \left\langle |E_y|^2 \right\rangle \\
g_2 = \left\langle 2|E_x||E_y|\cos\delta \right\rangle \\
g_3 = \left\langle 2|E_x||E_y|\sin\delta \right\rangle
\end{cases}
\tag{3.12}
$$

上式(3.12)有如下关系

$$
g_0^2 > g_1^2 + g_2^2 + g_3^2 \tag{3.13}
$$

根据部分极化波的 Stocks 矢量参数(3.12)和完全极化波的 Stocks 矢量(3.9)，部分极化电磁波的 Stocks 矢量可以表达为完全极化波与完全非极化波之和，即

$$
\boldsymbol{J} = \begin{bmatrix} g_0 \\ g_1 \\ g_2 \\ g_3 \end{bmatrix} = \begin{bmatrix} \sqrt{g_1^2 + g_2^2 + g_3^2} \\ g_1 \\ g_2 \\ g_3 \end{bmatrix} + \begin{bmatrix} g_0 - \sqrt{g_1^2 + g_2^2 + g_3^2} \\ 0 \\ 0 \\ 0 \end{bmatrix} \tag{3.14}
$$

其中右边第一、二项分别描述完全极化电磁波和完全非极化电磁波。

Stocks 矢量的四个参数的物理含义为：

g_0： 电磁波总功率；

g_1： 垂直或水平线性极化功率；

g_2： 极化椭圆的方位角为 $\pm\pi/4$ 时，线性极化功率；

g_3： 右旋圆极化和左旋圆极化分量的功率和。

如果 $g_i \neq 0,\ i = 0,1,2,3$ ，意味着此平面波中含有极化分量。

Stocks 矢量的椭圆参数表达式(3.11)还表明，Stocks 矢量对应于以原点为圆心半径为 g_0 的球面上的点，通常将这个球称为 Poincare(邦加)极化球，如图 3.3 所示。g_1、g_2 和 g_3 为球面上一给定点 P 的笛卡儿坐标，2χ 是点 P 矢径在 $g_1 - g_2$ 平面的仰角，2ψ 是点 P 矢径在 $g_1 - g_2$ 平面上的投影与 g_1 坐标轴正方向夹角，其正方向对应为相对于 g_1 轴正方向的逆时针方向(由 g_3 轴正面向 $g_1 - g_2$ 平面俯视观察)。

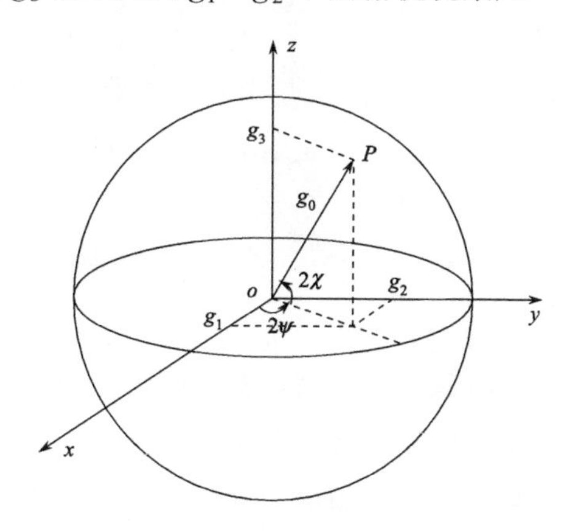

图 3.3　Poincare 极化球示意图

由于极化椭圆的方向由椭圆率角 χ 的符号描述，因此邦加球的上半部分和下半部分分别表示左旋极化和右旋极化。赤道上的点和南北两个极点位置上的点分别表示线性极化、右旋极化、左旋极化。一对正交极化与邦加球的一条直径上的两个端点相对应。如，具有代表性的极化基(H, V)，线性极化H为邦加球的赤道和 g_1 正半轴的交点，线性极化V 为赤道和 g_1 负半轴的交点。另外电磁波的三种极化状态也可以通过 Poincare 球进行描述，当点 P 位于球面，则为完全极化状态；点 P 位于球心，则为完全非极化状态；点 P 位于球的内部，则为部分极化状态。

3.2 极化回波矩阵

通常，雷达散射截面(RCS)广泛用于描述雷达目标散射特征，反映了电磁波入射与目标散射之间的强度变化特征。对于多极化雷达，地物目标后向散射波中不仅包含强度信息，还包含相位信息和极化信息。为表征目标的极化散射特征，引入更多的特征参数以反映各极化通道散射波在相位和幅度上的变化。

3.2.1 散射矩阵和散射矢量

描述雷达收、发波的传播过程可以用前向散射坐标系，也可以用后向散射坐标系。考虑到单站雷达的雷达入射和目标散射电磁波在后向散射坐标系中可以用相同的极化基描述(Boerner et al.，1988 & 1998)，下面采用后向散射坐标系来讨论散射波的极化特性。

在后向散射坐标系中，雷达发射和接收的电磁波可以表达为

$$\boldsymbol{E}_t = E_{\mathrm{V}}^t v_t + E_{\mathrm{H}}^t h_t$$

$$\boldsymbol{E}_r = E_{\mathrm{V}}^r v_r + E_{\mathrm{H}}^r h_r$$

其中，$\boldsymbol{E}_t$ 为发射的电磁波矢量；$\boldsymbol{E}_r$ 为接收的电磁波矢量；(v, h)为正交极化基。

矢量 $\boldsymbol{E}_t$ 和 $\boldsymbol{E}_r$ 之间关系可表达为

$$\boldsymbol{E}_r = \begin{bmatrix} E_{\mathrm{H}}^r \\ E_{\mathrm{V}}^r \end{bmatrix} = \frac{e^{jk_0R}}{r}\boldsymbol{S}\cdot E_t = \frac{e^{jk_0R}}{r}\begin{bmatrix} S_{\mathrm{HH}} & S_{\mathrm{HV}} \\ S_{\mathrm{VH}} & S_{\mathrm{VV}} \end{bmatrix}\begin{bmatrix} E_{\mathrm{H}}^t \\ E_{\mathrm{V}}^t \end{bmatrix} \tag{3.15}$$

式中，r 为目标与接收天线之间的距离；k_0 是电磁波波数。$\boldsymbol{S}$ 是极化散射矩阵(scattering matrix)，也称之为 Sinclair 矩阵(Kostinski & Boemer，1986)，可以简便地表征入射波矢量和散射波矢量之间的关系，定义为

$$\boldsymbol{S} = \begin{bmatrix} S_{\mathrm{HH}} & S_{\mathrm{HV}} \\ S_{\mathrm{VH}} & S_{\mathrm{VV}} \end{bmatrix} \tag{3.16}$$

式中，S_{HV} 表示在发射水平(H)极化电磁波、接收垂直(V)极化电磁波状态下，入射场与散射场的关系；与雷达散射截面积 σ 的关系为 $\sigma_{\mathrm{HV}}=4\pi|S_{\mathrm{HV}}|^2$；其余参数 S_{HH}、S_{VH} 和 S_{VV} 的含义与之类似。S_{HH} 和 S_{VV} 称为同极化分量，S_{HV} 和 S_{VH} 称为交叉极化分量。单站 SAR 满足天线互易定理时，即 $S_{\mathrm{HV}} = S_{\mathrm{VH}}$，并忽略绝对相位值，那么 S 含有的独立变

量为三个幅度和两个相位差，共 5 个独立参数。

为了方便分析，通常将极化散射矩阵 $\boldsymbol{S}$ 进行矢量化

$$\boldsymbol{K}=V(\boldsymbol{S})=\frac{1}{2}\mathrm{Trace}(\boldsymbol{S}\Psi)=\begin{bmatrix}k_0 & k_1 & k_2 & k_3\end{bmatrix}^{\mathrm{T}}$$

其中 $V(\cdot)$ 为矢量化算子，Ψ 是一组 2×2 正交基矩阵。极化散射矩阵 $\boldsymbol{S}$ 对于不同的 Ψ 具有不同的矢量，通常使用 Lexicographic 基 Ψ_{L} 和 Pauli 基 Ψ_{P} 对散射矩阵 $\boldsymbol{S}$ 进行矢量化（Cloude & Pottier，1997）：

$$\begin{aligned}\Psi_{\mathrm{L}}&=\left\{\begin{bmatrix}2&0\\0&0\end{bmatrix},\begin{bmatrix}0&2\\0&0\end{bmatrix},\begin{bmatrix}0&0\\2&0\end{bmatrix},\begin{bmatrix}0&0\\0&2\end{bmatrix}\right\}\\ \Psi_{\mathrm{P}}&=\left\{\sqrt{2}\begin{bmatrix}1&0\\0&1\end{bmatrix},\sqrt{2}\begin{bmatrix}1&0\\0&-1\end{bmatrix},\sqrt{2}\begin{bmatrix}0&1\\1&0\end{bmatrix},\sqrt{2}\begin{bmatrix}0&-j\\j&2\end{bmatrix}\right\}\end{aligned}\tag{3.17}$$

散射矩阵 $\boldsymbol{S}$ 在 Ψ_{L} 和 Ψ_{P} 下的散射矢量分别为

$$\begin{aligned}\boldsymbol{K}_{4\mathrm{L}}&=\begin{bmatrix}S_{\mathrm{HH}} & S_{\mathrm{HV}} & S_{\mathrm{VH}} & S_{\mathrm{VV}}\end{bmatrix}^{\mathrm{T}}\\ \boldsymbol{K}_{4\mathrm{P}}&=\frac{1}{\sqrt{2}}\begin{bmatrix}S_{\mathrm{HH}}+S_{\mathrm{VV}} & S_{\mathrm{HH}}-S_{\mathrm{VV}} & S_{\mathrm{HV}}+S_{\mathrm{VH}} & j(S_{\mathrm{HV}}-S_{\mathrm{VH}})\end{bmatrix}^{\mathrm{T}}\end{aligned}\tag{3.18}$$

在单站互易情况下 $S_{\mathrm{HV}}=S_{\mathrm{VH}}$，式(3.18)成为

$$\begin{aligned}\boldsymbol{K}_{\mathrm{L}}&=\begin{bmatrix}S_{\mathrm{HH}} & \sqrt{2}S_{\mathrm{HV}} & S_{\mathrm{VV}}\end{bmatrix}^{\mathrm{T}}\\ \boldsymbol{K}_{\mathrm{P}}&=\frac{1}{\sqrt{2}}\begin{bmatrix}S_{\mathrm{HH}}+S_{\mathrm{VV}} & S_{\mathrm{HH}}-S_{\mathrm{VV}} & 2S_{\mathrm{HV}}\end{bmatrix}^{\mathrm{T}}\end{aligned}\tag{3.19}$$

3.2.2 Stockes 矩 阵

散射矩阵 $\boldsymbol{S}$ 反映了入射波 Jones 矢量和散射波 Jones 矢量之间的关系。由于 Jones 矢量只适用于描述完全极化电磁波。而在极化 SAR 应用中，雷达目标通常由若干个独立小散射单元组合构成，使用散射矩阵 $\boldsymbol{S}$ 不能有效描述该类目标散射特征。因此需要引入 Stocks 矩阵来反映入射电磁波和后向散射波电磁波之间的关系，在前向散射坐标系中称 Mueller 矩阵，在后向散射坐标系中称为 Kennaugh 矩阵。Stocks 矩阵以矢量形式可写为

$$\boldsymbol{g}=[\boldsymbol{R}]\boldsymbol{G}=\begin{bmatrix}1&1&0&0\\1&-1&0&0\\0&0&1&1\\0&0&-j&j\end{bmatrix}\begin{bmatrix}|E_{\mathrm{H}}|^2\\|E_{\mathrm{V}}|^2\\E_{\mathrm{H}}E_{\mathrm{V}}^*\\E_{\mathrm{V}}E_{\mathrm{H}}^*\end{bmatrix}=\begin{bmatrix}|E_{\mathrm{H}}|^2+|E_{\mathrm{V}}|^2\\|E_{\mathrm{H}}|^2-|E_{\mathrm{V}}|^2\\2\mathrm{Re}(E_{\mathrm{H}}E_{\mathrm{V}}^*)\\2\mathrm{Im}(E_{\mathrm{H}}E_{\mathrm{V}}^*)\end{bmatrix}\tag{3.20}$$

雷达目标的散射矢量 $\boldsymbol{G}^S$ 与入射矢量 $\boldsymbol{G}^t$ 之间的关系如下：

$$\boldsymbol{G}^S=\frac{1}{r^2}[W]\boldsymbol{G}^t$$

即

$$\begin{bmatrix} |E_{\mathrm{H}}|^2 \\ |E_{\mathrm{V}}|^2 \\ E_{\mathrm{H}}E_{\mathrm{V}}^* \\ E_{\mathrm{V}}E_{\mathrm{H}}^* \end{bmatrix} = \frac{1}{r^2}\begin{bmatrix} S_{\mathrm{HH}}^*S_{\mathrm{HH}} & S_{\mathrm{HV}}^*S_{\mathrm{HV}} & S_{\mathrm{HH}}^*S_{\mathrm{HV}} & S_{\mathrm{HV}}^*S_{\mathrm{HH}} \\ S_{\mathrm{VH}}^*S_{\mathrm{VH}} & S_{\mathrm{VV}}^*S_{\mathrm{VV}} & S_{\mathrm{VH}}^*S_{\mathrm{VV}} & S_{\mathrm{VV}}^*S_{\mathrm{VH}} \\ S_{\mathrm{HH}}^*S_{\mathrm{VH}} & S_{\mathrm{HV}}^*S_{\mathrm{VV}} & S_{\mathrm{HH}}^*S_{\mathrm{VV}} & S_{\mathrm{HV}}^*S_{\mathrm{VH}} \\ S_{\mathrm{VH}}^*S_{\mathrm{HH}} & S_{\mathrm{VV}}^*S_{\mathrm{HV}} & S_{\mathrm{VH}}^*S_{\mathrm{HV}} & S_{\mathrm{VV}}^*S_{\mathrm{HH}} \end{bmatrix}\begin{bmatrix} |E_{\mathrm{H}}^t|^2 \\ |E_{\mathrm{V}}^t|^2 \\ E_{\mathrm{H}}^tE_{\mathrm{V}}^{t*} \\ E_{\mathrm{V}}^tE_{\mathrm{H}}^{t*} \end{bmatrix} \tag{3.21}$$

于是可获得散射波的 Stocks 矢量 $\boldsymbol{g}^S$：

$$\boldsymbol{g}^S = [\boldsymbol{R}]\boldsymbol{G}^S = \frac{1}{r^2}[\boldsymbol{R}][\boldsymbol{W}]\boldsymbol{G}^t = \frac{1}{r^2}[\boldsymbol{R}][\boldsymbol{W}][\boldsymbol{R}]^{-1}\boldsymbol{g}^t = \frac{1}{r^2}[\boldsymbol{K}]\boldsymbol{g}^t \tag{3.22}$$

其中，$\boldsymbol{K} = [\boldsymbol{R}][\boldsymbol{W}][\boldsymbol{R}]^{-1}$ 描述入射波 Stocks 矢量 $\boldsymbol{g}^t$ 与散射波 Stocks 矢量 $\boldsymbol{g}^S$ 之间的关系，$[\boldsymbol{R}]$ 的逆矩阵为

$$[\boldsymbol{R}]^{-1} = \begin{bmatrix} 1 & 1 & 0 & 0 \\ 1 & -1 & 0 & 0 \\ 0 & 0 & 1 & j \\ 0 & 0 & 1 & -j \end{bmatrix}$$

3.2.3　极化协方差矩阵和极化相干矩阵

在 SAR 遥感应用中，通常像元尺寸大于 SAR 发射电磁波的波长，致使单个像元信息包含空间上多个散射中心的信息。由于这些散射中心均可以用散射矩阵进行描述，则对于图像单元的散射矩阵观测值可由该像元所含散射中心对应的散射矩阵进行相干叠加获得。因此使用极化协方差和相干矩阵描述散射信号的统计特征(Lüneburg et al., 1991；Ziegler et al.，1992)。

极化协方差矩阵表示为

$$\boldsymbol{C}_{4\times4} = \left\langle \boldsymbol{k}_{4\mathrm{L}}\boldsymbol{k}_{4\mathrm{L}}^{*\mathrm{T}} \right\rangle = \begin{bmatrix} \langle |S_{\mathrm{HH}}|^2 \rangle & \langle S_{\mathrm{HH}}S_{\mathrm{HV}}^* \rangle & \langle S_{\mathrm{HH}}S_{\mathrm{VH}}^* \rangle & \langle S_{\mathrm{HH}}S_{\mathrm{VV}}^* \rangle \\ \langle S_{\mathrm{HV}}S_{\mathrm{HH}}^* \rangle & \langle |S_{\mathrm{HV}}|^2 \rangle & \langle S_{\mathrm{HV}}S_{\mathrm{VH}}^* \rangle & \langle S_{\mathrm{HV}}S_{\mathrm{HV}}^* \rangle \\ \langle S_{\mathrm{VH}}S_{\mathrm{HH}}^* \rangle & \langle S_{\mathrm{HV}}S_{\mathrm{HV}}^* \rangle & \langle |S_{\mathrm{VH}}|^2 \rangle & \langle S_{\mathrm{VH}}S_{\mathrm{VV}}^* \rangle \\ \langle S_{\mathrm{VV}}S_{\mathrm{HH}}^* \rangle & \langle S_{\mathrm{VV}}S_{\mathrm{HV}}^* \rangle & \langle S_{\mathrm{VV}}S_{\mathrm{VH}}^* \rangle & \langle |S_{\mathrm{VV}}|^2 \rangle \end{bmatrix} \tag{3.23}$$

对于单站，满足互易原理的条件下，$S_{\mathrm{HV}} = S_{\mathrm{VH}}$，极化协方差矩阵成为

$$\boldsymbol{C}_{3\times3} = \left\langle \boldsymbol{k}_{\mathrm{L}}\boldsymbol{k}_{\mathrm{L}}^{*\mathrm{T}} \right\rangle = \begin{bmatrix} \langle |S_{\mathrm{HH}}|^2 \rangle & \langle \sqrt{2}S_{\mathrm{HH}}S_{\mathrm{HV}}^* \rangle & \langle S_{\mathrm{HH}}S_{\mathrm{VV}}^* \rangle \\ \langle \sqrt{2}S_{\mathrm{HV}}S_{\mathrm{HH}}^* \rangle & \langle 2|S_{\mathrm{HV}}|^2 \rangle & \langle \sqrt{2}S_{\mathrm{HV}}S_{\mathrm{VV}}^* \rangle \\ \langle S_{\mathrm{VV}}S_{\mathrm{HH}}^* \rangle & \langle \sqrt{2}S_{\mathrm{VV}}S_{\mathrm{HV}}^* \rangle & \langle |S_{\mathrm{VV}}|^2 \rangle \end{bmatrix} \tag{3.24}$$

在此情况下，极化相干矩阵为

$$\boldsymbol{T}_{3\times3}=\left\langle \boldsymbol{k}_{\mathrm{P}}\boldsymbol{k}_{\mathrm{P}}^{*\mathrm{T}}\right\rangle=$$
$$\frac{1}{2}\begin{bmatrix}\left\langle\left|S_{\mathrm{HH}}+S_{\mathrm{VV}}\right|^2\right\rangle & \left\langle(S_{\mathrm{HH}}+S_{\mathrm{VV}})(S_{\mathrm{HH}}-S_{\mathrm{VV}})^*\right\rangle & \left\langle 2(S_{\mathrm{HH}}+S_{\mathrm{VV}})S_{\mathrm{HV}}^*\right\rangle \\ \left\langle(S_{\mathrm{HH}}-S_{\mathrm{VV}})(S_{\mathrm{HH}}+S_{\mathrm{VV}})^*\right\rangle & \left\langle\left|S_{\mathrm{HH}}-S_{\mathrm{VV}}\right|^2\right\rangle & \left\langle 2(S_{\mathrm{HH}}-S_{\mathrm{VV}})S_{\mathrm{HV}}^*\right\rangle \\ \left\langle 2S_{\mathrm{HV}}(S_{\mathrm{HH}}+S_{\mathrm{VV}})^*\right\rangle & \left\langle 2S_{\mathrm{HV}}(S_{\mathrm{HH}}-S_{\mathrm{VV}})^*\right\rangle & \left\langle 4\left|S_{\mathrm{HV}}\right|^2\right\rangle\end{bmatrix} \tag{3.25}$$

式中，$\langle\cdot\rangle$ 表示统计平均。

散射矩阵描述单目标的相干散射特性。对于分布目标，除了使用极化相干矩阵和极化协方差矩阵描述之外，还可以用更多反映目标物理特性的 Kennaugh 矩阵描述。4×4 的 Kennaugh 矩阵 $\boldsymbol{K}$ 定义(Boerner，1990)如下：

$$\boldsymbol{K}=\boldsymbol{A}^*\left(\boldsymbol{S}\otimes\boldsymbol{S}^*\right)\boldsymbol{A}^{-1} \tag{3.26}$$

其中，$\otimes$ 表示矩阵张量的克罗内克(Kronecker)乘积，有

$$\boldsymbol{S}\otimes\boldsymbol{S}^*=\begin{bmatrix}S_{\mathrm{HH}}S^* & S_{\mathrm{HV}}S^* \\ S_{\mathrm{VH}}S^* & S_{\mathrm{VV}}S^*\end{bmatrix}$$

矩阵 $\boldsymbol{A}$ 为

$$\boldsymbol{A}=\begin{bmatrix}1 & 0 & 0 & 1 \\ 1 & 0 & 0 & -1 \\ 0 & 1 & 1 & 0 \\ 0 & j & -j & 0\end{bmatrix}$$

$\boldsymbol{K}$ 矩阵描述入射波与散射波 Stocks 矢量之间的关系如下：

$$\boldsymbol{g}^t=\boldsymbol{K}\boldsymbol{g}^s$$

在单站后向散射情况下，Kennaugh 矩阵可以写成如下形式：

$$\boldsymbol{K}_\psi=\begin{bmatrix}A_0+B_0 & C_\psi & H_\psi & F_\psi \\ C_\psi & A_0+B_\psi & E_\psi & G_\psi \\ H_\psi & E_\psi & A_0-B_\psi & D_\psi \\ F_\psi & G_\psi & D_\psi & -A_0+B_0\end{bmatrix} \tag{3.27}$$

式(3.27)中的参数称为 Huynen 参数(Huynen，1990)：

$$A_0=\frac{1}{4}\left|S_{\mathrm{HH}}+S_{\mathrm{VV}}\right|^2$$

$$B_0=\frac{1}{4}\left|S_{\mathrm{HH}}-S_{\mathrm{VV}}\right|^2+\left|S_{\mathrm{HV}}\right|^2, B_\psi=\frac{1}{4}\left|S_{\mathrm{HH}}-S_{\mathrm{VV}}\right|^2-\left|S_{\mathrm{HV}}\right|^2$$

$$C_\psi=\frac{1}{2}\left|S_{\mathrm{HH}}-S_{\mathrm{VV}}\right|^2,\ D_\psi=\mathrm{Im}\left\{S_{\mathrm{HH}}S_{\mathrm{VV}}^*\right\}$$

$$E_{\psi} = \mathrm{Re}\left\{S_{\mathrm{HV}}^{*}\left(S_{\mathrm{HH}} - S_{\mathrm{VV}}\right)\right\},\ F_{\psi} = \mathrm{Im}\left\{S_{\mathrm{HV}}^{*}\left(S_{\mathrm{HH}} - S_{\mathrm{VV}}\right)\right\}$$

$$G_{\psi} = \mathrm{Re}\left\{S_{\mathrm{HV}}^{*}\left(S_{\mathrm{HH}} + S_{\mathrm{VV}}\right)\right\},\ H_{\psi} = \mathrm{Im}\left\{S_{\mathrm{HV}}^{*}\left(S_{\mathrm{HH}} + S_{\mathrm{VV}}\right)\right\} \tag{3.28}$$

这 9 个 Huynen 参数与取向角ψ旋转变化有关。而全极化数据的一个突出特点就是能够消除取向角ψ的影响。利用这些参数之和可以估计取向角：

$$\begin{gathered} H_{\psi} = C\sin 2\psi,\quad C_{\psi} = C\cos 2\psi \\ B_{\psi} = B\cos 4\psi - E\sin 4\psi,\quad D_{\psi} = G\sin 2\psi + D\cos 2\psi \\ E_{\psi} = E\cos 4\psi + B\sin 4\psi,\quad F_{\psi} = F \\ G_{\psi} = G\cos 2\psi - D\sin 2\psi \end{gathered} \tag{3.29}$$

则去ψ取向角后的 Kennaugh 矩阵可表示为

$$\boldsymbol{K} = O_4\left(2\psi\right)K_{\psi}O_4\left(2\psi\right)^{-1} = \begin{bmatrix} A_0 + B_0 & C & H & F \\ C & A_0 + B & E & G \\ H & E & A_0 - B & D \\ F & G & D & -A_0 + B_0 \end{bmatrix} \tag{3.30}$$

其中

$$O_4\left(2\psi\right) = \begin{bmatrix} 1 & 0 & 0 & 0 \\ 0 & \cos 2\psi & -\sin 2\psi & 0 \\ 0 & \sin 2\psi & \cos 2\psi & 0 \\ 0 & 0 & 0 & 1 \end{bmatrix}$$

由式(3.30)可知，Kennaugh 矩阵$\boldsymbol{K}$是实对称矩阵。

对于单一散射目标，Kennaugh 矩阵和相干矩阵$\boldsymbol{T}_{3\times3}$存在一一对应关系，相应的$\boldsymbol{T}_{3\times3}$矩阵可以表示为

$$\boldsymbol{T}_{3\times3} = \begin{bmatrix} 2A_0 & C - jD & H + jG \\ C + jD & B_0 + B & E + jF \\ H - jG & E - jF & B_0 - B \end{bmatrix}$$

对于单目标，散射矩阵有 5 个自由度，与之对应的 Kennaugh 矩阵也有 5 个自由度，由此易知 9 个 Huynen 参数之间的联系可由$(9-5)=4$个关系式来描述，即

$$\begin{gathered} 2A_0\left(B_0 + B\right) = C^2 + D^2 \\ 2A_0\left(B_0 - B\right) = G^2 + H^2 \\ 2A_0E = CH - DG \\ 2A_0F = CG + DH \end{gathered}$$

这 9 个参数蕴含了目标的实际物理信息(Huynen，1990)，可用于目标分析：

A_0：表示来自于目标的规整、平滑和凸起部分的散射总功率。

B_0：表示目标的不规则、粗糙和非凸起等部分去极化成分的散射总功率。

$A_0 + B_0$：表示目标的对称部分的散射总功率。

B_0+B：表示目标的对称或不规则部分的去极化功率。

B_0-B：表示目标不对称部分的去极化功率。

C 和 D：表示目标对称部分的去极化功率。其中，C 构成目标的总体形状，D 构成目标的局部形状。

E 和 F：表示目标非对称部分的去极化功率。其中，E 构成目标的局部扭曲成分，F 构成目标的整体扭曲成分。

G 和 H：表示目标对称和非对称部分的耦合。其中，G 构成目标的局部耦合成分，H 构成目标的整体耦合成分。

3.2.4　几种典型单目标的散射矩阵

这节介绍几种典型的单目标的散射矩阵，并分别列出在笛卡儿极化基 $\mathrm{D}(\hat{h},\hat{v})$、线性旋转基 $\mathrm{L}(\hat{\alpha},\hat{\alpha}_{\perp})$ 和圆极化基 $\mathrm{O}(\hat{l},\hat{l}_{\perp})$ 下的散射矩阵。

笛卡儿极化基 $\mathrm{D}(\hat{h},\hat{v})$：$\hat{h}$ 表示水平极化，$\hat{v}$ 表示垂直极化。

线性旋转基 $\mathrm{L}(\hat{\alpha},\hat{\alpha}_{\perp})$：$\hat{\alpha}$ 代表45°线极化，$\hat{\alpha}_{\perp}$ 代表–45°正交线极化。

圆极化基 $\mathrm{O}(\hat{l},\hat{l}_{\perp})$：$\hat{l}$ 代表左圆极化，$\hat{l}_{\perp}$ 代表正交左圆极化。

1. 球体、面散射体、三面体

三面体如图3.4所示。这种散射体在三个极化基下的散射矩阵基本一致。在笛卡儿极化基 $\mathrm{D}(\hat{h},\hat{v})$、线性旋转基 $\mathrm{L}(\hat{\alpha},\hat{\alpha}_{\perp})$ 和圆极化基 $\mathrm{O}(\hat{l},\hat{l}_{\perp})$ 下的散射矩阵分别为

$$\boldsymbol{S}_{\mathrm{D}}=\begin{bmatrix}1 & 0\\ 0 & 1\end{bmatrix},\quad \boldsymbol{S}_{\mathrm{L}}=\begin{bmatrix}1 & 0\\ 0 & 1\end{bmatrix},\quad \boldsymbol{S}_{\mathrm{O}}=\begin{bmatrix}0 & j\\ j & 0\end{bmatrix} \tag{3.31}$$

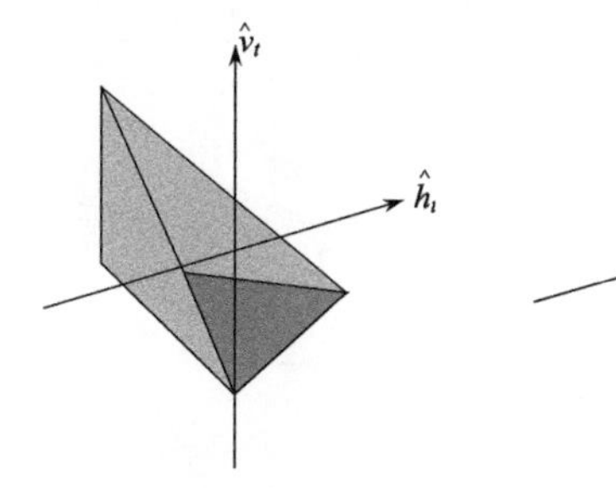

图3.4　三面体

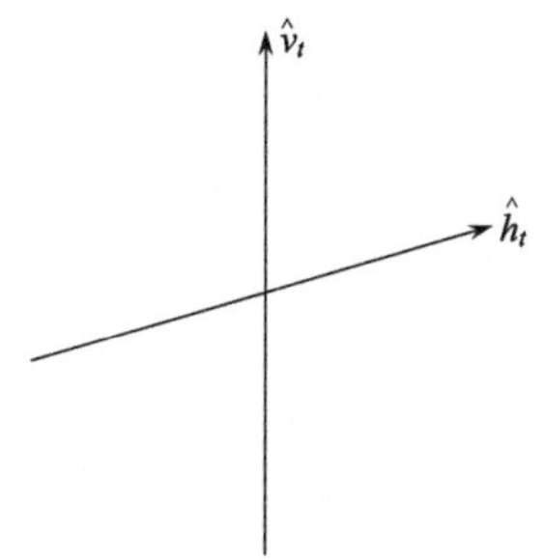

图3.5　水平偶极子

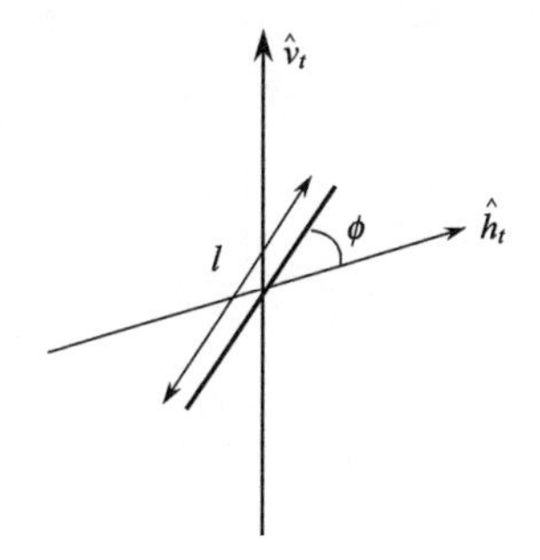

图3.6　倾斜偶极子

2. 水平偶极子

水平偶极子散射体如图3.5所示，其散射矩阵为

$$
\boldsymbol{S}_{\mathrm{D}}=\begin{bmatrix}1 & 0\\ 0 & 0\end{bmatrix},\quad \boldsymbol{S}_{\mathrm{L}}=\frac{1}{2}\begin{bmatrix}1 & -1\\ -1 & 1\end{bmatrix},\quad \boldsymbol{S}_{\mathrm{O}}=\frac{1}{2}\begin{bmatrix}1 & -j\\ -j & 1\end{bmatrix} \tag{3.32}
$$

3. 倾斜的偶极子

倾斜角度为ϕ的偶极子散射体如图 3.6 所示，其散射矩阵为

$$
\begin{aligned}
&\boldsymbol{S}_{\mathrm{D}}=\begin{bmatrix}\cos^2\phi & \dfrac{1}{2}\sin 2\phi\\ \dfrac{1}{2}\sin 2\phi & \sin^2\phi\end{bmatrix},\quad \boldsymbol{S}_{\mathrm{O}}=\frac{1}{2}\begin{bmatrix}e^{j2\psi} & -j\\ -j & e^{-j2\psi}\end{bmatrix}\\
&\boldsymbol{S}_{\mathrm{L}}=\begin{bmatrix}\dfrac{1}{2}+\cos\phi\sin\phi & \dfrac{1}{2}-\cos^2\phi\\ \dfrac{1}{2}-\cos^2\phi & \dfrac{1}{2}-\cos\phi\sin\phi\end{bmatrix}
\end{aligned} \tag{3.33}
$$

4. 二面角

二面角散射体如图 3.7 所示，其散射矩阵为

$$
\boldsymbol{S}_{\mathrm{D}}=\begin{bmatrix}1 & 0\\ 0 & -1\end{bmatrix},\quad \boldsymbol{S}_{\mathrm{L}}=\frac{1}{2}\begin{bmatrix}0 & -1\\ -1 & 0\end{bmatrix},\quad \boldsymbol{S}_{\mathrm{O}}=\frac{1}{2}\begin{bmatrix}1 & 0\\ 0 & 1\end{bmatrix}
$$

取向角为ϕ的二面角的散射矩阵为

$$
\begin{aligned}
&\boldsymbol{S}_{\mathrm{D}}=\begin{bmatrix}\cos 2\phi & \sin 2\phi\\ \sin 2\phi & -\cos 2\phi\end{bmatrix},\quad \boldsymbol{S}_{\mathrm{L}}=\begin{bmatrix}\sin 2\phi & -\cos 2\phi\\ -\cos 2\phi & -\sin 2\phi\end{bmatrix},\\
&\boldsymbol{S}_{\mathrm{O}}=\begin{bmatrix}e^{j2\phi} & 0\\ 0 & e^{-j2\phi}\end{bmatrix}
\end{aligned} \tag{3.34}
$$

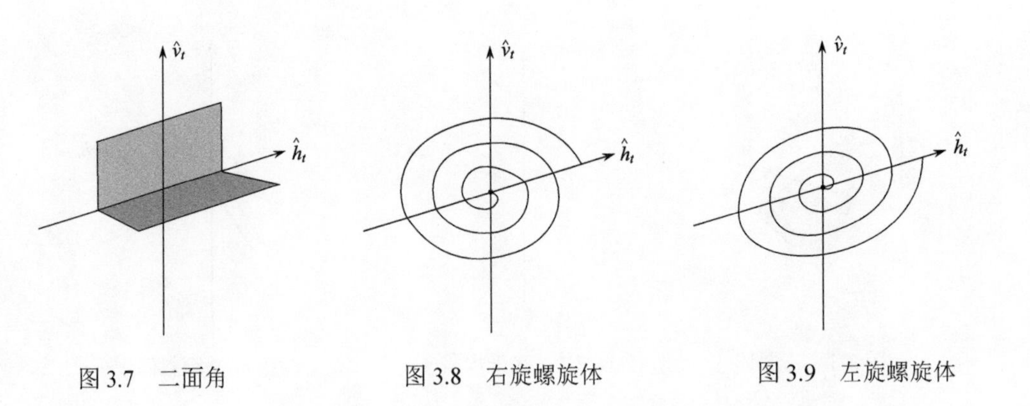

图 3.7　二面角　　图 3.8　右旋螺旋体　　图 3.9　左旋螺旋体

5. 右旋螺旋体

右旋螺旋体如图 3.8 所示，其散射矩阵为

$$\boldsymbol{S}_{\mathrm{D}}=\frac{e^{-j2\phi}}{2}\begin{bmatrix}1 & -j\\ -j & 1\end{bmatrix},\quad \boldsymbol{S}_{\mathrm{L}}=\frac{e^{-j2\phi}}{2}\begin{bmatrix}-j & -1\\ -1 & j\end{bmatrix},\quad \boldsymbol{S}_{\mathrm{O}}=\begin{bmatrix}0 & 0\\ 0 & -e^{-j2\phi}\end{bmatrix} \tag{3.35}$$

6. 左旋螺旋体

左旋螺旋体如图 3.9 所示，其散射矩阵为

$$\boldsymbol{S}_{\mathrm{D}}=\frac{e^{-j2\phi}}{2}\begin{bmatrix}1 & j\\ j & -1\end{bmatrix},\quad \boldsymbol{S}_{\mathrm{L}}=\frac{e^{-j2\phi}}{2}\begin{bmatrix}j & -1\\ -1 & j\end{bmatrix},\quad \boldsymbol{S}_{\mathrm{O}}=\begin{bmatrix}e^{-j2\phi} & 0\\ 0 & 0\end{bmatrix} \tag{3.36}$$

3.3　目标极化分解

借助极化散射矩阵可以描述地物目标的散射特征，从中获取目标粗糙度、取向性以及对称性等特有信息，为深度理解目标提供有力的数据支持。然而，仅基于量测数据自身并不能直接获取这些丰富的特征，因此需要进一步从量测数据中提取出更多的极化特征，用以对目标特征进行全面的描述，满足日益发展的解译需求。

特征提取对于极化 SAR 图像中地物目标的解译至关重要，目标极化分解理论是提取极化特征的一种有效手段。目标极化分解的主要思想是根据实际的物理约束将观测数据分解成与物理机制对应的极化特征分量，从而搭建起从极化特征分量到地物目标物理机制的桥梁。根据雷达目标的散射特征是否平稳，可将目标极化分解分为两类：相干分解和非相干分解。其中，相干目标分解是在极化散射矩阵上进行的，这就要求目标具有“确定性”，即目标可以用一个极化散射矩阵完全描述，散射体的回波是相干的；非相干分解是在极化协方差矩阵、极化相干矩阵以及 Stokes 矩阵上进行的，目标可以为“分布式散射体”，由一组独立的小散射单元构成，其散射特征随时间而变，这样，散射回波可以是非相干的或者部分相干的。

3.3.1　相 干 分 解

相干分解的主要思想是将测量的散射矩阵分解成典型散射机制的参量之和：

$$\boldsymbol{S}=\sum_{k=1}^{N}a_k\boldsymbol{S}_k \tag{3.37}$$

式中，$\boldsymbol{S}$ 为散射矩阵，用以表征“确定性目标”的散射特征；$\boldsymbol{S}_k$ 为典型目标的散射矩阵；a_k 为 $\boldsymbol{S}_k$ 的权重。相干分解中存在的一个突出问题是这类分解忽视了相干斑噪声的影响，然而在高分辨率和低熵散射情形下还是适用的，可用于分解相干矩阵和协方差矩阵的主要特征矢量。相干分解对于目标只存在一个主要成分时是有效的，其他分解分量则用于构建一个合适的目标空间的“基”。对于一个给定的散射矩阵 $\boldsymbol{S}$，可以有多个分解方法，在未知先验信息的情况下，很难确定使用哪种方法。下面介绍 Pauli 分解(Cloude & Pottier，1996)和 Krogager 分解(Krogager，2002)。

1. Pauli 分解

Pauli 分解在线性正交基（H, V）下，将散射矩阵 $\boldsymbol{S}$ 分解为

$$\boldsymbol{S}=\begin{bmatrix} S_{\mathrm{HH}} & S_{\mathrm{HV}} \\ S_{\mathrm{VH}} & S_{\mathrm{VV}} \end{bmatrix}=aS_a+bS_b+cS_c+dS_d \tag{3.38}$$

式中，S_a、S_b、S_c、S_d 为 Pauli 基，如下式所示：

$$\boldsymbol{S}_a=\begin{bmatrix} 1 & 0 \\ 0 & 1 \end{bmatrix},\quad \boldsymbol{S}_b=\begin{bmatrix} 1 & 0 \\ 0 & -1 \end{bmatrix},\quad \boldsymbol{S}_c=\begin{bmatrix} 0 & 1 \\ 1 & 0 \end{bmatrix},\quad \boldsymbol{S}_d=\begin{bmatrix} 0 & -i \\ i & 0 \end{bmatrix} \tag{3.39}$$

系数 a、b、c 和 d 均为复数，其向量的表示形式为

$$\begin{aligned}\boldsymbol{K}&=\begin{bmatrix} a & b & c & d \end{bmatrix}^{\mathrm{T}}\\ &=\frac{1}{\sqrt{2}}\begin{bmatrix} S_{\mathrm{HH}}+S_{\mathrm{VV}} & S_{\mathrm{HH}}-S_{\mathrm{VV}} & S_{\mathrm{HV}}+S_{\mathrm{VH}} & i\left(S_{\mathrm{VH}}-S_{\mathrm{HV}}\right) \end{bmatrix}^{\mathrm{T}}\end{aligned} \tag{3.40}$$

当满足互易条件时，即 $S_{\mathrm{HV}}=S_{\mathrm{VH}}$，$\boldsymbol{K}$ 表达为

$$\boldsymbol{K}=\begin{bmatrix} a & b & c \end{bmatrix}=\frac{1}{\sqrt{2}}\begin{bmatrix} S_{\mathrm{HH}}+S_{\mathrm{VV}} & S_{\mathrm{HH}}-S_{\mathrm{VV}} & 2S_{\mathrm{HV}} \end{bmatrix}^{\mathrm{T}} \tag{3.41}$$

对于 Pauli 分解的物理解释见表 3.1 所示，三个分解分量构成的伪彩编码图见图 3.10。

表 3.1　Pauli 分解

Pauli 基	散射类型	物理描述
$\begin{bmatrix} 1 & 0 \\ 0 & 1 \end{bmatrix}$	奇次散射	球体、平坦表面或三面角反射器
$\begin{bmatrix} 1 & 0 \\ 0 & -1 \end{bmatrix}$	偶次散射	二面角反射器
$\begin{bmatrix} 0 & 1 \\ 1 & 0 \end{bmatrix}$	π/4 偶次散射	与水平 π/4 倾角的二面角

2. Krogager 分解

Krogager 分解将散射矩阵 $\boldsymbol{S}$ 分解成三个分量之和，这三个分量分别对应球散射、旋转角度为 θ 的二面角散射以及螺旋体散射：

$$\begin{aligned}\boldsymbol{S}_{(\mathrm{H,V})}&=e^{j\phi}\left\{e^{j\phi_S}k_{\mathrm{S}}S_{\mathrm{sphere}}+k_{\mathrm{D}}S_{\mathrm{diplane}(\theta)}+k_{\mathrm{H}}S_{\mathrm{helix}(\theta)}\right\}\\ &=e^{j\phi}\left\{e^{j\phi_S}k_{\mathrm{S}}\begin{bmatrix} 1 & 0 \\ 0 & 1 \end{bmatrix}+k_{\mathrm{D}}\begin{bmatrix} \cos 2\theta & \sin 2\theta \\ \sin 2\theta & -\cos 2\theta \end{bmatrix}+k_{\mathrm{H}}e^{\mp j2\theta}\begin{bmatrix} 1 & \pm j \\ \pm j & -1 \end{bmatrix}\right\}\end{aligned} \tag{3.42}$$

式中，k_{S} 代表导球体散射能量；k_{D} 代表二面角散射能量；k_{H} 代表螺旋体散射能量；相位 ϕ 是绝对相位；θ 是取向角；相对相位 ϕ_S 表示二面角散射分量相对于球散射分量的相移。

图 3.10　Pauli 分解伪彩编码图像(R: $|a|^2$；G: $|b|^2$；B: $|c|^2$)

当电磁波以左旋极化发射，右旋极化接收时，Krogager 分解可以写为

$$\begin{aligned}\boldsymbol{S}_{(R,L)} &= \begin{bmatrix} S_{\mathrm{RR}} & S_{\mathrm{RL}} \\ S_{\mathrm{LR}} & S_{\mathrm{LL}} \end{bmatrix} \\ &= \mathrm{e}^{j\phi}\left\{ \mathrm{e}^{j\phi_S} k_S \begin{bmatrix} 0 & \mathrm{j} \\ \mathrm{j} & 0 \end{bmatrix} + k_D \begin{bmatrix} \mathrm{e}^{j2\theta} & 0 \\ 0 & -\mathrm{e}^{-j2\theta} \end{bmatrix} + k_H \begin{bmatrix} \mathrm{e}^{j2\theta} & 0 \\ 0 & 0 \end{bmatrix} \right\}\end{aligned} \tag{3.43}$$

式中，Krogager 分解的参数为

$$k_S = |S_{\mathrm{RL}}|, \qquad \phi = \frac{1}{2}(\phi_{\mathrm{RR}} + \phi_{\mathrm{LL}} - \pi)$$

$$\theta = \frac{1}{4}(\phi_{\mathrm{RR}} - \phi_{\mathrm{LL}} + \pi), \quad \phi_S = \phi_{\mathrm{RL}} - \frac{1}{2}(\phi_{\mathrm{RR}} + \phi_{\mathrm{LL}})$$

由 Krogager 分解式(3.43)可以看出，左、右螺旋体可由 S_{RR} 和 S_{LL} 确定：

$$|S_{\mathrm{RR}}| \geqslant |S_{\mathrm{LL}}| \Rightarrow \begin{cases} k_{\mathrm{D}}^{+} = |S_{\mathrm{LL}}| \\ k_{\mathrm{H}}^{+} = |S_{\mathrm{RR}}| - |S_{\mathrm{LL}}| \quad \Leftarrow \text{左手螺旋体} \end{cases} \tag{3.44a}$$

$$|S_{\mathrm{RR}}| \leqslant |S_{\mathrm{LL}}| \Rightarrow \begin{cases} k_{\mathrm{D}} = |S_{\mathrm{RR}}| \\ k_{\mathrm{H}} = |S_{\mathrm{LL}}| - |S_{\mathrm{RR}}| \quad \Leftarrow \text{右手螺旋体} \end{cases} \tag{3.44b}$$

Krogager 分解参数 $(k_{\mathrm{S}}, k_{\mathrm{D}}, k_{\mathrm{H}})$ 也可以由 Huynen 参数 (A_0, B_0, F) (Van Zyl, 1986) 表示如下：

$$\begin{aligned} k_{\mathrm{S}} &= 2A_0 \\ k_{\mathrm{D}}^2 &= 2\left(B_0 - |F|\right) \\ k_{\mathrm{H}}^2 &= 4\left(B_0 - \sqrt{B_0^2 - F^2}\right) \end{aligned} \tag{3.45}$$

由于参数(A_0,B_0,F)具有旋转不变性，(k_S,k_D,k_H)也是旋转不变的。由式(3.45)可以看出，球散射体k_S与二面角的目标矢量$\boldsymbol{k}_D$之间是正交的，另外球散射体$\boldsymbol{k}_S$与螺旋体的目标矢量$\boldsymbol{k}_H$之间是正交的，而二面角与螺旋体之间并不是正交的，因而各分解参数不再是基不变的。

表 3.2 给出 Krogager 分解的物理解释，其三分量的伪彩编码图见图 3.11。

表 3.2　Krogager 分解

Krogager 基	散射类型	物理描述
$\begin{bmatrix} 1 & 0 \\ 0 & 1 \end{bmatrix}$	球面散射	球体、平坦表面或三面角反射器
$\begin{bmatrix} \cos 2\theta & \sin 2\theta \\ \sin 2\theta & -\cos 2\theta \end{bmatrix}$	二面角散射	二面角反射器
$\begin{bmatrix} 1 & \pm j \\ \pm j & -1 \end{bmatrix}$	螺旋体散射	不对称结构

图 3.11　Krogager 分解伪彩编码图像(R：k_D；G：k_H；B：k_S)

3.3.2　非相干分解

对于非确定性目标，目标散射特征具有时变性，需要借助统计的方法，通常采用二阶统计量：平均协方差矩阵和平均相干矩阵。非相干分解的主要思想为将协方差矩阵$\boldsymbol{C}$或者相干矩阵$\boldsymbol{T}$分解成典型散射机制的参量之和：

$$
\begin{aligned}
\boldsymbol{C} &= \sum_{k=1}^{N} p_k C_k \\
\boldsymbol{T} &= \sum_{k=1}^{N} q_k T_k
\end{aligned}
\tag{3.46}
$$

常用的方法包括 Huynen 分解(Huynen，1989)、Cloude 分解(Cloude & Pottier，1997)、Freeman 分解(Freeman & Durden，1998)、Yamaguchi 分解(Yamaguchi et al.，2005)、Barnes 分解(Barnes，1988]、Holm 分解(Holm & Barnes，1988)和 Van Zyl 分解(Van Zyl，1993)等。

1. Huynen 分解

散射矩阵描述了目标与入射电磁场相互作用的复杂现象，从散射矩阵中可以获取目标的大量信息。然而在雷达遥感中，由于测量值受相干斑噪声、表面散射及体散射随机矢量散射效应的影响，散射体随时间变化，需要使用多元统计量描述感兴趣的目标，此类感兴趣目标建立在“平均”散射机制或“主导”散射机制的概念上，称之为“分布式目标”。平均分布式目标一般由 Kennaugh 矩阵或相干矩阵的期望值表示：

$$
\boldsymbol{T}_{3\times3}=\begin{bmatrix} 2\langle A_0\rangle & \langle C\rangle - j\langle D\rangle & \langle H\rangle + j\langle G\rangle \\ \langle C\rangle + j\langle D\rangle & \langle B_0\rangle + \langle B\rangle & \langle E\rangle + j\langle F\rangle \\ \langle H\rangle - j\langle G\rangle & \langle E\rangle - j\langle F\rangle & \langle B_0\rangle - \langle B\rangle \end{bmatrix}
$$

基于雷达目标不会因照射方向、发射频率和极化状态而改变的事实，1970 年 Huynen 提出“现象理论”(Huynen，1970)，将极化相干矩阵 $\boldsymbol{T}_{3\times3}$ 分解为单一目标和残留分量(叫做“ N -目标”)，并且这两个目标互相独立，物理可实现。其目的在于从杂波环境中获取所需目标，描述如下：

$$
\boldsymbol{T}_{3\times3}=\begin{bmatrix} 2\langle A_0\rangle & \langle C\rangle - j\langle D\rangle & \langle H\rangle + j\langle G\rangle \\ \langle C\rangle + j\langle D\rangle & \langle B_0\rangle + \langle B\rangle & \langle E\rangle + j\langle F\rangle \\ \langle H\rangle - j\langle G\rangle & \langle E\rangle - j\langle F\rangle & \langle B_0\rangle - \langle B\rangle \end{bmatrix} = \boldsymbol{T}_0 + \boldsymbol{T}_N
\tag{3.47}
$$

式中，$\boldsymbol{T}_0$ 对应单一目标；$\boldsymbol{T}_N$ 对应 N -目标。

$$
\boldsymbol{T}_0=\begin{bmatrix} 2\langle A_0\rangle & \langle C\rangle - j\langle D\rangle & \langle H\rangle + j\langle G\rangle \\ \langle C\rangle + j\langle D\rangle & \langle B_{0T}\rangle + \langle B_T\rangle & \langle E_T\rangle + j\langle F_T\rangle \\ \langle H\rangle - j\langle G\rangle & \langle E_T\rangle - j\langle F_T\rangle & \langle B_{0T}\rangle - \langle B_T\rangle \end{bmatrix}
$$

$$
\boldsymbol{T}_N=\begin{bmatrix} 0 & 0 & 0 \\ 0 & B_{0N} + B_N & E_N + jF_N \\ 0 & E_N - jF_N & B_{0N} - B_N \end{bmatrix}
$$

矩阵 $\boldsymbol{T}_0$ 的秩为 1，用于描述纯目标；矩阵 $\boldsymbol{T}_N$ 的秩不等于 1，用于描述分布式散射体。

由于 N -目标散射特性不随目标旋转角变化，其散射特征具有旋转不变的特性，也就是说，N -目标与目标绕雷达视线方向的旋转无关。$\boldsymbol{T}_N$ 的旋转不变性可表达为

$$
\begin{aligned}
\boldsymbol{T}_N &= \boldsymbol{U}_3(\theta)\boldsymbol{T}_N\boldsymbol{U}_3(\theta)^{-1} \\
&= \begin{bmatrix} 1 & 0 & 0 \\ 0 & \cos 2\theta & \sin 2\theta \\ 0 & -\sin 2\theta & \cos 2\theta \end{bmatrix} \begin{bmatrix} 0 & 0 & 0 \\ 0 & B_{0N}+B_N & E_N+jF_N \\ 0 & E_N-jF_N & B_{0N}-B_N \end{bmatrix} \begin{bmatrix} 1 & 0 & 0 \\ 0 & \cos 2\theta & -\sin 2\theta \\ 0 & \sin 2\theta & \cos 2\theta \end{bmatrix}
\end{aligned} \tag{3.48}
$$

式(3.48)也可表示为

$$
\boldsymbol{T}_N(\theta) = \begin{bmatrix} 0 & 0 & 0 \\ 0 & B_{0N}(\theta)+B_N(\theta) & E_N(\theta)+jF_N(\theta) \\ 0 & E_N(\theta)-jF_N(\theta) & B_{0N}(\theta)-B_N(\theta) \end{bmatrix}
$$

可以看到，经过旋转后的 N -目标的相干矩阵与原来的相干矩阵具有相同的形式，由此表明 N -目标具有旋转不变性。

另外，平均后的相干矩阵 $\boldsymbol{T}$ 由 9 个相互独立的参数进行表示。

表 3.3 给出 Huynen 分解的物理解释，其分量的编码图见图 3.12。

表 3.3　Huynen 分解

分量序号	分量符号	物理描述
1	$A_0 = \frac{1}{8}\left\langle \lvert S_{HH}+S_{VV}\rvert^2 \right\rangle$	目标对称因子
2	$B_0 - B = \left\langle \lvert S_{HV}\rvert^2 \right\rangle$	目标非对称因子
3	$B_0 + B = \frac{1}{4}\left\langle \lvert S_{HH}-S_{VV}\rvert^2 \right\rangle$	目标非规则性因子
4	$C = \frac{1}{4}\left\langle \lvert S_{HH}\rvert^2 - \lvert S_{VV}\rvert^2 \right\rangle$	目标整体外形成分(线性)
5	$D = \frac{1}{2}\mathrm{Im}\left\langle S_{HH}^{*} S_{VV} \right\rangle$	目标局部外形成曲率差
6	$E = \frac{1}{2}\mathrm{Re}\left\langle S_{HH}S_{HV}^{*} - S_{VV}S_{HV}^{*} \right\rangle$	局部扭曲成分
7	$F = -\frac{1}{2}\mathrm{Im}\left\langle S_{HH}S_{HV}^{*} - S_{VV}S_{HV}^{*} \right\rangle$	整体扭曲成分
8	$G = -\frac{1}{2}\mathrm{Im}\left\langle S_{HH}S_{HV}^{*} + S_{VV}S_{HV}^{*} \right\rangle$	局部耦合成分
9	$H = \frac{1}{2}\mathrm{Re}\left\langle S_{HH}S_{HV}^{*} + S_{VV}S_{HV}^{*} \right\rangle$	整体耦合成分

(a) A_0分量

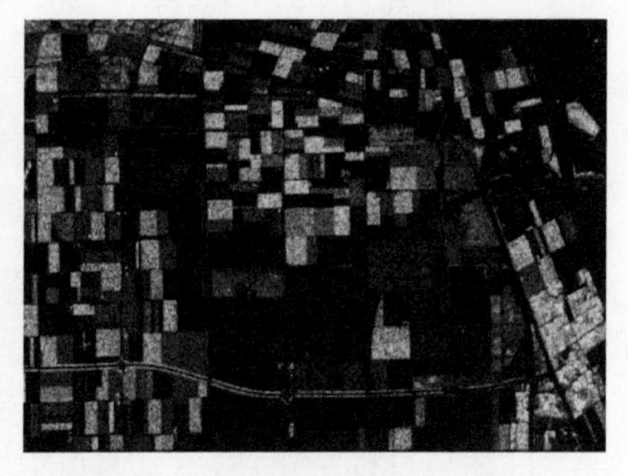

(b) B_0–B分量

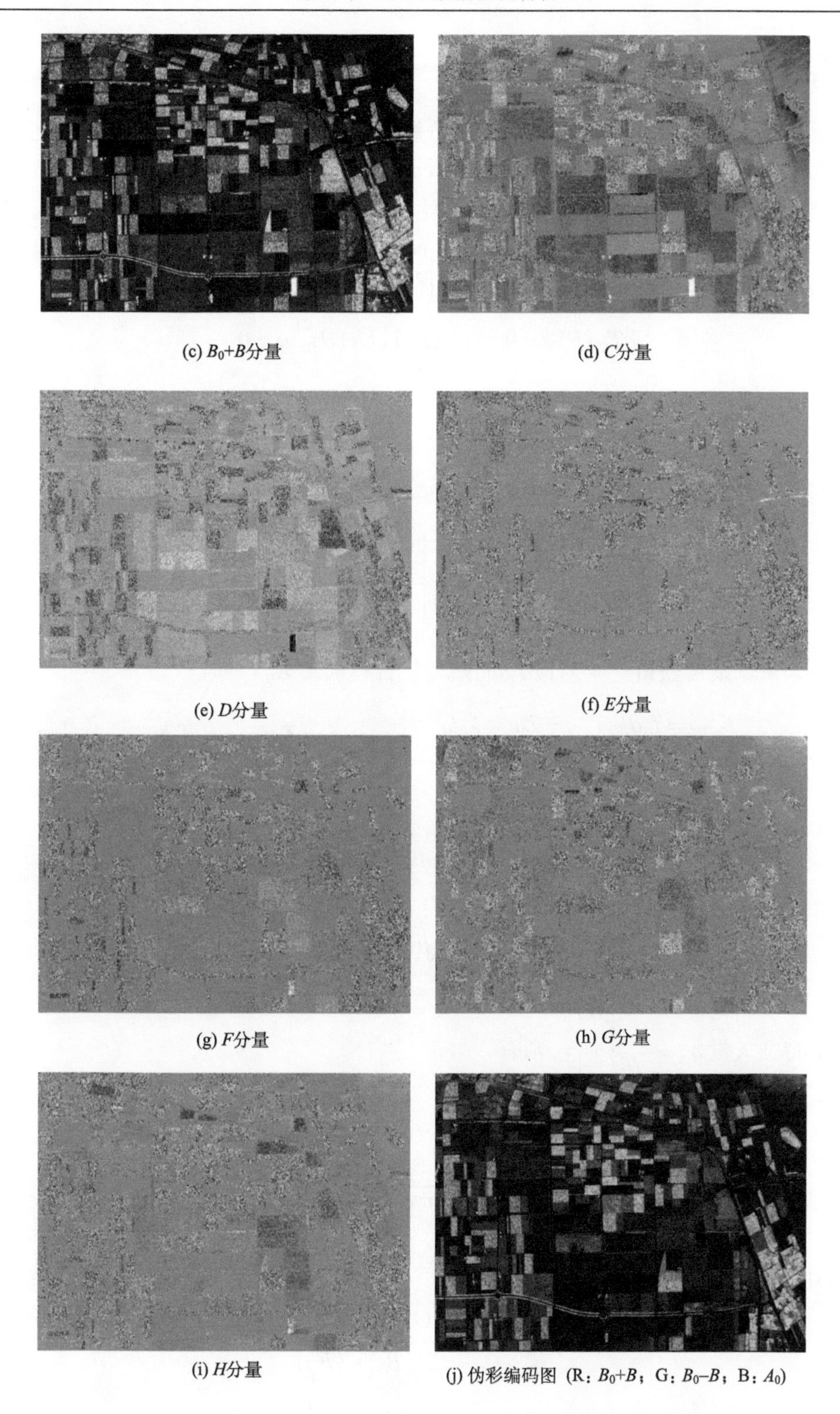

(c) B_0+B分量　　(d) C分量

(e) D分量　　(f) E分量

(g) F分量　　(h) G分量

(i) H分量　　(j) 伪彩编码图（R：B_0+B；G：B_0-B；B：A_0）

图 3.12　Huynen 分解分量及伪彩编码图像

2. Barnes-Holm 分解

基于 Huynen 分解提出的将相干矩阵分解为单一散射目标和“N-目标”之和的思想，设矢量空间中$\boldsymbol{T}_N$矢量正交于$\boldsymbol{T}_0$矢量空间，且当目标绕雷达视线方向旋转时正交性保持不变。这样，Barnes-Holm 提出了下面描述的另一种分解方法(Holm & Barnes，1988)。

对于任意矢量$\boldsymbol{q}$，如果$\boldsymbol{T}_N\boldsymbol{q}=0$，那么$\boldsymbol{q}$属于$N$-目标的零空间。保持$N$-目标的旋转不变，则要求零空间经过公式(3.48)的变换保持不变，即矢量q满足下列公式：

$$\boldsymbol{T}_N(\theta)\boldsymbol{q}=0 \Rightarrow U_3(\theta)\boldsymbol{T}_N U_3(\theta)^{-1}\boldsymbol{q}=0$$

这样就有

$$\boldsymbol{U}_3(\theta)^{-1}\boldsymbol{q}=\lambda\boldsymbol{q}$$

上式表明，$\boldsymbol{q}$是矩阵$\boldsymbol{U}_3(\theta)$一个特征矢量。矩阵$\boldsymbol{U}_3(\theta)$的三个特征矢量为

$$\boldsymbol{q}_1=\begin{bmatrix}1\\0\\0\end{bmatrix},\quad \boldsymbol{q}_2=\frac{1}{\sqrt{2}}\begin{bmatrix}0\\1\\j\end{bmatrix},\quad \boldsymbol{q}_3=\frac{1}{\sqrt{2}}\begin{bmatrix}0\\j\\1\end{bmatrix}$$

每个特征矢量，则可获得一个对应T_0的归一化目标矢量$\boldsymbol{K}_0$，即：

$$\left.\begin{array}{r}\boldsymbol{T}_{3\times3}\boldsymbol{q}=T_0\boldsymbol{q}+T_N\boldsymbol{q}=T_0\boldsymbol{q}=\boldsymbol{k}_0\boldsymbol{k}_0^{\mathrm{T}*}\boldsymbol{q}\\ \boldsymbol{q}^{\mathrm{T}*}\boldsymbol{T}_{3\times3}\boldsymbol{q}=\boldsymbol{q}^{\mathrm{T}}\boldsymbol{k}_0\boldsymbol{k}_0^{\mathrm{T}*}\boldsymbol{q}=\left|\boldsymbol{k}_0^{\mathrm{T}*}\boldsymbol{q}\right|^2\end{array}\right\}\Rightarrow \boldsymbol{K}_0=\frac{\boldsymbol{T}_3\boldsymbol{q}}{\boldsymbol{k}_0^{\mathrm{T}*}\boldsymbol{q}}=\frac{\boldsymbol{T}_3\boldsymbol{q}}{\sqrt{\boldsymbol{q}^{\mathrm{T}*}\boldsymbol{T}_{3\times3}\boldsymbol{q}}} \tag{3.49}$$

对于特征矢量$\boldsymbol{q}_1$，T_0的归一化目标矢量$\boldsymbol{K}_{01}$为

$$\boldsymbol{K}_{01}=\frac{\boldsymbol{T}_{3\times3}\boldsymbol{q}_1}{\sqrt{\boldsymbol{q}_1^{\mathrm{T}*}\boldsymbol{T}_{3\times3}\boldsymbol{q}_1}}=\frac{1}{\sqrt{\langle 2A_0\rangle}}\begin{bmatrix}\langle 2A_0\rangle\\ \langle C\rangle+j\langle D\rangle\\ \langle H\rangle-j\langle G\rangle\end{bmatrix}$$

对于特征矢量$\boldsymbol{q}_2=\frac{1}{\sqrt{2}}\begin{bmatrix}0\\1\\j\end{bmatrix}$，则有

$$\boldsymbol{K}_{02}=\frac{\boldsymbol{T}_{3\times3}\boldsymbol{q}_1}{\sqrt{\boldsymbol{q}_1^{\mathrm{T}*}\boldsymbol{T}_{3\times3}\boldsymbol{q}_1}}=\frac{1}{\sqrt{2(\langle B_0\rangle-\langle F\rangle)}}\begin{bmatrix}\langle C\rangle-\langle G\rangle+j\langle H\rangle-j\langle D\rangle\\ \langle B_0\rangle+\langle B\rangle-\langle F\rangle+j\langle E\rangle\\ \langle E\rangle+j\langle B_0\rangle-j\langle B\rangle-j\langle F\rangle\end{bmatrix}$$

可得 Barnes 1 的三个分解分量：

$$\text{Barnes\_1}=\frac{(\langle C\rangle-\langle G\rangle)^2+(\langle H\rangle-\langle D\rangle)^2}{2(\langle B_0\rangle-\langle F\rangle)}$$

$$\text{Barnes\_2}=\frac{(\langle B_0\rangle-\langle B\rangle-\langle F\rangle)^2+\langle E\rangle^2}{2(\langle B_0\rangle-\langle F\rangle)} \tag{3.50}$$

$$\text{Barnes\_3} = \frac{\left(\langle B_0\rangle + \langle B\rangle - \langle F\rangle\right)^2 + \langle E\rangle^2}{2\left(\langle B_0\rangle - \langle F\rangle\right)}$$

对于特征矢量 $\boldsymbol{q}_3 = \frac{1}{\sqrt{2}}\begin{bmatrix} 0 \\ j \\ 1 \end{bmatrix}$，则有

$$\boldsymbol{k}_{03} = \frac{\boldsymbol{T}_{3\times3}\boldsymbol{q}_2}{\sqrt{\boldsymbol{q}_2^{T*}\boldsymbol{T}_{3\times3}q_2}} = \frac{1}{\sqrt{2\left(\langle B_0\rangle + \langle F\rangle\right)}}\begin{bmatrix} \langle H\rangle + \langle D\rangle + j\langle C\rangle + j\langle G\rangle \\ \langle E\rangle + j\langle B_0\rangle + j\langle B\rangle + j\langle F\rangle \\ \langle B_0\rangle - \langle B\rangle + \langle F\rangle + j\langle E\rangle \end{bmatrix}$$

这样得到 Barnes 2 的三个分解分量：

$$\text{Barnes\_4} = \frac{\left(\langle B_0\rangle + \langle B\rangle + \langle F\rangle\right)^2 + \langle E\rangle^2}{2\left(\langle B_0\rangle + \langle F\rangle\right)} \tag{3.51a}$$

$$\text{Barnes\_5} = \frac{\left(\langle B_0\rangle - \langle B\rangle + \langle F\rangle\right)^2 + \langle E\rangle^2}{2\left(\langle B_0\rangle + \langle F\rangle\right)} \tag{3.51b}$$

$$\text{Barnes\_6} = \frac{\left(\langle C\rangle + \langle G\rangle\right)^2 + \left(\langle H\rangle - \langle D\rangle\right)^2}{2\left(\langle B_0\rangle + \langle F\rangle\right)} \tag{3.51c}$$

图 3.13 和图 3.14 分别给出 Barnes 1 和 Barnes 2 的分解分量的伪彩编码图。

图 3.13　Barnes 1 分解伪彩编码图像(R：Barnes_1；G：Barnes_2；B：Barnes_3)

图 3.14　Barnes 2 分解伪彩编码图像（R：Barnes_4；G：Barnes_5；B：Barnes_6）

3. Van Zyl 分解

Van Zyl 分解（Van Zyl，1993）是通过协方差矩阵的特征向量和特征值解析推导出来的。对于满足反射对称性的地物，如土壤、森林等，其平均协方差矩阵为

$$\boldsymbol{C}_{3\times3}=\begin{bmatrix}\left\langle\left|S_{\mathrm{HH}}\right|^2\right\rangle & 0 & \left\langle S_{\mathrm{HH}}S_{\mathrm{VV}}^*\right\rangle\\ 0 & \left\langle 2\left|S_{\mathrm{HV}}\right|^2\right\rangle & 0\\ \left\langle S_{\mathrm{VV}}S_{\mathrm{HH}}^*\right\rangle & 0 & \left\langle\left|S_{\mathrm{VV}}\right|^2\right\rangle\end{bmatrix}=\alpha\begin{bmatrix}1 & 0 & \rho\\ 0 & \eta & 0\\ \rho^* & 0 & \mu\end{bmatrix} \tag{3.52a}$$

式中

$$\alpha=\left\langle S_{\mathrm{HH}}S_{\mathrm{HH}}^*\right\rangle,\qquad \rho=\left\langle S_{\mathrm{HH}}S_{\mathrm{VV}}^*\right\rangle\Big/\left\langle S_{\mathrm{HH}}S_{\mathrm{HH}}^*\right\rangle$$

$$\eta=2\left\langle S_{\mathrm{HV}}S_{\mathrm{HV}}^*\right\rangle\Big/\left\langle S_{\mathrm{HH}}S_{\mathrm{HH}}^*\right\rangle,\qquad \mu=\left\langle S_{\mathrm{VV}}S_{\mathrm{VV}}^*\right\rangle\Big/\left\langle S_{\mathrm{HH}}S_{\mathrm{HH}}^*\right\rangle$$

参数α、ρ、η和μ取决于目标的尺寸、介电性质、形状及统计的取向角。解析式（3.52a）可获取其特征值λ_1、λ_2、λ_3及特征向量$\boldsymbol{u}_1$、$\boldsymbol{u}_2$、$\boldsymbol{u}_3$，则$\boldsymbol{C}_{3\times3}$可表示为

$$\begin{aligned}\boldsymbol{C}_{3\times3}&=\sum_{i=1}^{i=3}\lambda_i\underline{\boldsymbol{u}_i}\underline{\boldsymbol{u}_i}^{*\mathrm{T}}\\&=\Lambda_1\begin{bmatrix}|\alpha|^2 & 0 & \alpha\\ 0 & 0 & 0\\ \alpha^* & 0 & 1\end{bmatrix}+\Lambda_2\begin{bmatrix}|\beta|^2 & 0 & \beta\\ 0 & 0 & 0\\ \beta^* & 0 & 1\end{bmatrix}+\Lambda_3\begin{bmatrix}0 & 0 & 0\\ 0 & 1 & 0\\ 0 & 0 & 0\end{bmatrix}\end{aligned} \tag{3.52b}$$

其中，Λ_1代表奇次散射；Λ_2代表偶次散射。

表 3.4 给出 Van Zyl 分解的物理解释，其分量的伪彩编码图见图 3.15。

表 3.4　Van Zyl 分解

van Zyl 基	权重分量	散射类型
$\begin{bmatrix} \lvert\alpha\rvert^2 & 0 & \alpha \\ 0 & 0 & 0 \\ \alpha^* & 0 & 1 \end{bmatrix}$	$\Lambda_1=\lambda_1\left[\frac{\mu-1+\sqrt{\Delta}}{(\mu-1+\sqrt{\Delta})^2+4\lvert\rho\rvert^2}\right], \alpha=\frac{2\rho}{\mu-1+\sqrt{\Delta}}$	球面散射
$\begin{bmatrix} \lvert\beta\rvert^2 & 0 & \beta \\ 0 & 0 & 0 \\ \beta^* & 0 & 1 \end{bmatrix}$	$\Lambda_2=\lambda_2\left[\frac{\mu-1-\sqrt{\Delta}}{(\mu-1-\sqrt{\Delta})^2+4\lvert\rho\rvert^2}\right], \beta=\frac{2\rho}{\mu-1-\sqrt{\Delta}}$	二面角散射
$\begin{bmatrix} 0 & 0 & 0 \\ 0 & 1 & 0 \\ 0 & 0 & 0 \end{bmatrix}$	$\Lambda_3=\lambda_3$	无

图 3.15　Van Zyl 分解伪彩编码图像(R：Λ_2；G：Λ_1；B：Λ_3)

4. Freeman & Durden 分解

Freeman & Durden 分解(Freeman & Durden，1998)针对存在植被的情况，基于协方差矩阵将回波分解为三种简单的回波：奇数次散射(布拉格散射)、偶数次散射(二次散射)和体散射回波(状冠散射)。

奇数次散射描述粗糙地表的回波，建模为平面。散射矩阵通过对平面的回波散射矩阵元素引入粗糙地面的复介电系数作为参数构建。

偶数次散射描述树干和地面共同作用的回波，建模为两个介电常数不同的平面组成的二面角。通过对二面角的回波散射矩阵元素考虑介电常数和信号传播过程中的损失来构建散射矩阵。

体散射回波表征树木冠层的回波，具体使用随机朝向的偶极子集合的散射体来建立回波模型，在求取回波信号过程中，通过对单个偶极子回波积分来计算回波散射矩阵元素。

基于这三种散射模型对协方差矩阵进行分解：

$$\boldsymbol{C}_{3\times3}=\left\langle\boldsymbol{C}_{3\times3}\right\rangle_{\mathrm{v}}+\left\langle\boldsymbol{C}_{3\times3}\right\rangle_{\mathrm{d}}+\left\langle\boldsymbol{C}_{3\times3}\right\rangle_{\mathrm{s}} \tag{3.53}$$

$$\left\langle\boldsymbol{C}_{3\times3}\right\rangle_{\mathrm{v}}=f_{\mathrm{v}}\begin{bmatrix}1 & 0 & 1/3\\ 0 & 2/3 & 0\\ 1/3 & 0 & 1\end{bmatrix} \tag{3.53a}$$

$$\left\langle\boldsymbol{C}_{3\times3}\right\rangle_{\mathrm{d}}=f_{\mathrm{d}}\begin{bmatrix}|a|^2 & 0 & \beta\\ 0 & 0 & 0\\ a^* & 0 & 1\end{bmatrix} \tag{3.53b}$$

$$\left\langle\boldsymbol{C}_{3\times3}\right\rangle_{\mathrm{s}}=f_{\mathrm{s}}\begin{bmatrix}|\beta|^2 & 0 & \beta\\ 0 & 0 & 0\\ \beta^* & 0 & 1\end{bmatrix} \tag{3.53c}$$

式中，$\left\langle\boldsymbol{C}_{3\times3}\right\rangle_{\mathrm{v}}$为体散射体的协方差矩阵；$f_{\mathrm{v}}$为目标中体散射的权重；$\left\langle\boldsymbol{C}_{3\times3}\right\rangle_{\mathrm{d}}$为二次散射的协方差矩阵；$f_{\mathrm{d}}$为目标中二次散射的权重；$\left\langle\boldsymbol{C}_{3\times3}\right\rangle_{\mathrm{s}}$为表面散射的协方差矩阵；$f_{\mathrm{s}}$为目标中表面散射的权重。

在反射对称情况下，假设体散射分量、表面散射分量以及二次散射分量之间互相独立，那么总的二阶统计量可以通过各独立散射模型分量的统计量相加获得，则有

$$\boldsymbol{C}_{3\times3}=\begin{bmatrix}f_{\mathrm{s}}|\beta|^2+f_{\mathrm{d}}|\alpha|^2+\dfrac{3f_{\mathrm{v}}}{8} & 0 & f_{\mathrm{s}}\beta+f_{\mathrm{d}}\alpha-\dfrac{f_{\mathrm{v}}}{8}\\ 0 & \dfrac{2f_{\mathrm{v}}}{8} & 0\\ f_{\mathrm{s}}\beta^*+f_{\mathrm{d}}\alpha^*-\dfrac{f_{\mathrm{v}}}{8} & 0 & f_{\mathrm{s}}+f_{\mathrm{d}}+\dfrac{3f_{\mathrm{v}}}{8}\end{bmatrix}$$

体散射分量$\dfrac{f_{\mathrm{v}}}{8},\dfrac{2f_{\mathrm{v}}}{8},\dfrac{3f_{\mathrm{v}}}{8}$可在$|S_{\mathrm{HH}}|^2,|S_{\mathrm{VV}}|^2,S_{\mathrm{HH}}S_{\mathrm{VV}}^*$三项中抵消。于是协方差矩阵的三个元素为

$$\begin{cases}C_{11}=\left\langle S_{\mathrm{HH}}S_{\mathrm{HH}}^*\right\rangle=f_{\mathrm{s}}|\beta|^2+f_{\mathrm{d}}|\alpha|^2\\ C_{13}=\left\langle S_{\mathrm{HH}}S_{\mathrm{VV}}^*\right\rangle=f_{\mathrm{s}}\beta+f_{\mathrm{d}}\alpha\\ C_{33}=\left\langle S_{\mathrm{VV}}S_{\mathrm{VV}}^*\right\rangle=f_{\mathrm{s}}+f_{\mathrm{d}}\end{cases} \tag{3.54}$$

上面三个等式包括四个未知量，要得到唯一解，需要先确定一个参数的值。借助文献(Livingstone et al.，1996)，依据$\langle S_{HH}S_{VV}^{*}\rangle$实部的正负号，可判断剩余项中的主导散射机制是二次散射还是表面散射。当$\mathrm{Re}\left(\langle S_{HH}S_{VV}^{*}\rangle\right)\geqslant 0$时，主导散射机制为表面散射，参数$\alpha=-1$；当$\mathrm{Re}\left(\langle S_{HH}S_{VV}^{*}\rangle\right)<0$时，主导散射机制为二次散射，参数$\beta=+1$。

从能量角度(用 Span 表示)有

$$\mathrm{Span}=\left|S_{HH}\right|^{2}+2\left|S_{HV}\right|^{2}+\left|S_{VV}\right|^{2}=P_{S}+P_{D}+P_{V} \tag{3.55}$$

从而可知：

体散射——$P_{V}=f_{v}\left(1+|\beta|^{2}\right)$

二次散射——$P_{D}=f_{d}\left(1+|a|^{2}\right)$

表面散射——$P_{S}=f_{s}\left(1+|\beta|^{2}\right)$

图 3.16 给出 Freeman & Durden 分解算法流程。

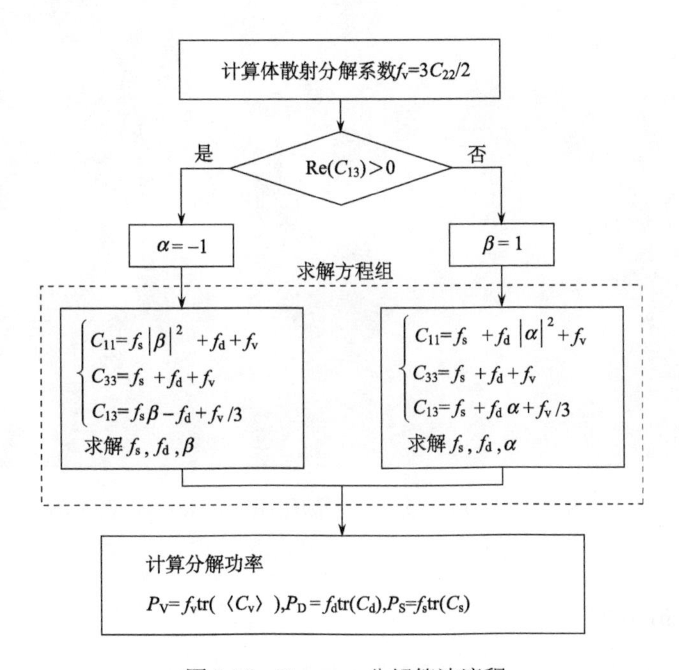

图 3.16　Freeman 分解算法流程

原本 Freeman & Durden 分解是针对存在植被的区域建立的模型，但是该分解方法具有可扩展性，可以进一步细化分解模型，将植被相关的参数和分解结果直接联系起来。

表 3.5 给出 Freeman & Durden 分解的物理解释，其分量的伪彩编码图见图 3.17。

表 3.5　Freeman & Durden 分解

Freeman 基	散射类型	典型散射体
$\begin{bmatrix} 1 & 0 & 1/3 \\ 0 & 2/3 & 0 \\ 1/3 & 0 & 1 \end{bmatrix}$	球面散射	植被冠状层偶极子
$\begin{bmatrix} \lvert a\rvert^2 & 0 & \beta \\ 0 & 0 & 0 \\ a^* & 0 & 1 \end{bmatrix}$	二次散射	二面角散射器
$\begin{bmatrix} \lvert\beta\rvert^2 & 0 & \beta \\ 0 & 0 & 0 \\ \beta^* & 0 & 1 \end{bmatrix}$	面散射	一阶Bragg表面散射体

图 3.17　Freeman & Durden 分解伪彩编码图(R: P_D；G: P_V；B: P_S)

5. Yamaguchi 分解

Yamaguchi 分解在 Freeman 分解基础上，提出四分量散射模型(Yamaguchi et al., 2005)，可以有效地解决反射不对称条件下的分解问题，即$\langle S_{HH}S_{HV}^*\rangle \neq 0$，$\langle S_{HV}S_{VV}^*\rangle \neq 0$。四分量除包含了 Freeman 构建的 3 个模型，另外还增加了螺旋体模型$\langle C_{3\times3}\rangle_{LH/RH}$。Yamaguchi 分解表示如下：

$$
\boldsymbol{C}_{3\times3} = \left\langle \boldsymbol{C}_{3\times3} \right\rangle_{\mathrm{v}} + \left\langle \boldsymbol{C}_{3\times3} \right\rangle_{\mathrm{d}} + \left\langle \boldsymbol{C}_{3\times3} \right\rangle_{\mathrm{s}} + \left\langle \boldsymbol{C}_{3\times3} \right\rangle_{\mathrm{LH/RH}}
$$

$$
= \begin{bmatrix} f_{\mathrm{S}}|\beta|^2 + f_{\mathrm{D}}|\alpha|^2 + \dfrac{f_{\mathrm{C}}}{4} & \pm j\dfrac{\sqrt{2}f_{\mathrm{C}}}{4} & f_{\mathrm{S}}\beta + f_{\mathrm{D}}\alpha - \dfrac{f_{\mathrm{C}}}{4} \\ \mp j\dfrac{\sqrt{2}f_{\mathrm{C}}}{4} & \dfrac{f_{\mathrm{C}}}{2} & \pm j\dfrac{\sqrt{2}f_{\mathrm{C}}}{4} \\ f_{\mathrm{S}}\beta^* + f_{\mathrm{D}}\alpha^* - \dfrac{f_{\mathrm{C}}}{4} & \mp j\dfrac{\sqrt{2}f_{\mathrm{C}}}{4} & f_{\mathrm{S}} + f_{\mathrm{D}} + \dfrac{f_{\mathrm{C}}}{4} \end{bmatrix} + f_{\mathrm{v}}\begin{bmatrix} a & 0 & d \\ 0 & b & 0 \\ d & 0 & c \end{bmatrix} \tag{3.56}
$$

从能量角度则有

$$
\mathrm{Span} = |S_{\mathrm{HH}}|^2 + 2|S_{\mathrm{HV}}|^2 + |S_{\mathrm{VV}}|^2 = P_{\mathrm{S}} + P_{\mathrm{D}} + P_{\mathrm{C}} + P_{\mathrm{V}} \tag{3.57}
$$

那么可得

体散射—— $P_{\mathrm{V}} = f_{\mathrm{v}}$

二次散射—— $P_{\mathrm{D}} = f_{\mathrm{d}}\left(1+|a|^2\right)$

表面散射—— $P_{\mathrm{S}} = f_{\mathrm{s}}\left(1+|\beta|^2\right)$

螺旋体散射—— $P_{\mathrm{C}} = f_{\mathrm{c}}$

表 3.6 给出 Yamaguchi 分解的物理解释，其分量的伪彩编码图见图 3.18。

表 3.6　Yamaguchi 分解

Yamaguchi基	散射类型	典型散射体
$\begin{bmatrix} 1 & 0 & 1/3 \\ 0 & 2/3 & 0 \\ 1/3 & 0 & 1 \end{bmatrix}$	球面散射	植被冠状层偶极子
$\begin{bmatrix} \|a\|^2 & 0 & \beta \\ 0 & 0 & 0 \\ a^* & 0 & 1 \end{bmatrix}$	二次散射	二面角散射器
$\begin{bmatrix} \|\beta\|^2 & 0 & \beta \\ 0 & 0 & 0 \\ \beta^* & 0 & 1 \end{bmatrix}$	面散射	一阶 Bragg表面散射体
$\dfrac{1}{4}\begin{bmatrix} 1 & -j\sqrt{2} & -1 \\ j\sqrt{2} & 2 & -j\sqrt{2} \\ -1 & j\sqrt{2} & 1 \end{bmatrix}$	螺旋体散射	人造复杂地物

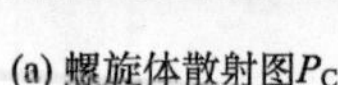

(a) 螺旋体散射图P_C　　(b) 分量伪彩编码图（R：P_D；G：P_V；B：P_S）

图 3.18　Yamaguchi 分解分量与伪彩编码图像

6. Cloude 分解

由于特征矢量分析能够提供散射单元的基不变描述，Cloude 和 Pottier 对相干矩阵进行特征值分解(Cloude&Pottier，1997)，分析散射过程机理(特征矢量)和相应的权重(特征值)。由于相干矩阵$\boldsymbol{T}_{3\times3}$是半正定的，可以通过计算其特征值和特征向量来对相干矩阵$\boldsymbol{T}_{3\times3}$进行对角化，表达为

$$\boldsymbol{T}_{3\times3}=\boldsymbol{U}_3\boldsymbol{\Sigma}\boldsymbol{U}_3^{-1}$$

其中，$\boldsymbol{\Sigma}\in\boldsymbol{R}^{3\times3}$是对角矩阵，$\boldsymbol{U}_3=\begin{bmatrix}u_1 & u_2 & u_3\end{bmatrix}\in\boldsymbol{R}^{3\times3}$为酉矩阵，$\boldsymbol{u}_1$、$\boldsymbol{u}_2$以及$\boldsymbol{u}_3$是相互正交的单位矢量，$\boldsymbol{U}_3^{-1}=\boldsymbol{U}_3^{*\mathrm{T}}$。相干矩阵$\boldsymbol{T}_{3\times3}$的三个相互独立的特征矢量对应目标的三种确定的散射机制，即：

$$\boldsymbol{T}_{3\times3}=\sum_{i=1}^{3}\lambda_i\boldsymbol{T}_{3i}=\sum_{i=1}^{3}\lambda_i\boldsymbol{e}_i\cdot\boldsymbol{e}_i^* \tag{3.58a}$$

$$\boldsymbol{e}_i=e^{i\phi_i}\begin{bmatrix}\cos a_i & \sin a_i\cos\beta_i e^{i\delta_i} & \sin a_i\cos\beta_i e^{i\gamma_i}\end{bmatrix}^{\mathrm{T}} \tag{3.58b}$$

式中，$\boldsymbol{T}_{3i}$与某种散射机制相对应，λ_i为实数，用于描述目标在其相应散射机制$\boldsymbol{T}_{3i}$下的强度。ϕ_i、δ_i和r_i是相位，a_i是目标散射角，$0°\leqslant a_i\leqslant 90°$，$\beta_i,-180°\leqslant\beta_i\leqslant 180°$为目标的方位角。为了从特征分解中进一步分析目标的物理信息，Cloude 在求得相干矩阵的特征值基础上引入了 3 个新的参数H(熵)、$\overline{a}$(平均散射角)和A(各向异性)。

表 3.7 给出这三个参数的计算以及 Cloude 分解的物理描述。图 3.19 给出 Cloude 分解分量的伪彩编码图。

7. Holm 分解

Holm 分解也是将相干矩阵$\boldsymbol{T}_{3\times3}$进行特征值分解，其对极化特征谱做出了另外的解释(Holm & Barnes，1988)，认为目标为一个简单散射矩阵与残留项之和，特征值矩阵分解如下：

表 3.7　Cloude 分解

Cloude 参数	参数表达	物理含义
Entropy	$H=-\sum_{i=1}^{3}P_i\log_3 P_i$ $P_i=\frac{\lambda_i}{\sum_{k=1}^{3}\lambda_k}$	散射目标由各向性散射至完全随机散射的随机性
Mean Alpha Angle	$\bar{a}=\sum_{k=1}^{3}P_k a_k$	由表面散射至二面角散射的平均随机性
Anisotropy	$A=\frac{\lambda_2-\lambda_3}{\lambda_2+\lambda_3}$	描述了主散射体之外的其余两个相对较弱的散射分量间的强弱关系

图 3.19　Cloude 分解伪彩编码图像(R: H ; G: $\bar{a}$; B: A)

$$
\begin{aligned}
\boldsymbol{\Sigma} &= \begin{bmatrix} \lambda_1 & 0 & 0 \\ 0 & \lambda_2 & 0 \\ 0 & 0 & \lambda_3 \end{bmatrix}_{\lambda_1 \geqslant \lambda_2 \geqslant \lambda_3} \\
&= \underbrace{\begin{bmatrix} \lambda_1-\lambda_2 & 0 & 0 \\ 0 & 0 & 0 \\ 0 & 0 & 0 \end{bmatrix}}_{\Sigma_1} + \underbrace{\begin{bmatrix} \lambda_2-\lambda_3 & 0 & 0 \\ 0 & \lambda_2-\lambda_3 & 0 \\ 0 & 0 & 0 \end{bmatrix}}_{\Sigma_2} + \underbrace{\begin{bmatrix} \lambda_3 & 0 & 0 \\ 0 & \lambda_3 & 0 \\ 0 & 0 & 0 \end{bmatrix}}_{\Sigma_3}
\end{aligned} \tag{3.59}
$$

由于特征矢量是相互正交的，即

$$\boldsymbol{u}_1\boldsymbol{u}_1^{*\mathrm{T}}+\boldsymbol{u}_2\boldsymbol{u}_2^{*\mathrm{T}}+\boldsymbol{u}_3\boldsymbol{u}_3^{*\mathrm{T}}=\boldsymbol{I}_{\mathrm{D}}$$

则 Holm 分解为

$$\boldsymbol{T}_{3\times 3}=\boldsymbol{U}_3\boldsymbol{\Sigma}\boldsymbol{U}_3^{-1}=(\lambda_1-\lambda_2)\boldsymbol{u}_1\boldsymbol{u}_1^{*\mathrm{T}}+(\lambda_2-\lambda_3)\left(\boldsymbol{u}_1\boldsymbol{u}_1^{*\mathrm{T}}+\boldsymbol{u}_2\boldsymbol{u}_2^{*\mathrm{T}}\right)+\lambda_3\boldsymbol{I}_{\mathrm{D}} \tag{3.60}$$

表 3.8 给出 Holm 分解的物理解释，其分量的伪彩编码图见图 3.20。

表 3.8 Holm 分解

Holm 参数	物理含义
$\lambda_1-\lambda_2$	纯目标
$\lambda_2-\lambda_3$	混合目标
λ_3	相当于噪声

图 3.20 Holm 分解伪彩编码图像(R: $\lambda_1-\lambda_2$；G: $\lambda_2-\lambda_3$；B: λ_3)

3.4 小结和讨论

多极化 SAR 数据不仅提供了可以直接利用的多个通道的回波强度信息，多通道回波的相位差也能提供有意义的信息，更重要的是各通道数据之间的相关特性提供了非常丰富的地物目标的极化散射信息。这些极化信息根据电磁波传播原理以及电磁波与物质相互作用的原理，用接收到的多极化雷达散射波数据推演而得。

本章讨论了电磁极化波的表征[式(3.1)～式(3.14)]和散射回波的描述[式(3.15)～式(3.30)]。主要用极化散射矩阵[式(3.16)]以及极化协方差矩阵[式(3.24)]和极化相干矩阵[式(3.25)]描述。

基于电磁极化波及其散射回波的特性，给出了六种典型的单目标的极化特征信息[式(3.31)～式(3.36)]。进一步，通过对极化散射矩阵的相干分解[式(3.37)～式(3.45)]，以及对极化协方差矩阵和相干矩阵的非相干分解[式(3.46)～式(3.60)]，可以获得几十个不同的地物极化信息，如球体、平坦表面、二面体、螺旋体等(表 3.1～表 3.8)。

参 考 文 献

Azzam R M A and Bashara N M. 1977. Ellipsometry and Polarized Light. Netherlands: North Holland, Amsterdam.

Barnes R M. 1988. Roll invariant decompositions for the polarization covariance matrix. Polarimetric Technology Workshop, Redstone Arsenal, AL, USA.

Boerner W M. 1990. Introduction to radar polarimetry with assessments of the historical development and of the current state of the art. Proceedings of International Workshop on Radar Polarimetry, Nantes, France.

Boerner W M, et al.(Eds.). 1988. Direct and inverse methods in radar polarimetry. Proccedings of the NATO Advanced Research Workshop, Sept. 18-24.

Boerner W M, El-Arini M B, Chan C Y, Mastoris P M. 1981. Polarization dependence in electromagnetic inverse problem. IEEE Transactions on Antennas and Propagation, 29(2): 262-271.

Boerner W M, Mott H, Lüneburg E, et al.(Eds.). 1998. Polarimetry in radar remote sensing: Basic and applied concepts, 3rd ed., New York: John Wiley & Sons.

Cloude S R, Pottier E. 1996. A review of target decomposition theorems in radar polarimetry. IEEE Transactions on Geoscience & Remote Sensing, 34(2): 498-518.

Cloude S R, Pottier E. 1997. An entropy based classification scheme for land applications of polarimetric SAR. IEEE Transactions on Geoscience & Remote Sensing, 35(1): 68-78.

Freeman A, Durden S L. 1998. A three-component scattering model for polarimetric SAR data. IEEE Transactions on Geoscience & Remote Sensing, 36(3): 963-973.

Holm W A, Barnes R M. 1988. On radar polarization mixed state decomposition theorems. Proceedings of 1988 USA National Radar Conference.

Huynen J R. 1989. Extraction of target significant parameters from polarimetric data. California: Los Altos Hills.

Huynen J R. 1990. The Stokes parameters and their interpretation in terms of physical target properties. Proceedings of the International Workshop on Radar Polarimetry, JIPR 90, Nantes, France.

Kostinski A B, Boerner W M. 1986. On foundations of radar polarimetry. IEEE Transaction on Antennas and Propagation, 34: 1395-1404.

Krogager E. 2002. New decomposition of the radar target scattering matrix. Electronics Letters, 26(18):1525-1527.

Lee J S, Pottier E. 2009. Polarimatric Radar Imaging: From Basics To Applications. New York: Taylor & Francis Group. 101-140.

Livingstone C E, et al. 1996. The Canadian airborne R&D SAR facility: the CCRS C/X SAR. Proc. International Geoscience and Remote Sensing Symposium(IGARSS'96), Nebraska, USA: 1621-1623.

Lüneburg E. 1999. Polarimetric target matrix decompositions and the Karhunen Loeve expansion. Proceedings of IGARSS'99, Hamburg, Germany.

Lüneburg E, Ziegler V, Schroth A, Tragl K. 1991. Polarimetric covariance matrix analysis of random radar targets. Proceedings of NATO AGARD EPP Symposium on Target and Clutter Scattering and Their Effects on Military Radar Performance, Ottawa, Canada.

Yamaguchi Y, Moriyama T, Ishido M, et al. 2005. Four-component scattering model for polarimetric SAR image decomposition. IEEE Transactions on Geoscience & Remote Sensing, 43(8): 1699-1706.

Van Zyl J J. 1986. On the importance of polarization in radar scattering problems, PhD thesis, California Institute of Technology.

Van Zyl J J. 1993. Application of Cloude's target decomposition theorem to polarimetric imaging radar data. Proceedings of SPIE - The International Society for Optical Engineering, 1993: 184-191.

Ziegler V, Lüneburg E, Schroth A. 1992. Mean back scattering properties of random radar targets: a polarimetric covariance matrix concept. Proceedings of IGARSS'92, 1: 266-268.

索　引

1. 公式列表

(1) 电磁波的极化表征 3.1～3.14

(2) 极化回波矩阵 3.15～3.30

3.22　散射波的 Stocks 矢量
3.23　四通道极化协方差矩阵
3.24　三通道极化协方差矩阵
3.25　三通道极化相干矩阵
3.26　极化能量图
3.27　单站后向散射 K 矩阵
3.28　K 矩阵的 Huynen 参数
3.29　取向角的估计
3.30　去取向角的 K 矩阵

(3) 典型单目标极化特征 3.31～3.36

3.31　球体、面散射体、三面体散射矩阵
3.32　水平偶极子散射矩阵
3.33　倾斜偶极子散射矩阵
3.34　二面角散射矩阵
3.35　右旋螺旋体
3.36　左旋螺旋体

(4) 目标极化分解 3.37～3.60

3.37　相干分解
3.38　Pauli 分解
3.39　Pauli 分解基
3.40　四通道 Pauli 分解矢量
3.41　三通道 Pauli 分解矢量
3.42　Krogager 分解
3.43　左旋发射、右旋接收的 Krogager 分解
3.44　螺旋体的 Krogager 描述
3.45　Krogager 分量与 Huynen 参数的换算
3.46　非相干分解
3.47　Huynen 分解
3.48　残留分量的旋转不变性
3.49　Barnes-Holm 分解
3.50　Barnes1 三分量
3.51　Barnes2 三分量
3.52　van Zyl 分解
3.53　Freeman 分解
3.54　Freeman 分解参数方程
3.55　Freeman 功率分解

2. 插图列表

3. 表格目录

第二部分

SAR 图像信息处理

第 4 章　SAR 图像相干斑滤波

4.1　SAR 图像滤波技术与性能

由于相干成像机理，合成孔径雷达图像表现出很强的斑点噪声，严重影响了图像的目视解译和信息的提取。图 4.1(a)展现的 ERS-1 法国戴高乐机场单视 SAR 图像，图像上明显可见斑点效应。经过合适的滤波，得到抑制斑点噪声的图像[如图 4.1(b)所示]，大大提高其可读性。

(a) 单视SAR图像(ERS-1法国戴高乐机场)

(b) 降斑滤波后的图像

图 4.1　SAR 图像相干斑效应及其降斑滤波

SAR 图像滤波是指抑制这种斑点“噪声”，同时希望保留图像细节信息。SAR 图像的降斑滤波比起光学图像的降噪滤波更加复杂。这是由于一方面 SAR 图像蕴含着更丰富的目标信息，特别是极化散射信息；而且提供的 SAR 数据资源是多样的，包括探测数据(强度和幅度数据)、复数据、极化数据、多时相数据、单视数据、多视数据，等等。另一方面由于相干斑并非纯“噪声”，目标信息就携带在其中。因此，需要研制针对不同类型的数据以及不同应用需求的降斑滤波方法。

降斑滤波有两种不同的目的：其一是估计淹没在斑点噪声中的真实雷达反射系数；其二是提高信噪比以提高 SAR 图像的可读性。针对两种不同的目的，采用的滤波方法不同(参见 4.1.1 节和 4.1.2 节)，其性能评价的指标也不尽相同(见 4.1.4 节)。

4.1.1　反射系数贝叶斯估计

从具有乘性模型的相干成像数据[式(2.14)]中估计雷达反射系数 R，有效的方法是在概率空间上应用贝叶斯估计。根据数据的先验分布为已知与否，分别采用最大后验估计或者最小均方差估计(4.2.2 节)。

反射系数的估计性能很大程度取决于统计分析数据的同质性及其数据量。为此提出两条途径：一是寻求尽可能多的同质数据进行统计分析；二是对非同质数据采取自适应估计方法。

前者(最大同质区域方法)的挑战在于探索“同质”的判别准则，而且随着 SAR 图像的分辨率不断提高，同质数据的“邻域”不断减小。因此发展了非邻域相似数据的聚集方法(4.2.3 节)。

后者(自适应估计算法)的挑战在于要平衡估计精度与保留细节信息两个方面。因此发展了多系统的协同滤波的方法(4.4 节)来兼顾这两项通常相矛盾的性能指标。

4.1.2　变换域相干斑滤波

为了提高 SAR 图像的可读性，需要提高图像的信噪比，提高对比度，增强轮廓和纹理。小波域和稀疏域滤波对 SAR 图像滤波显示出优势。

注意到，滤波器通常是线性系统，必须使用乘性斑点噪声的加性模型。在其加性模型中，SAR 图像相当于一个极低信噪比的信号。单视 SAR 数据的信噪比在理论上为 0dB。大多常用的滤波器对这种极低信噪比的信号是会失效的。因此我们发展了同时具有抑制强噪声和保持图像细节信息的稀疏域滤波(4.5 节)。

4.1.3　多极化 SAR 图像滤波

多极化 SAR 图像的相干斑滤波面向两类不同的目的：其一同上述单极化 SAR 图像相干斑滤波一样，旨在提高图像的可读性，抑制斑点噪声，增强感兴趣目标。其二却很不相同，旨在抑制斑点噪声的同时保持极化特征，为极化特征可视化和极化特征分类等应用提供预处理。

对于前者(提高多极化 SAR 图像可读性)的目的，主要采用贝叶斯估计方法。注意到，这时针对多个随机变量的联合分布进行最佳估计(4.6.1 节)。实际上，利用了多通道数据的相关性，可以获得比单通道数据的相干斑滤波性能好得多的效果。

对于后者(保持多通道极化特征)的目的，则包括两个处理步骤：图像分割和相干斑滤波(4.6.2 节)。

第一步，对多通道 SAR 图像进行分割，得到多通道共享的一个图像划分。可以采用两种技术：一是在多通道数据组成的能量图像上进行划分；二是将多通道数据的极化分类图作为分割图。

第二步，各个通道图像在每个划分的区域上进行相干斑滤波。

4.1.4　估计器和滤波器性能评估

斑点噪声抑制和细节信息保留是对降斑算法进行定量评估的两个重要方面，通常希望能兼顾或者权衡两者。

根据应用目的，对降斑方法偏重不同的性能指标(王晓军、孙洪等，2004)。常用的性能评价指标主要针对以下几种不同的环境：

(1)利用模拟相干斑图像测试滤波图像的各项性能指标。将参考图像作为无斑点噪声的“真实图像”，计算降斑算法的各项性能指标，包括局部图像质量的评估。

(2)全局性能评价。根据应用结果评估滤波性能，这里主要针对滤波图像可读性，评估降噪和保留信息两方面的整体性能。

(3)局部性能评估。主要评价反射系数估计的偏差和滤波器对边缘、纹理的损失。

1. 信噪比和相似度

如果利用非相干的参考图像模拟相应的相干斑 SAR 图像，就可以用峰值信噪比(PSNR)和结构相似度(SSIM)来评价降斑算法的全局性能。

1)峰值信噪比

尽管有时 PSNR 的评价结果与人眼视觉感观不一致，PNSR 仍然是图像去噪能力的最常用的一个评价指标。峰值信噪比(PSNR)(Xie et al., 2002)定义如下：

$$\mathrm{PSNR}\left(\boldsymbol{S},\hat{\boldsymbol{S}}\right)=10\lg\frac{\left|\hat{\boldsymbol{S}}\right|_{\max}^{2}}{\mathrm{MSE}} \tag{4.1}$$

式中，$\left|\hat{\boldsymbol{S}}\right|_{\max}$ 为数据格式允许的最大值；$\mathrm{MSE}=E\left\{\left[\boldsymbol{S}(n)-\hat{\boldsymbol{S}}(n)\right]^{2}\right\}$ 为均方差；$\boldsymbol{S}$ 和 $\hat{\boldsymbol{S}}$ 分别为无斑点的参考图像和降斑后的 SAR 图像。PSNR 综合反映整体降斑效果，PSNR 越大表示降噪能力越强，噪声抑制效果越好。

2)结构相似度

结构相似度(SSIM)(Wang et al., 2004)是根据两幅图像在结构上相似程度的度量。由于人眼视觉主要关注图像场景中的结构特征，因此图像结构信息的保持程度可以作为评价图像信息保持的一个重要指标。SSIM 越大，表示降斑图像与原参考图像越相似，就越好地保持了图像结构信息。SSIM 定义如下：

$$\mathrm{SSIM}\left(\boldsymbol{S},\hat{\boldsymbol{S}}\right)=\frac{\left(2u_{S}u_{\hat{S}}+C_{1}\right)\left(2\delta_{S\hat{S}}+C_{2}\right)}{\left(u_{S}^{2}+u_{\hat{S}}^{2}+C_{1}\right)\left(\delta_{S}^{2}+\delta_{\hat{S}}^{2}+C_{2}\right)} \tag{4.2}$$

式中，u_{S} 和 δ_{S} 分别代表 $\boldsymbol{S}$ 的均值和标准差；$\delta_{S\hat{S}}$ 为图像 $\boldsymbol{S}$ 和 $\hat{\boldsymbol{S}}$ 之间的协方差；C_1 和 C_2 为较小的常数，用来防止出现除以零的情况。

2. 等效视数和比值图像均值

对于真实 SAR 图像，没有非相干的“无噪图像”作参考，常用的两个客观评价指标为：等效视数(ENL)和比值图像的均值(expectation of ratio image，ERI)。

1) 同质区等效视数

等效视数 ENL (Xie et al.，1999) 通常用于评价 SAR 图像同质区内相干斑的强度，定义为

$$L = \frac{u_{\hat{S}}^2}{\sigma_{\hat{S}}^2} \tag{4.3}$$

式中，$u_{\hat{S}}$ 和 $\sigma_{\hat{S}}$ 分别表示同质区的均值和标准差。ENL 值越大，表示图像的相干斑越弱，降斑效果越好。

2) 比值图像均值

由于没有对应的“无噪图像”，比值图像均值 ERI 用原始 SAR 图像和去噪后的图像比值的均值对降斑效果进行评估。图像比值 R 定义为原图像 I 与降斑后的图像 $\hat{\boldsymbol{S}}$ 之比，ERI 为 R 的均值：

$$\mathrm{ERI} \triangleq E[R], \quad R = \frac{I}{\hat{\boldsymbol{S}}} \tag{4.4}$$

ERI 可以有效地反映降斑算法保留细节的性能。理想的降斑结果为 $\boldsymbol{S} = \hat{\boldsymbol{S}}$，则图像比值 R 将只包含高斯白噪声，ERI 应该接近斑点噪声的理论统计值 1。ERI 越接近 1，认为细节保持效果越好(王晓军、孙洪等，2004)。

3. 估计均值偏差

1) 均值偏差(RMS)

图像均值反映了图像平均强度，即图像所包含目标的平均后向散射系数，是描述图像特征的一个重要指标。定义滤波前后图像均值以及它们之间的偏差(Maitre-孙洪，2005)为

$$M - \mathrm{Bias} = \frac{\mu_F - \mu_I}{\mu_I} \times 100\% \tag{4.5}$$

式中，$\mu_I = \frac{1}{M \cdot N}\sum_{i=1}^{N}\sum_{j=1}^{M} I_{ij}$；$\mu_F = \frac{1}{M \cdot N}\sum_{i=1}^{N}\sum_{j=1}^{M} F_{ij}$；$I$ 为原始图像数据；F 为滤波后图像数据；μ_I 和 μ_F 为滤波前后图像均值。显然，在理想情况下应有均值偏差 $M - \mathrm{Bias} = 0$。因此，$M - \mathrm{Bias}$ 可用来表征滤波后图像均值的偏移程度。

2) 归一化偏差(NRMS)

定义归一化 RMS 偏差为(Xie et al.，1999)

$$E_f = \frac{\left[\frac{1}{M}\sum_{i=1}^{M}\left(I_f(i) - \mu_I\right)^2\right]^{\frac{1}{2}}}{\mu_I} \tag{4.6}$$

式中，I_f 表示滤波后图像的像素值；M 为像素总数；E_f 反映了 SAR 图像均匀区的滤波效果。理想情况下有 $E_f = 0$。NRMS 偏差能对滤波结果的辐射度保持效果进行有效的评价。

4. 降斑因子和辐射分辨率增益

1) 相干斑抑制因子

有效视数是衡量一幅图像相干斑噪声相对强度的一个指标。定义相干斑抑制因子为

$$S_L = \frac{L_F}{L_I} \tag{4.7}$$

式中，L_I 和 L_F 分别为滤波前后图像的有效视数。与之等价的一个评价指标是辐射分辨率增益(刘永坦，1999)。

2) 辐射分辨率增益

辐射分辨率指，当多视处理的各视数互相重叠时 SAR 系统对相邻目标后向散射系数的分辨能力(刘永坦，1999)。其定义为

$$\gamma = 10\lg\left(\frac{1}{\sqrt{L}} + 1\right) \tag{4.8}$$

式中，L 为有效视数。由于 SAR 图像滤波处理能增强图像的辐射分辨率，因此可以用辐射分辨率增益 G_γ 来定量表示这种能力

$$G_\gamma = \left|\gamma_F - \gamma_I\right| \tag{4.9}$$

式中，γ_F 表示滤波处理后图像的辐射分辨率；γ_I 表示滤波处理前图像的辐射分辨率。

4.2 雷达反射系数的估计

4.2.1 贝叶斯估计概述

考虑观察到随机变量 Y 的一个实现 y，推导出最优估计函数 $\phi(y)$ 来估计一个隐随机变量 X 的值 $\hat{x} = \phi(y)$。X 与 Y 的关系由其联合概率 $P(X,Y)$ 或条件概率 $P(X|Y)$ 描述。

在 SAR 图像滤波的情况下，X 代表了反射系数 R，而 Y 是获得的观察值(强度、复数据等)。

贝叶斯推理原理是设立一个错误代价函数 $\mathbb{C}[x,\phi(y)]$，有

$$\mathbb{C}[x,\phi(y)] \geqslant 0, \quad \mathbb{C}[x,\phi(y)] = 0 \quad \text{当且仅当} \quad \hat{x} = x$$

式中，x 为反射系数的真值；定义最佳估计为使得代价函数的数学期望最小的最优化函数 ϕ^{opt}，即

$$E\left\{\mathbb{C}[x,\phi^{\text{opt}}(y)]\right\} = \sum_{x\in\Omega} \mathbb{C}[x,\phi^{\text{opt}}(y)]P(x|y) = \min \tag{4.10}$$

注意到其中的假设条件是数据集 $x \in \Omega$ 是同质的。

函数 ϕ^{opt} 使平均误差最小。这样，在已知数据 y 条件下用 $\phi^{\text{opt}}(y)$ 替代每个 x 的值，得到所谓的“最优”估计 $\hat{x} = \phi^{\text{opt}}(y)$（麦特尔和孙洪，2005）。

根据不同的代价函数 $\mathbb{C}$，得到不同的估计。最实用的贝叶斯代价函数有克罗内克函数和方差函数。

1. 克罗内克函数

$\mathbb{C}(x,\hat{x}) = 1 - \delta(x,\hat{x})$。这时，式(4.10)成为

$$\left\{ \sum_{x\in\Omega} [1-\delta(x,\hat{x})] P(x|y) = \min \right\} \Rightarrow \left\{ \sum_{x\in\Omega} P(x|y) = \max \right\}$$

这个估计使得后验概率最大，因此称之为最大后验概率(MAP)估计。令其导数为零，得到最优估计：

$$\hat{x}_{\text{MAP}} = \arg\max_{x\in\Omega} P_{X|Y}(x \mid y) = \arg\max_{x\in\Omega} P_{Y|X}(y \mid x) \cdot P_X(x) \tag{4.11}$$

如果 x 的先验概率 $P(x)$ 未知，可以假设 x 是均匀分布的，这时的“最优”估计仅依赖于似然概率 $P(y|x)$，得到最大似然(ML)估计：

$$\hat{x}_{\text{ML}} = \arg\max_{x\in\Omega} P_{Y|X}(y \mid x) \tag{4.12}$$

2. 方差函数

$\mathbb{C}(x,\hat{x}) = (x-\hat{x})^2$。这时，式(4.10)成为

$$\sum_{x\in\Omega} (x-\hat{x})^2 P(x|y) = E_{x\in\Omega}[e^2(x|y)] = \min$$

这个估计使得均方误差最小，因此称之为最小均方差(MMSE)估计。

令其导数为零，得到最优估计：

$$\hat{x}_{\text{MMSE}} = \sum_{x\in\Omega} x \cdot P(x|y) \tag{4.13}$$

可以看到，这个最佳估计值就是后验概率的数学期望(EAP)。实际中，难以求解 EAP，因此常常将最优函数 ϕ^{opt} 限制为线性的 $\phi(Y) = aY + b$，也就成为维纳滤波器。从而求得一个次优解，称为线性最小均方差(LMMSE)估计：

$$\hat{x}_{\text{LMMSE}} = E(X) + \boldsymbol{C}_{XY} \boldsymbol{C}_{YY}^{-1} \cdot \left(y - E(y)\right) \tag{4.14}$$

式中，$\boldsymbol{C}_{XY}$ 是 x 和 y 的协方差矩阵；$\boldsymbol{C}_{YY}$ 是 y 的自相关矩阵。

常用的 SAR 图像滤波有 MAP 估计[式(4.11)]、ML 估计[式(4.12)]和 LMMSE 估计[式(4.14)]。在已知先验概率分布的情形下，用 MAP 估计可以获得较好的结果。对先验概率一无所知时，用 ML 估计得到一个次优解。对分辨率要求不高时，用最简单的 LMMSE 估计获得一个无偏估计。注意到这些最佳估计都假设待滤波的数据集 $x \in \Omega$ 是同质的。在不是完全同质的情况下，需要考虑下面两节中相应的空间自适应处理。

4.2.2　邻域贝叶斯估计

如果数据集是同一个像素的多个观察数据，它们对应同一个反射系数值，这时贝叶斯滤波成为多视滤波。如果数据集针对一幅图像的一个区域的多个像素点，则这时贝叶斯滤波成为空间滤波，希望滤波区域内的数据是同质的。最简单的方法就是取一个小邻域内的像素。更有效的方法是集合非邻域的相似像素，称为非局部相似区域。这一节讨论最简单的邻域贝叶斯估计方法。

贝叶斯估计作为一种统计滤波方法，希望数据集的像素数量足够大。但是贝叶斯估计对数据集同质性的假设又限制了邻域尺寸。一般采用两种不同的邻域选择方法：一种方法是选择一个适中尺寸的固定窗作为邻域，根据窗内数据的同质性调整估计值；另一种方法是根据同质性测度调整出一个同质的邻域窗。

先来讨论固定窗的邻域贝叶斯估计。该方法最为简单，提高性能的关键技术是：当窗内数据非同质时，确定一个次优估计值。

1. 固定窗最小均方差估计

假设数据集 $x \in \Omega$ 的反射系数是平稳的，即在 Ω 空间上均值 m_x 和方差 σ_x^2 不变。并且使用 SAR 图像数据的乘性模型 $I = RS$［式(2.12)］，其中 $m_x = 1$ 和 $\sigma_x^2 = 1/L$ 。将乘性噪声模型转换成与反射系数相关的加性噪声(Kuan et al.，1985)：

$$I = RS = R + (S-1)R \tag{4.15}$$

线性最小均方差 LMMSE 估计［式(4.14)］成为

$$\hat{R} = E(I) + k\big(I - E(I)\big) \tag{4.16}$$

1) Kuan 滤波器(Kuan et al., 1985)

假设 $m_x = m_I$ 得到 Kuan 滤波器的 k 值

$$k_{\text{KUAN}} = \frac{\text{Var}(R)}{\text{Var}(I)} = \frac{1-\gamma_s^2/\gamma_I^2}{1+\gamma_s^2} \tag{4.17}$$

式中，γ 为辐射分辨率［式(4.8)］。

2) Lee 滤波器(Lee, 80)

进一步简化，取均值估计的一阶泰勒展开式，等效于假设 $\big(R - E(R)\big)\big(1 - E(I)\big) \approx 0$ ，成为 Lee 滤波器：

$$k_{\text{LEE}} = \frac{\text{Var}(R)}{\text{Var}(I)} = 1 - \frac{\gamma_S^2}{\gamma_I^2} \tag{4.18}$$

在非常均匀的场景中，如果有 $\gamma_I \approx \gamma_S$ ，那么 $k = 0$ ，意味着 $\hat{R} = E(I)$ 。这时滤波器在均匀场景中的估计值就是局部平均值。相反，在非常不均匀的区域里(如一个几乎不连续的区域)，有$\gamma_I \gg \gamma_S$。那么对于 Lee 滤波有$k_{\mathrm{LEE}}=1$，于是$\hat{R}_{\mathrm{LEE}}=I$；对于 Kuan 滤波有$k_{\mathrm{KUAN}}=\dfrac{1}{1+\gamma_S^2}$，于是$\hat{R}_{\mathrm{KUAN}}=\dfrac{1}{1+\gamma_S^2}I+\dfrac{\gamma_S^2}{1+\gamma_S^2}E(I)$。这就意味着中止或限制进行平均，在这类区域里，最好的反射系数估计是像素点本身的辐射值。

3) 增强 Kuan 和 Lee 滤波(Lopes et al., 1990a)

注意到，如果固定窗内的数据不是同质的，当窗内含有纹理，则有$C_I < C_U$；当窗内含有孤立目标，有$C_I \gg C_U$。对估计值作一个空间自适应的“硬调整”，即所谓“增强 Kuan”和“增强 Lee”滤波：

$$\hat{R}=\begin{cases} E(I), & C_I \leqslant C_S \\ E(I)+k\left(I-E(I)\right), & C_S < C_I \leqslant \sqrt{2}\cdot C_S \\ I, & C_I > \sqrt{2}\cdot C_S \end{cases} \tag{4.19}$$

这种“增强滤波”特别能保持点目标和边界不被平滑掉。

4) Frost 滤波(Frost et al., 1982)

进一步考虑数据集的空间相关性对估计值$\hat{R}$的影响，假设数据集的自相关系数ρ是区域内像素I与中心像素I_0的距离d的负指数函数：

$$\rho_R(d)=e^{-\alpha d}$$

这时线性最小均方差估计就是一个维纳滤波器，其冲激响应$h(d)$是一个指数函数：

$$h(d)=\exp\left[-K\cdot C(I_0)\cdot d\right] \tag{4.20}$$

式中，K为控制冲激响应$h(d)$的衰减速度的调整参数。当变化系数$C(I_0)$较小时，指数函数以较慢的速度递减，加强$h(d)$对图像进行低通滤波，充分抑制相干斑；当$C(I_0)$较大时，意味着处在非均匀场景下，滤波的权重就很弱，尽量保持观察值。

5) 增强 Frost 滤波

同样对异质场景，可以根据异质性做“硬”处理，而方差系数总是描述异质性的因数。那么，“增强”型 Frost 滤波器就是：

$$h(d)=\exp\left[-K\cdot \mathrm{func}\left(C(I_0)\right)\cdot d\right]$$

$$\mathrm{func}\left(C(I_0)\right)=\begin{cases} 0, & C_I \leqslant C_S \\ [C_I(d)-C_U][C_{\max}-C_I(d)], & C_S < C_I \leqslant \sqrt{2}\cdot C_S \\ \infty, & C_I > \sqrt{2}\cdot C_S \end{cases} \tag{4.21}$$

2. 固定窗最大后验估计

上节讨论的滤波器利用了最小均方差准则，其中只能利用数据的二阶统计量：均值和方差。如果知道数据的分布函数，可以用最大后验(MAP)准则或者最大似然(ML)准则得到反射系数的无偏估计。

1) Garmma 最大后验估计

似然函数 $P(I\mid R)$ 反映了斑点噪声对图像的影响，因此，通常与斑点噪声具有相同的 Gamma 分布模型(Lopes et al.，1990b)：

$$P(I\mid R)=\frac{1}{\Gamma(L)}\cdot\left(\frac{L}{R}\right)^{L}\cdot I^{L-1}\cdot e^{-\left(\frac{L\cdot I}{R}\right)} \tag{4.22}$$

在第 2 章中，讨论了地表纹理的分布模型，Gamma 分布模型被广泛的应用：

$$P(R)=\left(\frac{v}{u}\right)^{v}\cdot\frac{R^{v-1}}{\Gamma(v)}\cdot e^{-\left(\frac{v\cdot R}{u}\right)} \tag{4.23}$$

式中，u 和 v 是两个重要的局部统计参数：$u=\frac{1}{N}\sum_{i=1}^{N}R_i$ 是 R 的局部均值；$v=\frac{u^2}{\sigma_R{}^2}$ 是 R 的局部纹理参数，用来表征局部均匀程度(Oliver-Quegan，1998)。

由式(4.22)和式(4.23)得到 R 的后验的概率分布：

$$\begin{aligned}P_{AP}(R\mid I)&=\frac{P(I\mid R)\cdot P(R)}{P(I)}\propto P(I\mid R)\cdot P(R)\\&=\left(\frac{L^{L}}{R}\right)\cdot\frac{I^{L-1}}{\Gamma(L)}\cdot\exp\left(-\frac{LI}{R}\right)\cdot\left(\frac{v}{u}\right)^{v}\cdot\frac{R^{v-1}}{\Gamma(v)}\cdot\exp\left(-\frac{vR}{u}\right)\end{aligned}$$

通过求解方程 $\frac{\mathrm{d}}{\mathrm{d}R}\log p(I|R)+\frac{\mathrm{d}}{\mathrm{d}R}\log p(R)=0$ 得到最大后验估计 $\hat{R}_{\mathrm{MAP}}$ (4.24) (Maitre-孙洪，2005)。值得注意的是，由乘积模型可以推断 R 为 0 的概率最大，因此，当观测值 I 为 0 时，可以规定 R 的 MAP 估计值为 0。

$$\hat{R}_{\mathrm{MAP}}=\begin{cases}\dfrac{u(v-1)+\sqrt{u^2(v-1-L)^2+4uvLI}}{2v}, & I\neq 0\\ 0, & I=0\end{cases} \tag{4.24}$$

2) 迭代最大后验估计

R 在伽马分布假设下的 MAP 估计 $\hat{R}$ 应该仍然是伽马分布，那么可以重复使用 Gamma MAP 估计式(4.24)。这种迭代 Gamma MAP 滤波的流程图如图 4.2 所示。其中观测强度值 I 在迭代过程中是不变的，而局部参数 u 和 v 则是在第 t 次迭代估计 $\hat{R}_t$ 上求得的局部参数 u_t 和 v_t：

$$u_t=\frac{1}{N}\sum_{i=1}^{N}\hat{R}_t(i)\quad 和\quad v_t=\frac{u_t{}^2}{\sigma_t{}^2} \tag{4.25}$$

式中，$\sigma_t{}^2=\frac{1}{N-1}\sum_{i=1}^{N}[\hat{R}_t(i)-u_t]^2$ 是 $\hat{R}(t)$ 的局部方差。

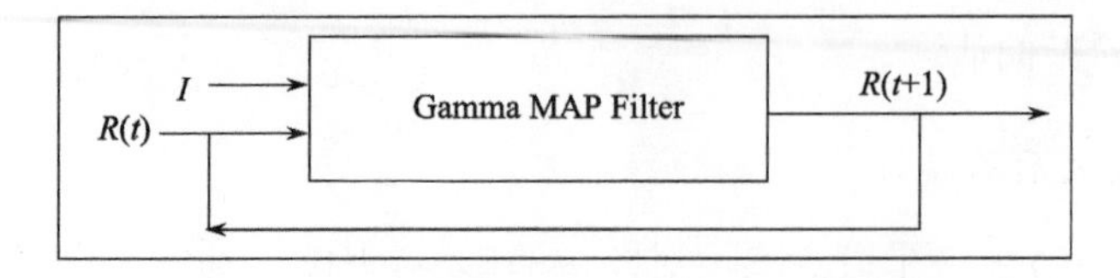

图 4.2 迭代 Gamma MAP 滤波方法流程图

每一次经过局部窗内的 Gamma MAP 滤波，斑点噪声就得到进一步平滑，输出值趋于局部均值。同时，每一次经过 Gamma MAP 滤波，图像的细节也逐渐被平滑掉，当迭代次数逐渐增加时，滤波结果图像中的细节就越来越少，直到最后全部消失。图 4.3 展现了一个模拟斑点噪声图像的 1 次、5 次和 15 次迭代 Gamma MAP 滤波的结果。可见，这种具有“自反馈”的迭代滤波可以越来越好地滤除斑点噪声，也越来越多地丢弃细节信息。因此发展了一种 Turbo 迭代斑点滤波方法(见 4.4 节)。

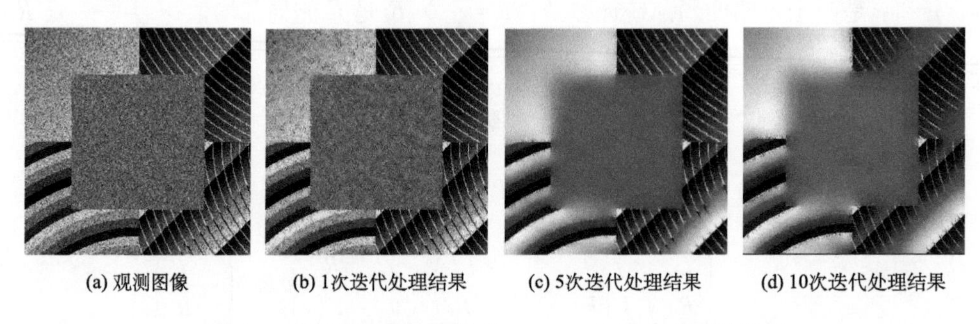

图 4.3 模拟斑点噪声图像的 Gamma MAP 迭代滤波结果

3. 自适应窗最优估计

统计滤波的性能受到邻域窗内数据的数量及其同质性的影响。固定矩形邻域窗的方法，对于大面积地物或者低分辨率图像是有效的。对于纹理丰富的地物或者高分辨率图像，滤波性能得不到保障。一个途径是适应于数据同质性约束来搜寻尽可能大的非规则局部窗，从而提高局部最佳估计的有效性。这种空间自适应方法有区域剔除法[Hagg 等提出的 EPOS 滤波器(Hagg-Sites，1994)]和区域增长法[Wu 和 Matire 提出的 MHR 滤波器(Wu-Maitre，1990)]。

1) 区域剔除法

EPOS 方法取较大尺寸的初始正方形邻域窗，将其划分成“米”字形的 8 个子邻域(如图 4.4 所示)，剔除异质子区域，在保留的非规则的同质区域实施贝叶斯估计。同质性的判别原则如下所述。

在均匀纹理区内斑点噪声的相对标准差 C_U 是恒定的，满足 $C_I = C_U$。如果在邻域中存在边缘等突变成分，就使得其局部相对标准差 $C_I > C_U$。理论上，单视 SAR 幅度图像中的斑点噪声的相对标准差为 0.523，L 视 SAR 幅度图像中斑点噪声的相对标准差为

$C_A = 0.523/\sqrt{L}$（参见第 2 章）。因此，如果局部相对标准差 $C_A > C_U$，则确认为异质子区域，予以剔除；如果局部相对标准差 $C_A \leqslant C_U$，则确认为同质的子区域。

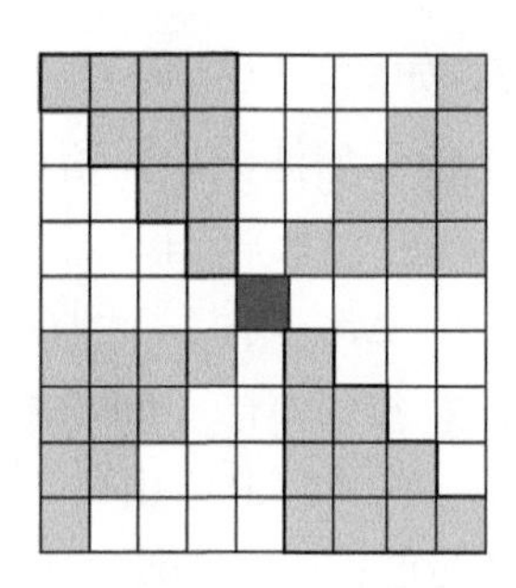

图 4.4　EPOS 方法中邻域窗的划分

EPOS 空间自适应窗的搜寻步骤如下。

步骤 1　选定一个 $m \times m$ 的邻域窗，并将其作为初始的同质区。m 用 11 来初始化。

步骤 2　将 $m \times m$ 的邻域窗划分成米字形的 8 个子邻域，每一个子邻域都包含中心像素点。

步骤 3　计算每一个子邻域的相对标准差 $C_I(i),\ i = 1,\cdots,8$。

步骤 4　计算同质区域内的相对标准差 C_I，如果 $C_I > C_U$，则将 $\max\{C_I(i)\}$ 所对应的子邻域删去，剩下的子邻域构成新的同质区，并重新计算 C_I。

步骤 5　如果所有的子邻域都被删去，则将邻域窗长 m 减 2，并返回步骤 2；否则，剩下的区域确定为最大同质区。

EPOS 方法对边界的出现比较敏感，在保持边界方面有很好的效果。但是，由于局部窗的形状是固定的，所以数据自适应能力有限，往往得到的同质区的像素个数不足，从而影响局部统计量估计的准确性。

2) 区域增长法

Wu 和 Maitre 提出搜索最大同质区域(maximum homogeneous region，MHR)方法。设初始窗口的中心像素为 I_0，根据 I_0 处于不同的环境采用相应的方式扩大窗口，利用图像区域像素的相对标准差 σ_{I_0} 和窗口扩大所引起的变化量 $\Delta\sigma_{I_0}$ 判断 I_0 所处的环境。

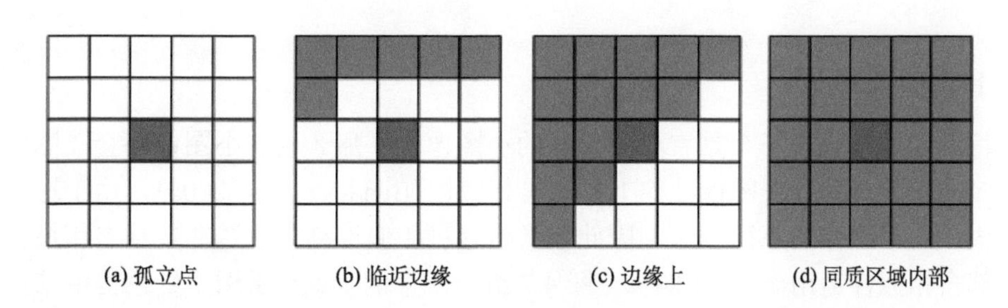

图 4.5　同质区域增长情形

(1) I_0 处在同质区域内，如图 4.5(a)所示，这时值较小。如果在扩大窗口的过程中，$\Delta\sigma_{I_0}$ 的变化不明显，则窗口尽可能向四周扩大，直至达到足够大的区域，或者出现边界为止。

(2) I_0 是同质区域内的孤立点，如图 4.5(b)所示，这时 σ_{I_0} 很大，而且在窗口扩大时会减少，$\Delta\sigma_{I_0}$ 是一个负值。此时不作任何滤波，保留该点的原值。

(3) I_0 在某个方向上临近边缘，图 4.5(c)给出 8 个方向之一的情形(边缘在左上方)。这时 σ_{I_0} 较小，而在扩大窗口过程中，$\Delta\sigma_{I_0}$ 增大。此时朝着相反的方向扩大区域(对于图 4.6(c)的情形则朝着右下方扩展)，获得尽可能大的同质区域。

(4) I_0 处在某个方向的边缘上，图 4.5(d)给出 8 个方向之一的情形(处在右下边缘上)。这时 σ_{I_0} 很大，而在扩大窗口的过程中，$\Delta\sigma_{I_0}$ 变化不明显。此时朝着相反的方向扩大区域[对于图 4.5(d)的情形则朝着左上方扩展]，获得尽可能大的同质区域。

在尽可能大的同质邻域，用最小均方差估计或者最大后验估计，提高 SAR 图像的滤波性能。

4.2.3　非局部贝叶斯估计

固定窗邻域(如图 4.6(a)(b)所示)和空间自适应最大同质邻域[如图 4.6(c)所示]方法，对于相干斑这种强噪声信号，常常得不到足够大的同质邻域。随着 SAR 图像的分辨率越来越高，在复杂场景中更是难以找到同质邻域。近些年，提出了一种数据自适应的非邻域同质区域，称之为非局部相似区域[如图 4.6(d)所示](Buades et al.，2005)。

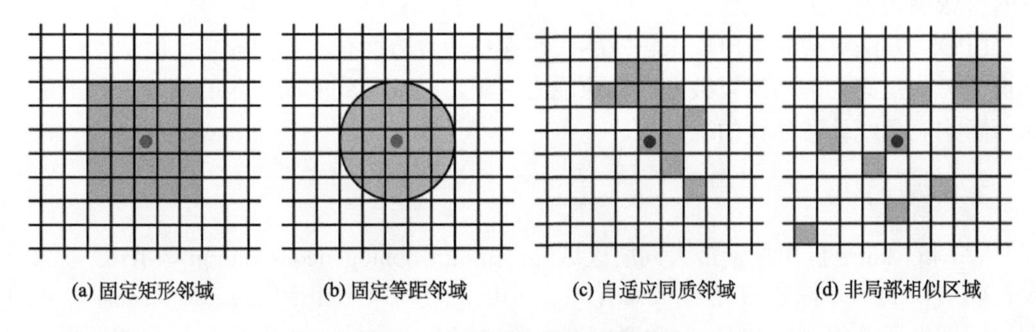

图 4.6　邻域窗与非局部同质区

1. 自相似聚类

若将图像分割成若干个具有相同尺寸的小图像块，那么这些小图像块会在图像的不同区域多次出现，并且在图像结构上具有自相似性(Buades et al.，2005)。由于这些相似的图像块分布于图像的不同区域，因此通常将这种相似性称为块基非局部自相似性。块基非局部自相似性适用于 SAR 图像，图 4.7 给出一个例子。对于图中红色框中的参考图像块，可以在图像中找到多个结构相似的图像块(白色图像块)。

图 4.7　SAR 图像非局部自相似块

考虑图像块之间的相似性测度，由于 SAR 图像相干斑为乘性模型(式 2.12)，经典的欧式距离不再适用。文献(Deledalle et al.，2009)和(Matsushita-Lin，2007)给出了基于相干斑统计分布设计的相似性测度。具体地，给定两个观测幅度值 $A(k)$ 和 $A(t)$，$A(\cdot)=\sqrt{I(\cdot)}$，其中 I 和 A 分别对应 SAR 强度和幅度图像，则有联合概率密度函数：

$$p\left(A(k),A(t)\middle|Y(k)=Y(t)\right)\propto\int_{\Lambda}p\left(A(k)\middle|Y(k)=A\right)p\left(A(t)\middle|Y(t)=A\right)\mathrm{d}A \tag{4.26}$$

式中，$Y(k)$ 和 $Y(t)$ 为与 $A(k)$ 和 $A(t)$ 对应的无噪值；Λ 为 $Y(k)$ 和 $Y(t)$ 所在的域，且假设 $Y(k)$ 和 $Y(t)$ 在 Λ 域相互独立。

对于 L 视 SAR 幅度图像，由式(2.10)可得到相干斑分布为

$$p(A|Y)=\frac{2}{\Gamma(L)}\left(\frac{L}{Y}\right)^{L}A^{2L-1}\exp\left(-L\frac{A^2}{Y}\right),Y\geqslant 0$$

则式(4.26)可表达为

$$p\left(A(k),A(t)\middle|Y(k)=Y(t)\right)\propto\int_{\Lambda}\frac{4L^{2L}}{\Gamma^2(L)Y^{2L}}\left[Y(k)Y(t)\right]^{2L-1}\times\exp\left\{-\frac{L}{A}\left[A^2(k)+A^2(t)\right]\right\}\mathrm{d}A$$

对上式进行积分并去掉常数项可得

$$p\left(A(k),A(t)\middle|Y(k)=Y(t)\right)\propto\left[\frac{A(k)A(t)}{A^2(k)+A^2(t)}\right]^{2L-1}$$

上式中假定 A_i 和 A_j 相互独立，可得一个 SAR 幅度图像的图块 A_i 和 A_j 的相似性测度：

$$\begin{aligned} H(A_i, A_j) &= -\log\left\{\prod_u p\left[A_i(u), A_j(u) \middle| Y_i(u) = Y_j(u)\right]\right\} \\ &= -\log\left\{\prod_m \left[\frac{A_i(u)A_j(u)}{A_i^2(u)+A_j^2(u)}\right]^{2L-1}\right\} \\ &= (2L-1)\sum_u \log\left[\frac{A_i(u)}{A_j(u)} + \frac{A_j(u)}{A_i(u)}\right] \end{aligned} \tag{4.27}$$

其中 $A_i(u)$ 为图块 A_i 中的第 u 个像素，Y_i 为与 A_i 相对应的无噪图像块，$Y_i(u)$ 为图块 Y_i 中的第 u 个像素。$H(A_i, A_j)$ 越小代表图像块 A_i 和 A_j 越相似。

对于给定的参考图块 A_i，依据式(4.27)，在一个较大的搜索区 Ω_i 内将与其最相似的 M 个图像块组成相似组：

$$\begin{aligned} &\boldsymbol{Z}_{\Omega_i} = \left\{A_i, \{A_j\}_{j=1}^M\right\},\ A_j \in \Omega_i \\ &\text{s.t.}\quad H(A_i, A_1) \geqslant H(A_i, A_2) \geqslant \cdots \geqslant H(A_i, A_M) \end{aligned} \tag{4.28}$$

后续的滤波将在相似组 $\boldsymbol{Z}_{\Omega_i}$ 上实施。

2. 非局部区域均值估计(Deledalle et al.，2009)

在区域 Ω_i 内，用多个相关的观察值 $\{I_1, I_2, \cdots\}$ 来估计 R，最大似然估计[式(4.12)]就成为求解联合概率函数 $P\left[I_1, I_2, \cdots \middle| R\right] = \prod_j P\left[I_j \middle| R\right]$ 的最大值：

$$\hat{R}^{ML} = \arg\max_R \log P\left[I_1, I_2, \cdots \middle| R\right]$$

当最优函数限制为线性的，就成为加权最大似然估计：

$$\hat{R} = \frac{1}{Z}\sum_{j\in\Omega_i} w(i,j) I_j,\ Z = \sum_{j\in\Omega_i} w(i,j) \tag{4.29}$$

这里 $w(i,j)$ 是区域 Ω_i 内候选像素 I_j 的权值：$w(i,j) = f\left\{S\left[I_i, I_j\right]\right\}$，其中 $S\left[I_i, I_j\right]$ 为像素或者图像块 I_i 与 I_j 之间的相似度，f 是将相似度变换到权值的核函数。对于 L 视 Gamma 分布 SAR 图像，考虑到斑点噪声的乘性模型，相似度设为

$$S(I_i, I_j) = (2L-1)\sum_k \log\left[\sqrt{\frac{\exp[I_i(k)]}{\exp[I_j(k)]}} + \sqrt{\frac{\exp[I_j(k)]}{\exp[I_i(k)]}}\right] \tag{4.30}$$

核函数 f 自然地取为指数函数：

$$w(i,j) = f\left\{S\left[I_i, I_j\right]\right\} = \exp\left\{\frac{S\left[I_i, I_j\right]}{h^2}\right\} \tag{4.31}$$

在平滑区域，取 $h \to \infty$，以抑制斑点噪声；在边缘和纹理复杂区域，取 $h \to 0$，以保留细节信息。

4.3　保持纹理的滤波

贝叶斯滤波主要基于“去相关”的原理，但是图像边缘和纹理的相关性很小，因此，贝叶斯滤波结果总是过于平滑，很难保存图像细节信息。而变换域滤波可以通过设计变换核函数，提取出纹理信息，从而保存这些细节信息。小波分析具有提取“奇异”信号的能力，小波滤波用来做 SAR 图像的降斑，可以保留图像细节信息。

小波域滤波是一个线性系统，而且针对零均值高斯白噪声。因此需要对乘性斑点噪声作对数变换(或称为同态变换)，将信号的乘性模型转换成加性模型，随之也使得信号转换成为近似高斯分布(2.3.2 节)。

4.3.1　小波萎缩去噪

小波分析在去噪的问题上显示出了其特有的优越性。小波阈值萎缩方法主要基于如下事实，即幅值较大的小波系数主要由纹理信号提供，而幅值较小的系数则很大程度是由白噪声提供。因此可通过设定合适的阈值将小于阈值的系数置零，而保留大于阈值的小波系数。这样对经过阈值函数映射保留下来的系数作逆变换，实现抑制噪声和信号重建(Vidakovic- Lozoya，1998)。

SAR 图像小波阈值萎缩去噪方法的流程框图如图 4.8 所示。

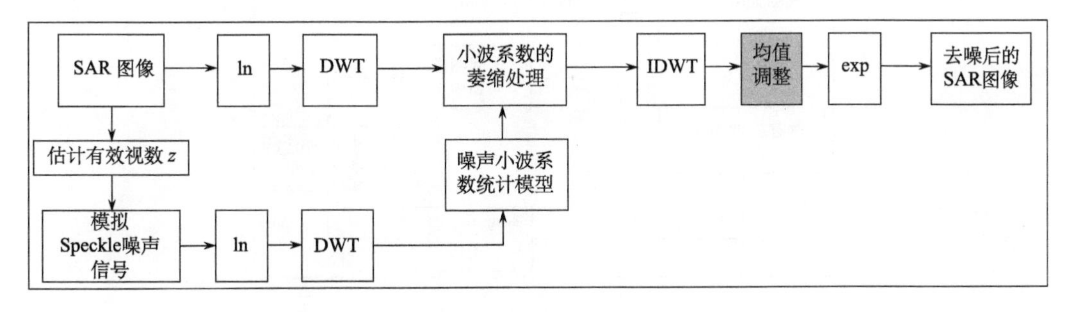

图 4.8　SAR 图像小波阈值萎缩去噪方法的流程框图

图中，“均值调整”是考虑到对数变换后的斑点噪声的均值并不一定为 0。为了满足小波滤波的假设条件，需要在对数变换后的信号中减去其均值。为了保证滤波后图像的辐射特性的不变，在信号重构之前还原信号均值。

一个简单的小波滤波参数σ 的估计就是取：$\sigma = \dfrac{m}{0.6745}$，其中 m 是第一级小波分解的高频子带(HH)系数绝对值的中值。为了提高滤波性能，取局部阈值。即对每一级小波分解的各个子带(HH, HL, LH)设定各自的阈值。这就需要对噪声在每一子带上的能量进行估计，特别是对于非正交小波滤波的情况。一个估计子带方差的方法(管鲍，2005)是利用 SAR 图像的有效视数来模拟斑点噪声数据，并对模拟的斑点噪声数据进行小波变换，计算各子带的均值和方差(见图 4.8)。

用各子带的方差，可以通过一些经验值来确定各级小波分解系数的经验阈值[袁运能等，1999]：

$$t_i^j = \begin{cases} \sigma_i(1) & j=1 \\ \sigma_i^2(j) & j \geqslant 2 \end{cases} \tag{4.32}$$

式中，j 表示分解的级数，i 表示方向：$i=1$ 代表 LH；$i=2$ 代表 HL；$i=3$ 代表 HH。一般这个经验阈值SAR图像中细节成分的保留程度不够。我们可以设计一个调整因子 k_j 得到期望的经验的阈值：$t_i^j = k_j \sigma_i^j$。

4.3.2 迭代小波滤波

高斯信号经过小波滤波后，原理上还是高斯信号。因此，可以实施迭代小波滤波。图 4.9 给出一个迭代小波滤波(Bijaoui et al.，1995)的框图。参考无噪图像 $R(t)$ 作为真值 R 的近似，与原始 SAR 图像相除，可以得到比例图像作为近似的斑点噪声图像 $U(t)$。比例图像中会残留一部分滤波器丢失的细节信息。通过再次对比例图像进行小波滤波，可以从中提取出一些平滑掉的细节信息 $\Delta R(t)$，然后将这些残留纹理信息重新放回到参考无噪图像 $R(t)$ 中，如此不断迭代 $t \leftarrow t+1$。通常，$R(0)$ 可用 I 的第五个尺度上的近似来初始化，最后的 $R(t+1)$ 作为滤波输出图像。

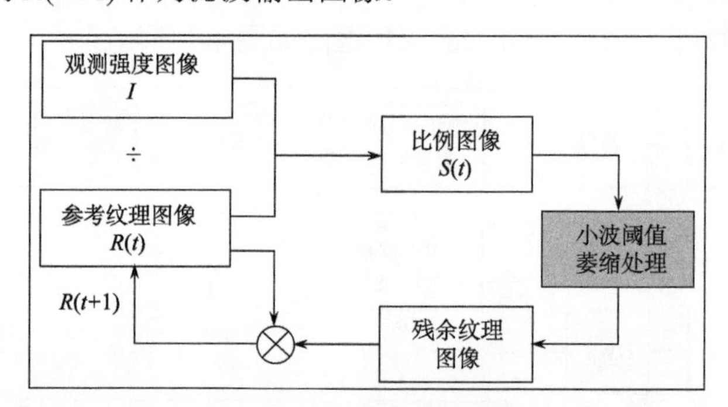

图 4.9 迭代小波滤波流程框图

(a) 1次迭代处理结果

(b) 5次迭代处理结果

(c) 15次迭代处理结果

图 4.10 模拟斑点噪声图像的迭代小波滤波

小波分析提取“奇异”信息的能力保留了图像细节信息(图 4.10c)，但是同时也保留了部分这种相关性小的斑点噪声。

4.4　Turbo 迭代滤波

4.4.1　贝叶斯估计和小波分析协同滤波

比较迭代 MAP 估计器和迭代小波滤波的结果(图 4.3 和图 4.10)，可见，前者很强的抑制斑点能力，但是细节信息也越来越少；后者则正好相反。它们又具有明显的互补特性。孙洪提出用两者构造一个 Turbo 迭代的 SAR 图像滤波(Sun-Maitre，2003)，其流程框图如图 4.11 所示。

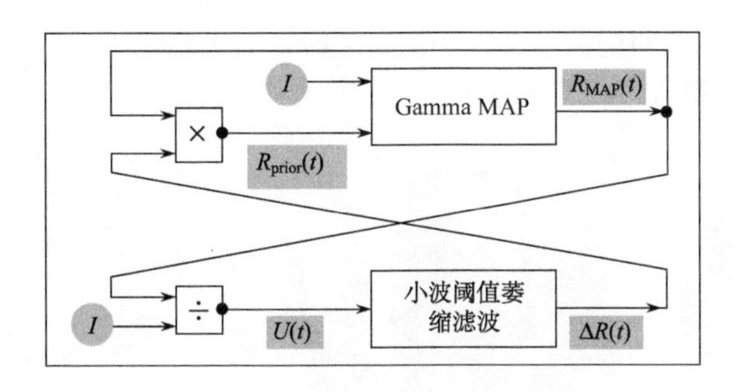

图 4.11　Turbo 迭代滤波流程框图

Turbo 迭代滤波方法的步骤如下。

步骤 1　用观测强度图像 I 来初始化 $R_{prior}(0)$；

步骤 2　根据先验信息 $R_{prior}(t)$ 和观测信息 I 进行 Gamma MAP 滤波处理，获得纹理信号的最大后验估计结果 $R_{MAP}(t)$；

步骤 3　根据 $R_{MAP}(t)$ 和观测信息 I 进行比例处理，获得比例图像 $U(t)$；

步骤 4　对 $U(t)$ 进行小波阈值萎缩(wavelet shrinkage)滤波处理，尽量提取被 MAP 滤波处理平滑掉的细节信息 $\Delta R(t)$；

步骤 5　根据前后两次 $\Delta R(t)$ 的能量变化判断是否停止迭代处理：如果收敛则输出 $R_{MAP}(t)$，否则将 $\Delta R(t)$ 返回到 R 子空间处理的输入端；

步骤 6　用比例图像中提取的细节信息 $\Delta R(t)$ 对 MAP 滤波结果 $R_{MAP}(t)$ 进行细节信息的补偿，并用补偿后的结果来更新 Gamma MAP 滤波器的先验信息 $R_{prior}(t)$，即获得 $R_{prior}(t+1)$；

步骤 7　返回至步骤 2。

对图 4.3(a)的模拟相干斑图像进行 Turbo 迭代滤波，结果如图 4.12 所示。从 3 次和 10 次迭代滤波结果可以看出，Turbo 迭代滤波算法在抑制斑点噪声的同时，保留了细节信息。

图 4.12　模拟斑点噪声图像的 Turbo 迭代滤波结果

图 4.13 和图 4.14 给出迭代 MAP 估计，迭代小波滤波和 Turbo 迭代滤波对模拟相干斑图像和真实 SAR 图像的滤波结果。可见，Turbo 迭代滤波综合了 MAP 滤波平滑斑点的优势和小波滤波提取细节信息的优势。

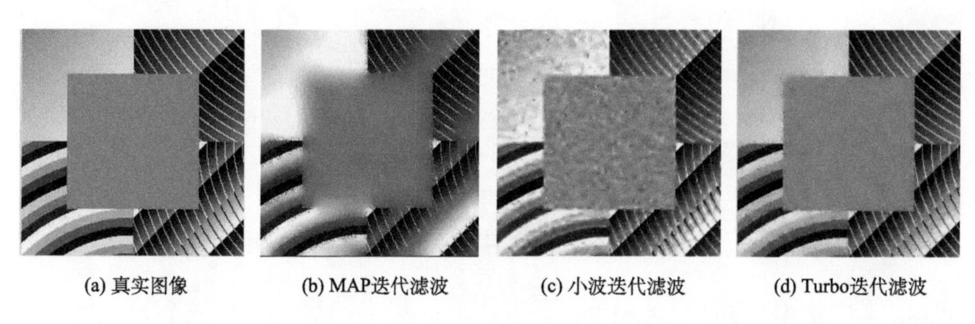

图 4.13　模拟斑点噪声图像的自迭代滤波和 Turbo 迭代滤波的比较

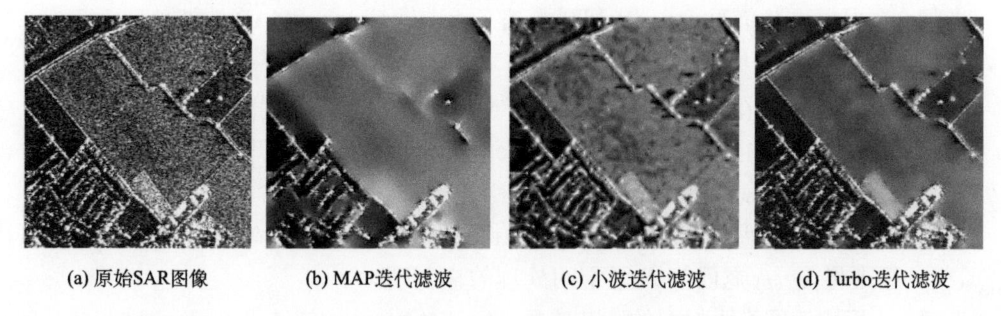

图 4.14　真实机载 SAR 图像的自迭代滤波和 Turbo 迭代滤波的比较

4.4.2　降斑算法性能评估

用式(4.1)～式(4.9)定义的滤波性能指标对模拟相干斑图像和真实 SAR 图像的降斑性能进行评估。

1. 模拟相干斑图像滤波评估

取一块均匀区域[图 4.15(a)中虚框 1 所示]和一块具有边缘的区域[图 4.15(a)中虚框 2 所示]，评估各种滤波性能。

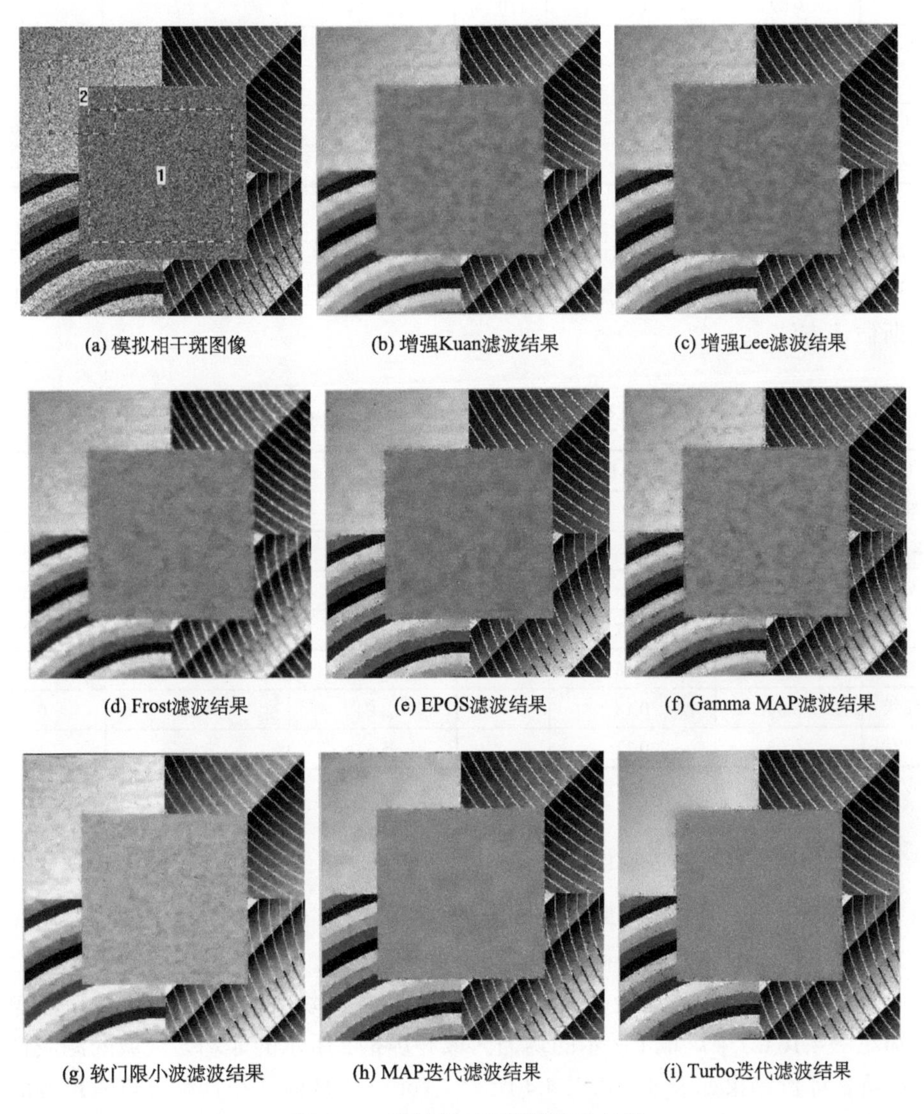

(a) 模拟相干斑图像　(b) 增强Kuan滤波结果　(c) 增强Lee滤波结果

(d) Frost滤波结果　(e) EPOS滤波结果　(f) Gamma MAP滤波结果

(g) 软门限小波滤波结果　(h) MAP迭代滤波结果　(i) Turbo迭代滤波结果

图 4.15　模拟相干斑图像滤波结果

在均匀区域内，我们希望滤波算法的斑点抑制能力越强越好。从表 4.1 给出的斑点噪声抑制因子来看，后两种方法采用了迭代处理，其斑点抑制的能力要比其他方法强很多；另外，贝叶斯估计方法当然比变换域滤波方法的均值估计精度高。虽然后两种方法的均值偏差比较大，但是其归一化 RMS 偏差却相对较小，说明辐射度保持得较好。

表 4.1 模拟相干斑图像中均匀区域滤波性能评估

项目	幅度均值偏差	归一化 RMS 偏差	有效视数	斑点噪声抑制因子	比例图像有效视数	辐射分辨率增益
模拟图像	0.00		3.98			
增强 Kuan	0.03	0.04	123.56	31.07	4.76	1.39
GMAP	0.02	0.05	110.34	27.74	4.80	1.37
EPOS	0.00	0.03	162.81	40.93	4.14	1.44
小波软门限	–0.04	0.06	64.07	16.13	5.00	1.25
MAP 迭代	–0.04	0.02	430.61	108.26	4.93	1.56
Turbo 迭代	–0.05	0.01	1666.23	418.91	4.00	1.66

在非均匀区域内，表 4.2 给出的结果显示，Turbo 迭代滤波的剩余比例图像的有效视数最接近噪声的有效视数，说明滤除的细节信息最少，但是均值保持能力明显地不及传统贝叶斯估计方法。

表 4.2 模拟相干斑图像中非均匀区域滤波性能评估

项目	幅度均值偏差	归一化 RMS 偏差	有效视数	斑点噪声抑制因子	比例图像有效视数	辐射分辨率增益
模拟图像	0.00		2.45			
增强 Kuan	0.03	0.18	8.49	3.46	4.82	0.86
GMAP	0.01	0.18	8.39	3.42	4.96	0.86
EPOS	0.00	0.17	8.57	3.50	4.01	0.87
小波软门限	–0.04	0.18	7.96	3.25	3.21	0.83
MAP 迭代	–0.04	0.18	10.34	3.94	4.21	0.91
Turbo 迭代	–0.05	0.13	14.49	5.52	3.88	1.07

2. 真实 SAR 图像滤波性能评估

图 4.16(a)显示了一幅 X 波段的真实 SAR 图像的一个截取区域，有效视数为 6，观测地区为农田。对该图像采用多种方法进行滤波处理，滤波结果如图 4.16(b)～(h)所示。这些滤波方法都能在一定程度上平滑几块农田(图中的几块大均匀区域)中的斑点噪声。

分别对图 4.16(a)中虚框 1 所示的均匀区域和虚框 2 所示的非均匀区域的滤波性能进行客观评价，评价结果如表 4.3 和表 4.4 所示。Turbo 迭代滤波在抑制斑点噪声方面远远强于其他几种方法，而且剩余比例图像的有效视数也最接近图像的原始有效视数，说明丢失的信息较少。

图 4.17 给出了整幅 SAR 图像以及 Turbo 迭代滤波的结果。从视觉上显示出，斑点噪声得到了有效的抑制，同时也较好地保留了图像中的纹理结构，增强了图像的可读性。

表 4.3　真实 SAR 图像中均匀区域滤波性能

项目	幅度均值偏差	归一化 RMS 偏差	有效视数	斑点噪声抑制因子	比例图像有效视数	辐射分辨率增益
原始图像	0.00		6.16			
增强 Kuan	0.01	0.06	69.28	8.49	9.16	0.81
GMAP	0.01	0.06	69.70	8.55	9.15	0.81
EPOS	0.00	0.05	90.26	11.07	8.44	0.87
小波软门限	–0.02	0.07	56.58	6.20	12.56	0.73
Turbo 迭代	–0.03	0.03	162.68	19.95	7.08	0.98

表 4.4　真实 SAR 图像中非均匀区域滤波性能

项目	幅度均值偏差	归一化 RMS 偏差	有效视数	斑点噪声抑制因子	比例图像有效视数	辐射分辨率增益
原始图像	0.00		6.59			
增强 Kuan	0.01	0.05	87.53	10.19	9.36	0.83
GMAP	0.01	0.05	95.82	11.39	9.34	0.86
EPOS	0.00	0.04	140.14	16.31	8.58	0.92
小波软门限	–0.01	0.06	65.69	7.65	12.49	0.77
Turbo 迭代	–0.03	0.02	273.98	31.89	8.06	1.02

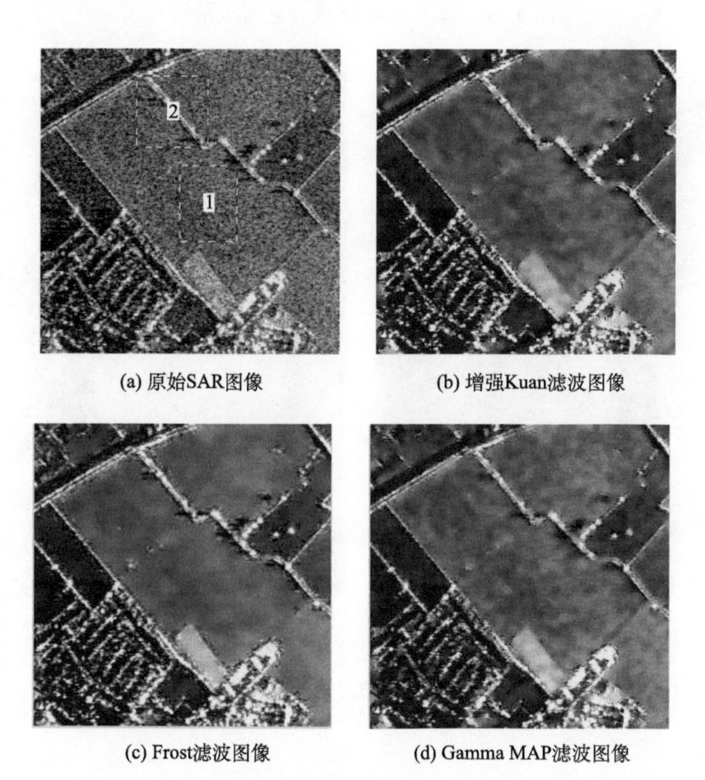

(a) 原始SAR图像　　(b) 增强Kuan滤波图像

(c) Frost滤波图像　　(d) Gamma MAP滤波图像

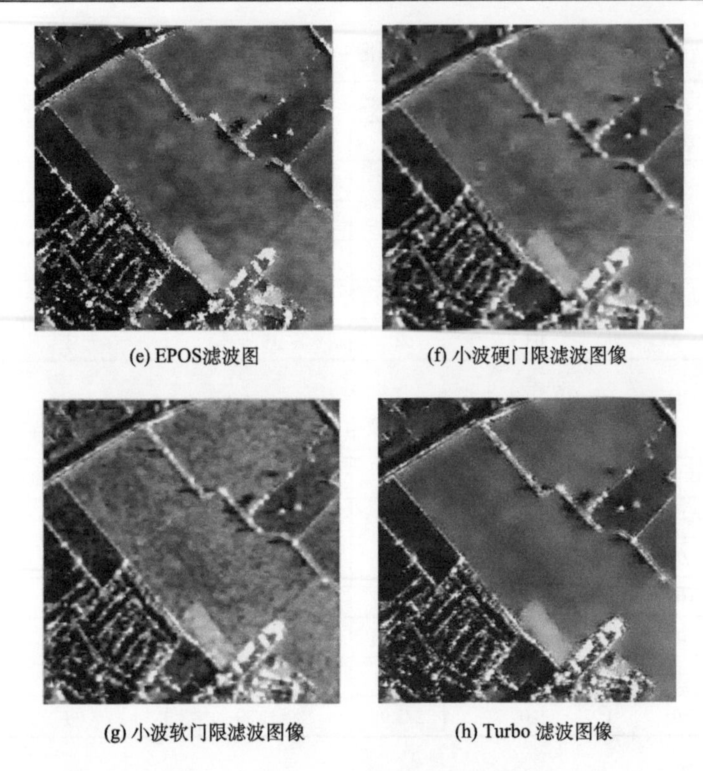

(e) EPOS滤波图　　(f) 小波硬门限滤波图像

(g) 小波软门限滤波图像　　(h) Turbo 滤波图像

图 4.16　真实 SAR 图像及其滤波结果

(a) 原始X波段SAR图像　　(b) Turbo迭代滤波结果

图 4.17　X 波段 SAR 图像及其 Turbo 迭代滤波结果

4.5　稀疏域优化滤波

近年来发展的稀疏域分析方法显示出其自适应学习和优化能力，尤其对大数据量、复杂环境的遥感图像特别有效，包括数据压缩；图像分离和修复；目标检测、分类和识别等应用领域。对于 SAR 数据的稀疏域滤波性能也在很大程度上超过了上述贝叶斯估计和小波滤波。本节简述稀疏表示原理，论述稀疏域 SAR 图像滤波技术。

4.5.1　稀疏表示概论

1. 图像稀疏表示模型

稀疏表示就是用稀疏结构表示信号中感兴趣的信息。Mallat 等人于 1993 年提出了利用超完备原子库对信号进行分解，从而得到信号的一个简洁而且稀疏的表达方法(Dubois-Fernandez et al.，2002)。该超完备原子库即为稀疏表示理论中的超完备字典，也将其称为冗余字典，字典中的列向量即是字典原子。信号的稀疏表示可以表达为：$\boldsymbol{x}=\boldsymbol{D\alpha}$，其中 $\boldsymbol{x}\in\mathbb{R}^N$ 为信号向量；$\boldsymbol{D}$ 为包含 K 个原子的字典，即 $\boldsymbol{D}=\left[\{\boldsymbol{d}_k\}_{k=1}^K\right]\in\mathbb{R}^{N\times K}$，$\boldsymbol{d}_k\in\mathbb{R}^{N\times1}$ 为字典 $\boldsymbol{D}$ 中的原子。倘若字典 $\boldsymbol{D}$ 中的向量 $\boldsymbol{d}_k,1\leqslant k\leqslant K$ 能够张成 N 维欧式空间，则称字典 $\boldsymbol{D}$ 为完备字典；如果原子数量 $K\geqslant N$，则字典为冗余的；如果 $K\geqslant N$ 同时 $\boldsymbol{D}$ 中的向量 $\boldsymbol{d}_k,1\leqslant k\leqslant K$ 能够张成 N 维欧式空间，则字典是超完备的。

图像的像素点与其邻域的像素点共同表达图像中的几何结构特征，以像素点为中心的图像块更有利于表征像素点的结构特征。对于尺寸为 $\sqrt{N}\times\sqrt{N}$ 的图像块，将其排列成向量 $\boldsymbol{x}\in\mathbb{R}^N$。给定超完备字典 $\boldsymbol{D}$，图像块 $\boldsymbol{x}$ 可表达为字典中原子 $\boldsymbol{d}_k\in\boldsymbol{D}$ 的线性组合(Mallat，2009)：

$$\boldsymbol{x}=\boldsymbol{D\alpha}=\sum_{k=1}^{\Gamma}a(k)\boldsymbol{d}_k \tag{4.33}$$

式中，Γ 表示用于分解 $\boldsymbol{x}$ 所用原子的个数；$\boldsymbol{\alpha}=\left[\{a(k)\}_{k=1}^K\right]\in\mathbb{R}^K$ 表示信号 $\boldsymbol{y}$ 在字典 $\boldsymbol{D}$ 上的分解系数。如果 $\Gamma<n$，则称 $\boldsymbol{\alpha}$ 为图像 $\boldsymbol{x}$ 在超完备字典 $\boldsymbol{D}$ 上的稀疏表示系数。通常用线性逼近进行信号恢复，恢复值与原信号之间都存在一定误差，这时原信号表示为

$$\boldsymbol{x}=\sum_{k=1}^{\Gamma}a(k)\boldsymbol{d}_k+R^{(\Gamma)} \tag{4.34}$$

式中，$R^{(\Gamma)}$ 为残差项。

当选择的字典 $\boldsymbol{D}$ 是冗余字典时，稀疏表示系数向量 $\boldsymbol{\alpha}$ 并非唯一的，且系数的优化是一个 NP 问题。为了获取最稀疏的系数 $\boldsymbol{\alpha}$，通常引入 ℓ^0 范数进行约束，则建立如下稀疏表示模型：

$$\min\|\boldsymbol{\alpha}\|_0,\ \text{s.t.}\|\boldsymbol{x}-\boldsymbol{D}\boldsymbol{\alpha}\|_2^2 \leqslant \varepsilon \tag{4.35}$$

式中，ε 为容许误差门限，如果系数 $\boldsymbol{\alpha}$ 的非零元素远小于系数 $\boldsymbol{\alpha}$ 的维数 K，则说明分解是稀疏的。

式(4.35)中左边第一项 $\|\boldsymbol{\alpha}\|_0$ 为稀疏诱导惩罚项，要求解析的稀疏编码向量 $\boldsymbol{\alpha}$ 有尽可能少的非零解，这意味着依靠少量原子的线性组合即可完成对信号的表达。式(4.35)中左边第二项为“能量集中”准则，要求满足恢复的误差最小。

有效地对图像进行稀疏表示的关键在于下面讨论的稀疏编码和字典学习。

2. 稀疏编码

公式(4.35)基于超完备字典的稀疏表示模型本质上是一个欠定方程组的优化求解问题，而从数学的角度讲，欠定方程组的解不存在唯一性，具有无穷多个解，这些无穷多解构成一个解向量空间，而稀疏求解算法就是从解向量空间中找到在给定误差下最为稀疏的一个解，或者说是使得稀疏表示向量中的非零(较大值)元素所占的比例最小并且逼近误差最小的解。

在图像稀疏表示中，较为常用的算法为 MP 算法。MP 算法的原理为：根据给定的约束规则，使用迭代方法从字典中选择用于对信号进行稀疏表示的原子。OMP 算法在此基础上进行改进：在迭代过程中，将选择的原子进行正交化，构成相应的空间；其次在此空间对信号进行投影，获得信号在已选原子上的投影分量和残留分量；最后，对残留分量进行循环分解。OMP 算法是在 MP 算法的基础上提出来的，其在寻找最佳原子时与 MP 算法相同，均为从超完备字典中寻找最佳原子，即此原子最匹配于图像或图像残差。与 MP 算法不同之处在于，OMP 算法在每次迭代寻优过程中对选取的原子集合进行了施密特正交化，以此来确保每次迭代结果的最优化，具体算法见表 4.5。

表 4.5 正交匹配追踪算法(OMP)

OMP 算法流程
输入：过完备字典 $\boldsymbol{D}$，信号 $\boldsymbol{x}$，稀疏度 L，允许误差门限 ε
输出：稀疏表示系数 $\boldsymbol{\alpha}$
初始化：残差 $r_0=\boldsymbol{\alpha}$，索引集 $\Lambda_0=\phi$，当前步骤 $k=1$
While $\|r_k\|_2^2>\varepsilon$ or $k<L$ do
步骤 1 获取索引序号 $h_k=\underset{i=1,\cdots,N}{\arg\max}\left\|\langle r_{k-1},\boldsymbol{d}_i\rangle\right\|$；
步骤 2 更新索引集 $\Lambda_k=\Lambda_{k-1}\cup\{h_k\}$；
步骤 3 更新残差 $r_k=\boldsymbol{x}-\boldsymbol{D}_{(\Lambda_k)}\left(\boldsymbol{D}_{(\Lambda_k)}^{\mathrm{T}}\boldsymbol{D}_{(\Lambda_k)}\right)^{-1}\boldsymbol{D}_{(\Lambda_k)}\boldsymbol{y}$，令 $k=k+1$；
End while

与 MP 算法相比，OMP 算法所需的测量样本较少，达到最优的结果迭代次数也比 MP 算法少。缺点为：OMP 每次寻优都只确定一个原子，对信号重构精度比 BP 算法差，

对于某些信号或者测量次数较少的信号可能不能够精确重构，并且由于其采用正交化，其对字典的构建要求更加严格。

3. 字典学习

字典学习是用待处理的实际样本数据对初始字典进行训练，使其更符合实际信号的特征，从而得到更稀疏、更准确的信号表示。基于字典学习的图像滤波算法，其基本思想是利用带噪图像作为样本数据，通过学习的方式获得具有良好逼近特性的原子集合(字典)，并利用稀疏优化方法重建得到滤波后的图像。

字典设计大致可以分为两大类：基于信号数学模型确定的字典，如傅立叶变换域、DCT 变换域、小波变换域等(Starck et al.，2005)；基于样本学习的字典，如最佳方向方法 MOD(Engan et al.，1999)，K 奇异值分解 K-SVD(Aharon et al.，2006)和在线字典学习(Mairal et al.，2009)等方法。相比基于信号数学模型确定的字典，基于样本学习的字典具有数据自适应性的优势。具有代表性的 K-SVD 算法使用样本或者带噪图像训练字典，在去除图像噪声的同时，也能有效地保留图像的有用信息，获得的去噪图像具有更好的视觉效果。其算法流程主要是通过稀疏编码和字典更新进行迭代来获得优化解。具体算法流程见表 4.6。

表 4.6　K-SVD 字典学习算法

K-SVD 算法流程
输入：训练样本集 $\boldsymbol{X}=\left[\{\boldsymbol{x}_m\}_{m=1}^{M}\right]$，允许误差门限 ε
输出：过完备字典 $\boldsymbol{D}^{M\times K}, K>M$，系数矩阵 $\boldsymbol{A}=\{\boldsymbol{\alpha}_m\}_{m=1}^{M}$
初始化：使用过完备 DCT 字典初始化 $\boldsymbol{D}$
While $\lVert\boldsymbol{X}-\boldsymbol{D}\boldsymbol{A}\rVert_2^2>\varepsilon$ do
步骤 1　稀疏编码：固定字典 $\boldsymbol{D}$，使用 OMP 优化：
$\{\boldsymbol{\alpha}_m\}=\arg\min\limits_{\boldsymbol{\alpha}_m}\lVert\boldsymbol{\alpha}_m\rVert_0,\ \text{s.t.}\ \lVert\boldsymbol{x}_m-\boldsymbol{D}\boldsymbol{\alpha}_m\rVert_2^2\leqslant\varepsilon, 1\leqslant m\leqslant M$
步骤 2　更新字典 $\boldsymbol{D}$：更新字典原子 $\boldsymbol{d}_k, k=1,2,\cdots,K$
$\lVert\boldsymbol{X}-\boldsymbol{D}\boldsymbol{A}\rVert_F^2=\left\lVert\boldsymbol{X}-\sum_{j=1}^{K}\boldsymbol{d}_j\boldsymbol{\lambda}_j\right\rVert_F^2=\left\lVert\boldsymbol{X}-\sum_{j\neq k}^{K}\boldsymbol{d}_j\boldsymbol{\lambda}_j-\boldsymbol{d}_k\boldsymbol{\lambda}_k\right\rVert=\lVert\boldsymbol{E}_k-\boldsymbol{d}_k\boldsymbol{\lambda}_k\rVert_F^2$
$\boldsymbol{\lambda}_k$ 为矩阵 $\boldsymbol{A}$ 的第 k 行。令 $w_k=\{i\mid 1\leqslant i\leqslant N, \boldsymbol{\lambda}_k(i)\neq 0\}$ 为由 $\boldsymbol{d}_k$ 表示的样本的序号集合。
➢ 计算当前残差：$\boldsymbol{E}_{(w_k)}^{k}=\boldsymbol{X}_{(w_k)}-\boldsymbol{D}^{(K)}\boldsymbol{A}_{(w_k)}^{(K)}$；
➢ 残差奇异值分解 $\boldsymbol{E}_{(w_k)}^{k}=\boldsymbol{U}\Delta\boldsymbol{V}^{\mathrm{T}}$；
➢ 更新原子 $\boldsymbol{d}_k=\boldsymbol{U}(:,1)$，$\boldsymbol{U}(:,1)$ 为矩阵 $\boldsymbol{U}$ 的第一列；
➢ 更新系数 $\boldsymbol{\lambda}_k=\Delta(1,1)\boldsymbol{V}(:,1)$，由 $\boldsymbol{\lambda}_k$ 更新系数矩阵 $\boldsymbol{A}$。
End while

4.5.2　稀疏域滤波

1. K-SVD 滤波

当图像块 $\boldsymbol{x}$ 受到标准差为 σ 、均值为零的高斯白噪声 v 污染时， $\boldsymbol{y}=\boldsymbol{x}+v$ ，可以用稀疏域线性逼近作为图像块 $\boldsymbol{x}$ 的估计 $\hat{\boldsymbol{x}}=\boldsymbol{D\alpha}$ ，其中 $\boldsymbol{D},\boldsymbol{\alpha}$ 由式(4.65)得到，其中容许误差门限 ε 通常由边界误差和噪声标准差 σ 决定。

对于带噪大尺寸图像 $\boldsymbol{Y}$ ，需要将图像 $\boldsymbol{Y}$ 分割成若干小的图像块 $\left\{\boldsymbol{y}_m\in\mathbb{R}^N\right\}_{m=1}^{M}$ ，用式(4.35)对 $\left[\left\{\boldsymbol{y}_m\right\}_{m=1}^{M}\right]$ 进行稀疏分解：

$$\left\{\boldsymbol{D},\boldsymbol{\alpha}_m\right\}=\underset{\boldsymbol{D},\boldsymbol{\alpha}_m}{\arg\min}\left\|\boldsymbol{\alpha}_m\right\|_0, s.t. \left\|\boldsymbol{y}_m-\boldsymbol{D\alpha}_m\right\|_2^2\leqslant\varepsilon,1\leqslant m\leqslant M \tag{4.36}$$

对观察图像 $\boldsymbol{Y}$ 的去噪结果 $\hat{\boldsymbol{X}}$ 可以表示为

$$\left[\hat{\boldsymbol{x}}_1,\hat{\boldsymbol{x}}_2,\cdots,\hat{\boldsymbol{x}}_m,\cdots,\hat{\boldsymbol{x}}_M\right]=\left[\boldsymbol{d}_1,\boldsymbol{d}_2,\cdots,\boldsymbol{d}_k,\cdots,\boldsymbol{d}_K\right]\cdot\left[\boldsymbol{\alpha}_1,\boldsymbol{\alpha}_2,\cdots,\boldsymbol{\alpha}_m,\cdots\boldsymbol{\alpha}_M\right] \tag{4.37}$$

或者用矩阵形式表示： $\hat{\boldsymbol{X}}=\boldsymbol{DA}$ ，其中稀疏系数矩阵：

$$\boldsymbol{A}=\left[\boldsymbol{\alpha}_1,\boldsymbol{\alpha}_2,\cdots,\boldsymbol{\alpha}_m,\cdots\boldsymbol{\alpha}_M\right]\in\mathbb{R}^{K\times M}$$

2. 滤波性能及其局限

对于稀疏表示模型(4.35)，可由 K-SVD 算法(Aharon et al.，2006)对其进行求解以获得滤波结果。Aharon、Elad 等提出的 K-SVD 算法具有好的细节保持能力，已被广泛地应用到自然图像滤波领域中。考虑到 SAR 图像的噪声强度大，具有较低的信噪比，这里使用 K-SVD 算法对低信噪比图像进行滤波，分析稀疏表示在强噪声环境下的去噪性能。

选取图像处理中常用的 Barbara 图像，图像大小为 512×512 像素，如图 4.18(a)所示，在无噪 Barbara 图像上施加标准差 $\sigma=50$ 的高斯白噪声，如图 4.18(b)所示。使用 K-SVD 算法进行去噪，图像块以重叠的方式提取，每个小图像块的尺寸为 8×8 像素，字典原子个数为 512。图 4.19 给出容许误差门限 $\varepsilon=57.5$ 时(按 K-SVD 算法中推荐值 $\varepsilon=1.15\times\sigma$)去噪结果和超完备字典。

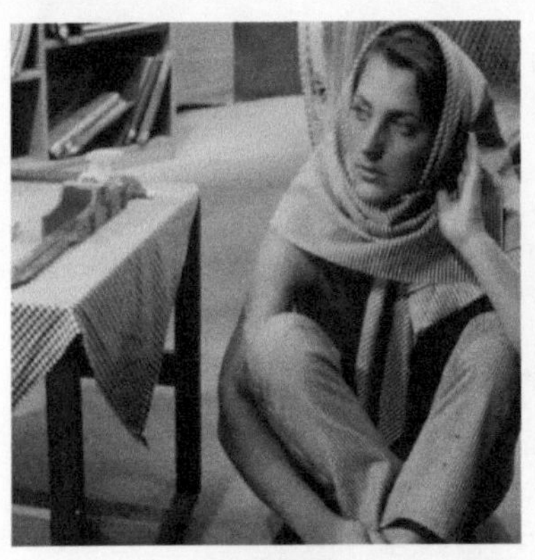

(a) 无噪图像

(b) 带噪图像(信噪比14.515)

图 4.18　Barbara 图像

(a) 去噪图像(信噪比25.75)

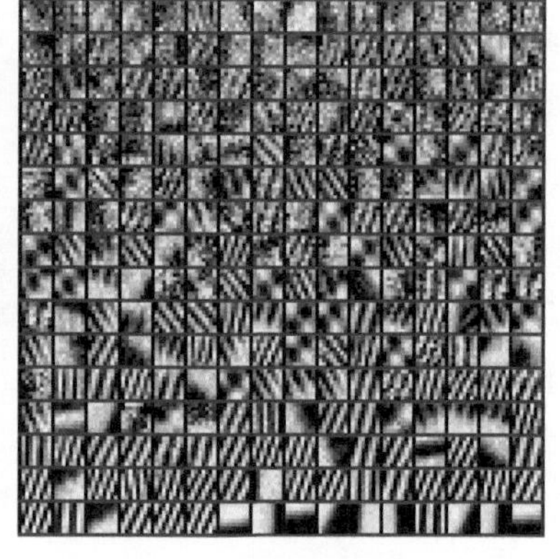

(b) 学习的超完备字典

图 4.19 K-SVD 去噪图像及超完备字典（$\varepsilon=57.5$）

从图 4.19(a)中我们可以看出，K-SVD 能够较好地压制噪声，但损失了一些细节信息，如图 4.19(a)中椭圆区域内条纹信息被过平滑掉。为保留更多细节，降低允许误差门限$\varepsilon=50$，则滤波结果和字典如图 4.20 所示。

(a) 去噪图像(信噪比20.41)

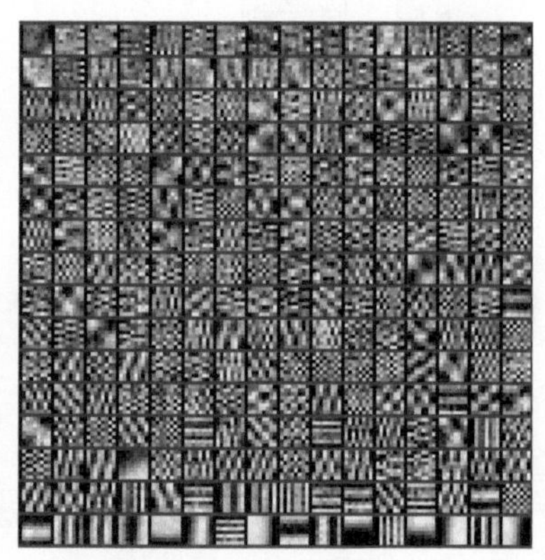

(b) 学习的超完备字典

图 4.20 K-SVD 去噪图像及超完备字典（$\varepsilon=50$）

与图 4.19(a)相比，图 4.20(a)能够将大量细节信息保留下来，但残留的噪声也较多。通过对两种情况下训练出的超完备字典的比较，可以看到图 4.20(b)字典中的原子描述的细节较图 4.19(b)丰富，但图 4.20(b)字典的原子受噪声污染的程度也较图 4.19(b)严重。这是因为，由稀疏表示模型(4.64)中左边第二项$\|\boldsymbol{y}_m-\boldsymbol{D}\boldsymbol{\alpha}_m\|_2^2\leqslant\varepsilon$可知，降低容许误差门限$\varepsilon$，稀疏表示为获取最佳的表达，在表征具有较小能量的弱细节时难免会将某些与弱细节能量相近的噪声也进行了描述；提高容许误差门限，能量小的弱细节与强噪声均不能被原子所表征。这使得稀疏表示中的容许误差门限ε的设置落入两难的境地：容许误差门限ε值低，原子的噪声过大；ε值高，描述弱细节信息的原子就会损失。从而致使式(4.35)在强噪声环境下对低信噪比图像进行滤波时，无法达到抑制噪声与保留细节的

最佳平衡，这严重制约了其在低信噪比图像滤波中的应用，尤其难以用于具有更低信噪比的单极化 SAR 图像的降斑。

4.5.3 稀疏子空间分解方法

针对极低信噪比的环境下，既要抑制强噪声，又要保持弱细节信息的滤波问题，笔者提出一个稀疏域提取信号“主字典”的方法(Sun et al.，2017b)，并且综合利用这个“稀疏域子空间分解”和“非局部自相似聚类”，得到高性能的 SAR 相干斑滤波器(Sang-Sun，2017)。

1. 稀疏域子空间分解

设学习得到的字典含有描述弱细节信息的原子，也含有描述强噪声的原子。例如，将字典学习式(4.36)中设置偏大，如设置为常用值的 1.1 倍。现在欲从字典中分解出一个主要含有信息成分的“主字典”，包括描述弱细节信息的原子；剔除主要描述噪声的原子，包括描述强噪声的原子。

在极低信噪比的环境下，常规的强度或者能量不适用于辨识弱细节信息原子与强噪声原子。孙洪提出用“原子频率”分解出主字典的方法。实际上，稀疏表示是一种原型变换(Sun et al.，2017a)，原子就是信号元素的一个原型模式。通常，有意义的信息原子使用频率高，无论其能量的大小；相反，噪声模式的重复出现频率很低(一般只有 1～3 频次)，无论噪声强度的大小。因此，原子频率是一个在稀疏域抑制强噪声并保存弱细节的有效测度。

下面讨论原子频率的计算及其门限的设置。

1) *原子频率及其权矢量*

在稀疏表示(4.36)中，对于样本 $\boldsymbol{y}_m \approx \boldsymbol{D}\boldsymbol{\alpha}_m = \sum_{k=1}^{K} a_m(k)\boldsymbol{d}_k$ 对各个原子 $\boldsymbol{d}_k$ 的权系数组成的权矢量 $\boldsymbol{\alpha}_m = \left[\left\{a_m(k)\right\}_{k=1}^{K}\right]^{\mathrm{T}} \in \mathbb{R}^{1\times K}$ 是稀疏的。在全部样本集 $\left\{\boldsymbol{y}_k \in R^n\right\}_{k=1}^{M}$ 中，含有原子 $\boldsymbol{d}_k$ 的分量就表示为

$$\left[\boldsymbol{y}_1, \boldsymbol{y}_2, \cdots, \boldsymbol{y}_m, \cdots, \boldsymbol{y}_M\right]\Big|_{\boldsymbol{d}_k} \approx \boldsymbol{d}_k\left[\alpha_1(k), \alpha_2(k), \cdots, \alpha_m(k), \cdots, \alpha_M(k)\right] = \boldsymbol{d}_k\boldsymbol{\lambda}_k \tag{4.38}$$

式中，$\boldsymbol{\lambda}_k = \left[\alpha_1(k), \alpha_2(k), \cdots, \alpha_m(k), \cdots, \alpha_M(k)\right] \in \mathbb{R}^{1\times M}$，$\boldsymbol{\lambda}_k$ 不必是稀疏的。式(4.37)可以重新表达为

$$\hat{\boldsymbol{X}} = \boldsymbol{D}\boldsymbol{A} = \left[\boldsymbol{d}_1, \cdots, \boldsymbol{d}_k, \cdots, \boldsymbol{d}_K\right]\left[\boldsymbol{\lambda}_1^{\mathrm{T}}, \cdots, \boldsymbol{\lambda}_k^{\mathrm{T}}, \cdots, \boldsymbol{\lambda}_K^{\mathrm{T}}\right]^{\mathrm{T}} \tag{4.39}$$

很明显，式(4.38)意味着权矢量 $\boldsymbol{\lambda}_k$ 正是原子 $\boldsymbol{d}_k$ 的权重，是 $\boldsymbol{d}_k$ 在数据集上的全局参数。令 $\|\boldsymbol{\lambda}_k\|_0$ 为 $\boldsymbol{\lambda}_k$ 的零范数，$\|\boldsymbol{\lambda}_k\|_0$ 代表原子 $\boldsymbol{d}_k$ 在数据集 $\boldsymbol{Y} = \left[\left\{\boldsymbol{y}_m\right\}_{m=1}^{M}\right]$ 上出现的次数，我们称其为原子 $\boldsymbol{d}_k$ 的发生频率。定义原子频率 F_k 为

$$F_k = \text{Frequency}\left(\boldsymbol{d}_k \left|\boldsymbol{Y}\right.\right) = \left\|\boldsymbol{\lambda}_k\right\|_0 \tag{4.40}$$

实际上，具有重复率的图像元素的模式 $\boldsymbol{d}_k$ 是有意义信息的一个本质特征，它与模式的强度 $\boldsymbol{\lambda}_k$ 无关，是一个辨识弱细节信号和强能量噪声的好测度。因此，“原子频率”可用于稀疏域上划分主信号子空间的有效测度。

2) 稀疏域子空间分解

依据原子频率 f_k 的值，将超完备字典 $\boldsymbol{D}$ 中高频率的原子划分到主信号字典 $\boldsymbol{D}_P^{(S)}$ 中，仅用主字典来重构图像，得到高性能的滤波结果。

(1) 基于频率的原子排序

首先取稀疏编码的系数矩阵，计算原子频率，即 K 个矢量 $\left\{\lambda_k\right\}_{k=1}^K$ 的零范数 $\left\{\left\|\lambda_k\right\|_0\right\}_{k=1}^K$，并且进行降序排列。然后按照系数 $\boldsymbol{\lambda}_k$ 的排序重新排列对应原子 $\boldsymbol{d}_k$ 的顺序。

定义矢量 $\left\{\lambda_k\right\}_{k=1}^K$ 的标号 k 为一个整数集合 $\boldsymbol{C} = \{1, 2, \cdots, k, \cdots, K\}$。定义一一对应的标号映射 π：

$$\begin{aligned} &\pi(\boldsymbol{C} \to \boldsymbol{C}): \quad k = \pi(\tilde{k}), k, \tilde{k} \in \boldsymbol{C} \\ \text{s.t.} \quad &\left\|\boldsymbol{\lambda}_{\pi(1)}\right\|_0 \geqslant \left\|\boldsymbol{\lambda}_{\pi(2)}\right\|_0 \geqslant \cdots \geqslant \left\|\boldsymbol{\lambda}_{\pi(\tilde{k})}\right\|_0 \geqslant \cdots \geqslant \left\|\boldsymbol{\lambda}_{\pi(K)}\right\|_0 \end{aligned} \tag{4.41}$$

对稀疏编码矩阵 $\boldsymbol{A} = \left[\boldsymbol{\lambda}_1^{\mathrm{T}}\ \boldsymbol{\lambda}_2^{\mathrm{T}} \cdots \boldsymbol{\lambda}_k^{\mathrm{T}} \cdots \boldsymbol{\lambda}_K^{\mathrm{T}}\right]^{\mathrm{T}}$ 的标号 k 做置换，重新排序的稀疏矩阵 $\tilde{\boldsymbol{A}}$：

$$\tilde{\boldsymbol{A}} = \left[\boldsymbol{\lambda}_{\pi(1)}^{\mathrm{T}}\ \boldsymbol{\lambda}_{\pi(2)}^{\mathrm{T}} \cdots \boldsymbol{\lambda}_{\pi(k)}^{\mathrm{T}} \cdots \boldsymbol{\lambda}_{\pi(K)}^{\mathrm{T}}\right]^{\mathrm{T}}$$

对原子 $\boldsymbol{d}_k$ 作与 $\boldsymbol{\lambda}_k$ 相应的排序：

$$\tilde{\boldsymbol{D}} = \left[\boldsymbol{d}_{\pi(1)}, \boldsymbol{d}_{\pi(2)}, \cdots \boldsymbol{d}_{\pi(k)}, \cdots, \boldsymbol{d}_{\pi(K)}\right]$$

用重新排序的字典 $\tilde{\boldsymbol{D}}$，去噪结果没有任何改变，式(4.37)可以写成

$$\begin{aligned} \hat{\boldsymbol{X}}_{N\times M} &\cong \boldsymbol{D}_{N\times K}\boldsymbol{A}_{K\times M} = \tilde{\boldsymbol{D}}_{N\times K}\tilde{\boldsymbol{A}}_{K\times M} \\ &= [\boldsymbol{d}_{\pi(1)} \cdots \boldsymbol{d}_{\pi(k)} \cdots, \boldsymbol{d}_{\pi(K)}] \bullet \left[\boldsymbol{\lambda}_{\pi(1)}^{\mathrm{T}} \cdots \boldsymbol{\lambda}_{\pi(k)}^{\mathrm{T}} \cdots \boldsymbol{\lambda}_{\pi(K)}^{\mathrm{T}}\right]^{\mathrm{T}} \end{aligned} \tag{4.42}$$

(2) 信号主字典

可以将按照原子频率 f_k 降序排列的原子 $\left[\left\{\boldsymbol{d}_{\pi(k)}\right\}_{k=1}^K\right]$ 分割成两部分：前 P ($P \ll K$) 个原子张成信号主空间 $\boldsymbol{D}_P^{(S)}$，剩余的原子看成一个噪声空间 $\boldsymbol{D}_{K-P}^{(N)}$：

$$\begin{aligned} \boldsymbol{D}_P^{(S)} &= \text{span}\left\{\boldsymbol{d}_{\pi(1)}, \boldsymbol{d}_{\pi(2)}, \cdots, \boldsymbol{d}_{\pi(P)}\right\} \\ \boldsymbol{D}_{K-P}^{(N)} &= \text{span}\left\{\boldsymbol{d}_{\pi(P+1)}, \boldsymbol{d}_{\pi(P+2)}, \cdots, \boldsymbol{d}_{\pi(K)}\right\} \end{aligned} \tag{4.43}$$

一个更优的去噪结果是在信号主空间(也可称为“主字典”) $\boldsymbol{D}_P^S$ 上线性组合得到：

$$\begin{aligned} \hat{\boldsymbol{X}}_{N\times M} &= \tilde{\boldsymbol{D}}_P^{(S)} \bullet \tilde{\boldsymbol{A}}_P^{(S)} \\ &= [\boldsymbol{d}_{\pi(1)} \cdots \boldsymbol{d}_{\pi(k)} \cdots \boldsymbol{d}_{\pi(P)}] \bullet \left[\boldsymbol{\lambda}_{\pi(1)}^{\mathrm{T}} \cdots \boldsymbol{\lambda}_{\pi(k)}^{\mathrm{T}} \cdots \boldsymbol{\lambda}_{\pi(P)}^{\mathrm{T}}\right]^{\mathrm{T}} \end{aligned} \tag{4.44}$$

图 4.21 给出了稀疏域子空间分解的原理示意图。

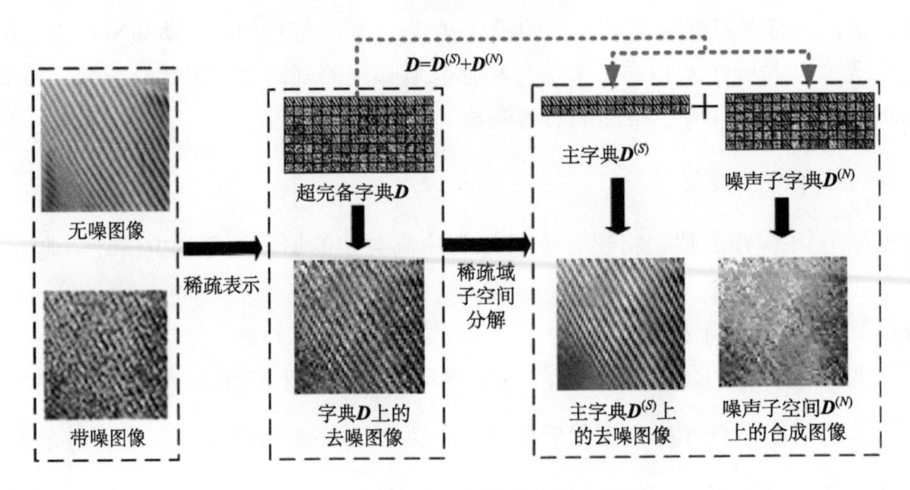

图 4.21　稀疏域子空间分解原理框图

(3) 鲁棒性的门限

式 (4.43) 中的参数 P 为原子频率 f_k 的门限，用于划分信号子空间 $\boldsymbol{D}_P^S$ 和噪声子空间 $\boldsymbol{D}_{K-P}^N$。下面可以看到，门限 P 的确定不需要先验信息。

对于一幅带有弱细节的无噪图像，如图 4.22 (a) 所示，各个原子频率 $f_{\pi(k)}^{\text{image}}$ 如图 4.22 (c) 中所示，可以看到除了零值外，其余原子都显示出高频率。对于一幅强噪声图像，如图 4.22 (b) 所示，其原子频率 $f_{\pi(k)}^{\text{noise}}$ 如图 4.22 (c) 中所示，可以看到其值几乎都为 1，只有少数值稍高(2 或 3)。可见，用一个黑色虚线表示的门限 P 很容易将表征信号的原子与噪声相关的原子区分开。

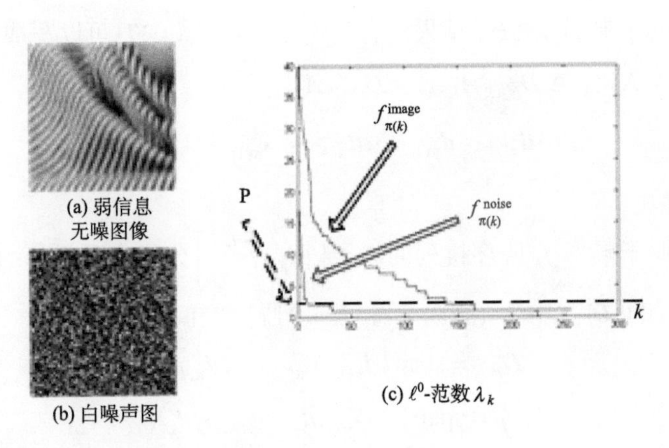

图 4.22　原子频率 f_k 的分布及其门限 P

对于带有噪声的图像，如图 4.23 (a) 所示，其自适应超完备字典[如图 4.23 (b) 所示]由三类信号模型原子组成：主信号模型、噪声模型和带噪信号模型。主信号模型的原子

具有较高的频率，数量不多；噪声模型的原子频率很低，数量很多；带噪信号模型的原子则处于中间状态。因此，可以将原子数量最多的频率点作为门限 Threshold[f_k]［图 4.23(c)所示］，高于这个频率的原子选取为主字典的原子。这意味着，取原子频率 f_k 的直方图 Histogram$\left[\|\boldsymbol{\lambda}_k\|_0\right]$ 的最大值点 P［如图 4.23(d)所示］为划分主字典的门限：

$$P = \arg\max_k \mathrm{Hist}\left(\|\boldsymbol{\lambda}_k\|_0\right) \tag{4.45}$$

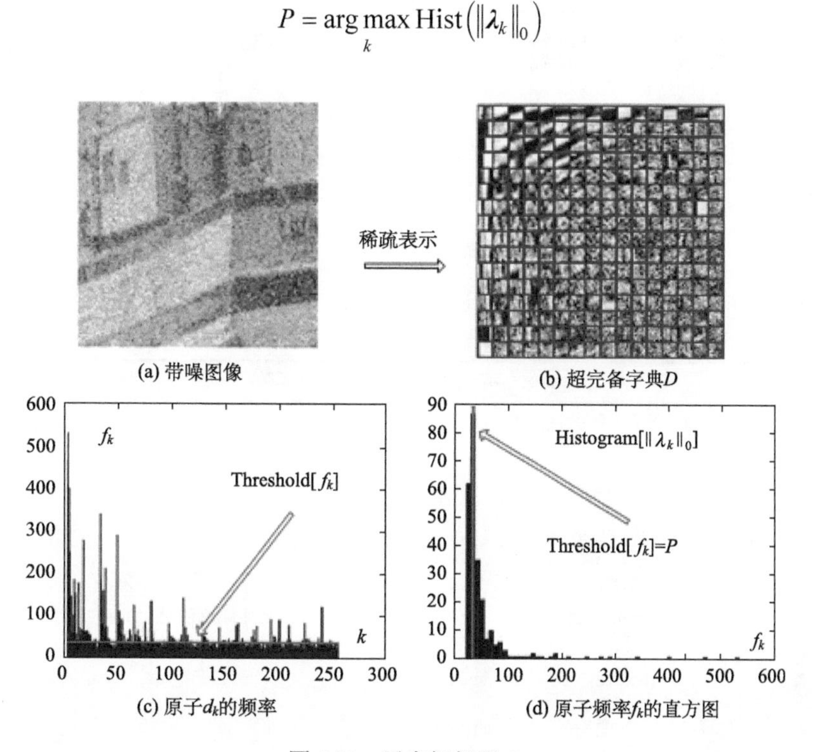

图 4.23 子空间门限 P

由于超完备字典的原子之间非独立，且互相相关，所以这个门限值 P 是非常鲁棒的。也就是说，选取的主字典的原子数在很大范围内不影响去噪性能(Sun et al., 2017)。

2. 稀疏域最优化滤波

1) SAR 图像稀疏域滤波

考虑稀疏域子空间分解方法的 SAR 图像滤波，简称为 3SD(sparse sub-space decomposition)滤波。与小波滤波一样，需要用同态变换将相干斑的乘性模型转换成加性模型，并且使得数据接近高斯分布(参见 2.3.2 节)。另外，为了获得足够数量的同质数据集，用非局部自相似聚类方法(参见 4.2.3 节)，从而保证数据集具有稀疏性质。

这样，SAR 图像的非局部稀疏域滤波的流程框图如图 4.24 所示，表 4.7 给出算法的描述。预处理包括对 SAR 强度图像进行对数变换与偏差校正［根据式(2.17)］，将乘性噪声模型转换为零均值加性噪声过程；以及将 SAR 图像中结构相似的图像块聚类为若干个数据集。然后，对各个相似数据集实施稀疏域子空间分解滤波。后处理包括对重叠的图像块和像素的多个估计值加权平均，以及通过反对数变换（指数变换）获得最终降斑图像。

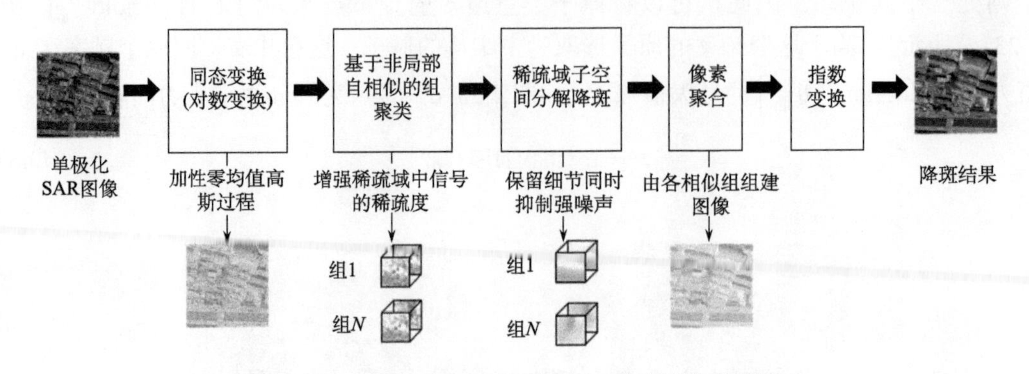

图 4.24　SAR 图像稀疏域（SAR-3SD）滤波流程框图

表 4.7　基于非局部自相似的稀疏域子空间分解方法的降斑算法

基于非局部自相似的稀疏域子空间分解降斑算法
输入：单极化 SAR 强图像 I，等效视数 L
输出：降斑图像 $\hat{\boldsymbol{S}}$
■　同态变换
➢　对数变换与偏差校正：$z=\ln I-\psi^{(0)}(L)+\ln L$
■　非局部自相似组聚类
➢　相似组划分：$\boldsymbol{Z}_{\Omega_i}=\{z_j\}_{j\in\Omega_i}$ (4.28)，其中 z_j 与 (4.28) 中幅度值 A_j 的对应关系为 $A_j=\sqrt{\exp\left(z_j+\psi^{(0)}(L)-\ln L\right)}$
■　稀疏域子空间分解降斑：For each $\boldsymbol{Z}_{\Omega_i}$ do
➢　利用稀疏域子空间分解获得去噪图像块 $\hat{\boldsymbol{X}}_{\Omega}$
■　图像合成
➢　像素聚合 $\hat{X}\leftarrow\hat{x}(i)$ (4.29)，其中 $w(i)=1-\|\boldsymbol{\alpha}_i\|_0/P$
➢　指数变换 $\hat{\boldsymbol{S}}=\exp\left(\hat{\boldsymbol{X}}\right)$

2）滤波性能评估

用仿真 SAR 图像和真实 SAR 图像比较实用的降斑方法的性能。所谓仿真 SAR 图像是对光学图像，合成纹理图像或者光学卫星遥感图像施加模拟斑点噪声。这样我们可以将原始光学图像作为无噪图像，对降斑算法性能进行准确的定量分析。对于真实 SAR 图像，基于客观和主观视觉解译估计降斑算法的性能。

下面分析和比较两个经典的统计算法和三个当前认为效果最好的两个变换算法：En-Lee（4.19）和 Frost（4.21）滤波；经典的非局部平均算法-PPB［式（4.29）和式（4.31）］滤波（Deledalle et al.，2009）；一种结合小波变换和稀疏变换的 BM3D 滤波（Dabov et al.，2007）用于 SAR 图像降噪的 SAR-BM3D（Parrilli et al.，2012）方法；以及上节论述的稀疏域子空间分解滤波(SAR-3SD(孙洪等，2017a))等五种方法。

(1)模拟 SAR 图像降斑滤波

选取三幅图像，如图 4.25 所示。其中 Lena 和 Barbara 在图像去噪性能测试中常用的两幅图像，另外一幅图像为四川地区光学卫星图像(Sichuan)。将这三幅图像按照相同的等效视数(equivalent number of looks，ENL)进行退化。滤波算法采用的重叠分割图像块大小为 7×7 像素，搜索区为 81×81 像素，相似组的图像块数为 $M=90$。表 4.8 给出了这四幅图像受等效视数 $L=1,2,4,8$ 视乘性噪声污染下的降斑图像的峰值信噪比 PSNR[式(4.1)]和结构相似度 SSIM[式(4.2)]，表中将最好的 PSNR 与 SSIM 使用黑体进行标识。

(a) Lena(512X512像素)

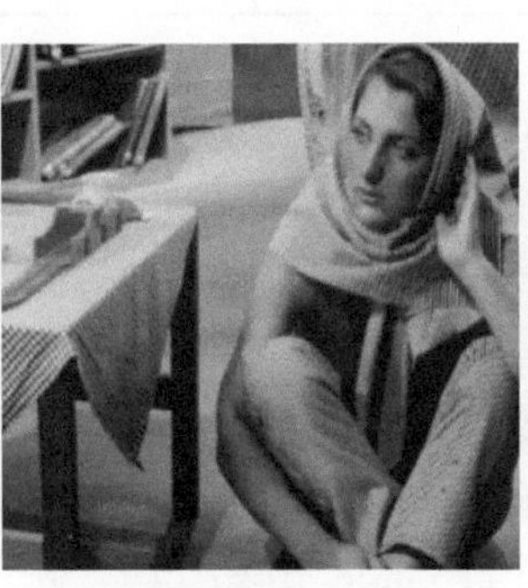

(b) Barbara(512X512像素)

(c)SiChuan (256X256像素)

图 4.25　测试图像集

表 4.8　仿真 SAR 图像相干斑抑制效果 PSNR 和 SSIM 表

Lena	PSNR				SSIM			
	L=1	L=2	L=4	L=8	L=1	L=2	L=4	L=8
Noisy	12.09	15.02	17.81	20.76	0.34	0.46	0.51	0.59
En-Lee	21.23	23.28	25.30	26.92	0.40	0.50	0.58	0.68
Frost	18.2	20.73	23.41	25.60	0.37	0.48	0.53	0.64
PPB	25.68	27.57	29.81	31.63	0.61	0.78	0.81	0.84
SAR-BM3D	**27.89**	29.62	31.18	32.75	0.65	0.80	0.84	0.88
SAR-3SD	27.86	**29.71**	**31.43**	**33.15**	**0.66**	**0.83**	**0.89**	**0.912**
Barbara	PSNR				SSIM			
	L=1	L=2	L=4	L=8	L=1	L=2	L=4	L=8
Noisy	12.55	15.19	18.06	21.00	0.21	0.29	0.40	0.52
En-Lee	19.96	21.75	22.95	23.80	0.40	0.50	0.58	0.65
Frost	17.71	19.87	21.73	23.24	0.39	0.38	0.47	0.56
PPB	23.25	25.40	27.58	29.57	0.63	0.71	0.80	0.86
SAR-BM3D	25.41	27.44	29.11	30.72	0.73	0.81	0.86	0.89
SAR-3SD	**25.57**	**27.55**	**29.53**	**32.21**	**0.74**	**0.83**	**0.89**	**0.93**

续表

Sichuan	PSNR				SSIM			
	L=1	L=2	L=4	L=8	L=1	L=2	L=4	L=8
Noisy	12.98	15.62	18.46	21.45	0.29	0.41	0.53	0.66
En-Lee	19.94	21.48	22.70	23.34	0.54	0.63	0.70	0.75
Frost	18.07	20.18	22.18	23.85	0.44	0.55	0.64	0.72
PPB	19.73	21.97	23.40	25.23	0.47	0.68	0.74	0.80
SAR-BM3D	21.78	23.19	24.95	26.73	0.64	0.73	0.80	0.87
SAR-3SD	**21.88**	**23.26**	**25.32**	**26.80**	**0.65**	**0.75**	**0.83**	**0.92**

从表4.8可以看出，当等效视数$L=1$时，被认为当前具有最好降斑效果的SAR-BM3D算法在Lena图像上的PSNR值最高，略优于稀疏域子空间分解SAR-3SD方法。在Barbara图像和四川图像上，SAR-3SD滤波具有最高的PSNR。而且SAR-3SD滤波对所有图像都具有最佳的SSIM。注意到当$L=1$时，贝叶斯滤波方法基本失效。

图4.26～图4.28给出了受单视模拟斑点噪声污染的噪声图像及降斑后的图像。为了观察细节对于Lena和Barbara给出了局部图像（256×256像素）。可以看到，En-Lee和Frost算法不能有效去除斑点噪声[图4.26(b)和(c)]，并且出现了模糊的现象。PPB算法[图4.26(d)]在均匀区域（黑色矩形框区域）非常平滑能够很好地去除相干斑，但图像中的细节（黑色椭圆区域）却被过平滑掉。SAR-BM3D算法[图4.26(e)]能够较好地保留细节

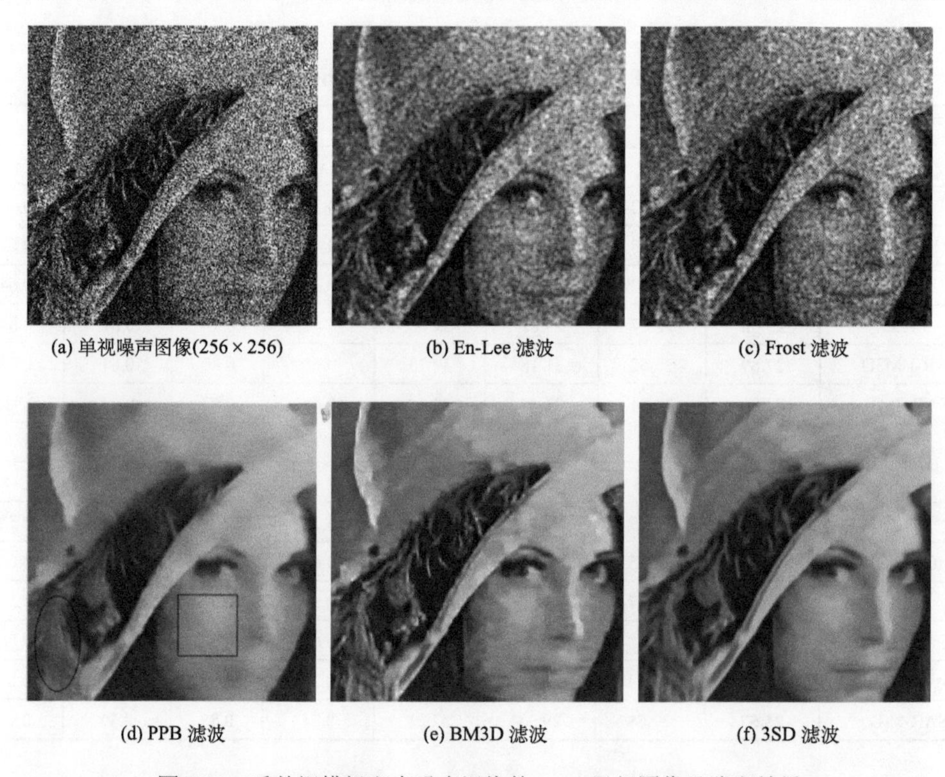
(a) 单视噪声图像(256×256)　(b) En-Lee 滤波　(c) Frost 滤波
(d) PPB 滤波　(e) BM3D 滤波　(f) 3SD 滤波

图4.26　受单视模拟斑点噪声污染的Lena局部图像及降斑结果

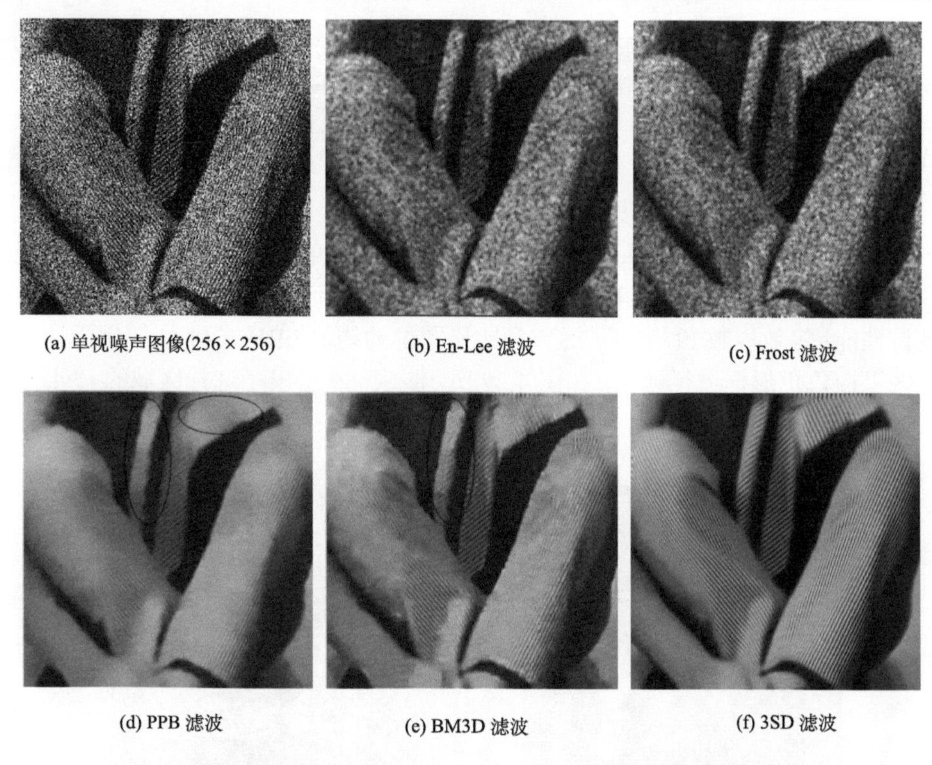

(a) 单视噪声图像(256 × 256)　(b) En-Lee 滤波　(c) Frost 滤波

(d) PPB 滤波　(e) BM3D 滤波　(f) 3SD 滤波

图 4.27　受单视斑点噪声污染的 Barbara 局部图像及降斑结果

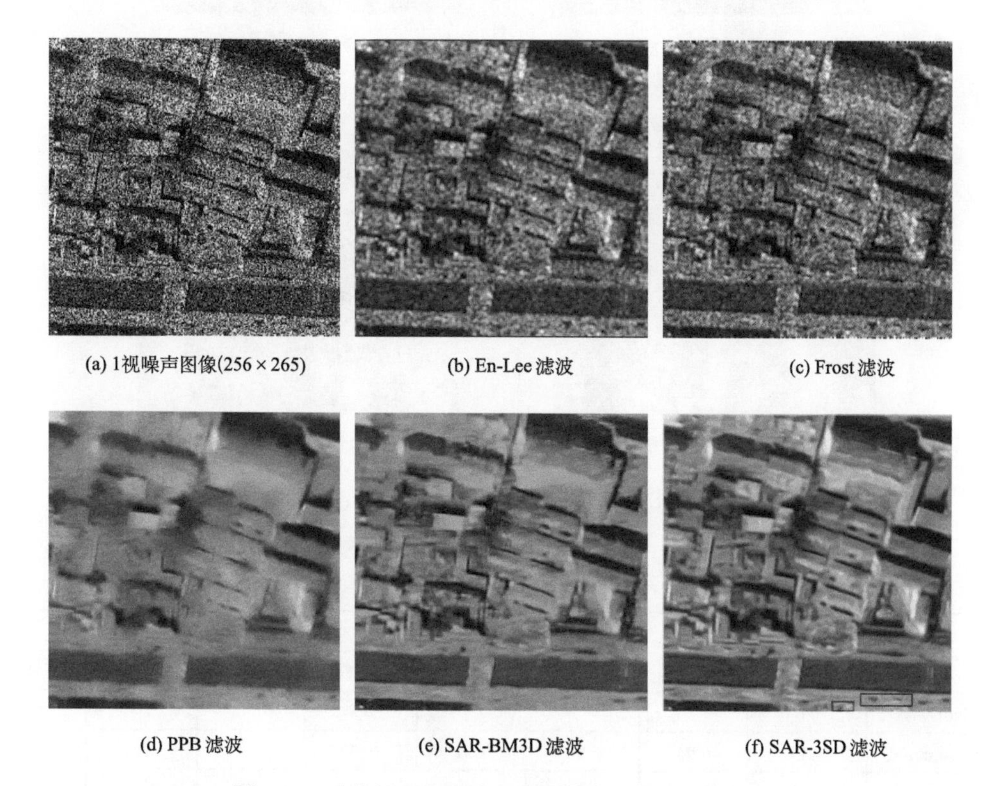

(a) 1视噪声图像(256 × 265)　(b) En-Lee 滤波　(c) Frost 滤波

(d) PPB 滤波　(e) SAR-BM3D 滤波　(f) SAR-3SD 滤波

图 4.28　受单视斑点噪声污染的四川图像及降斑结果

信息(椭圆区域)，但是均匀区域(矩形框区域)不够平滑。SAR-3SD 算法[图 4.26(f))]在均匀区域(矩形框区域)比较平滑接近 PPB 效果，明显好于 SAR-BM3D，图像中细节信息(椭圆区域)的表现能力明显好于 PPB 算法，接近 SAR-BM3D 算法。

从图 4.27 和图 4.28 可以更明显地看到相同的结果。

(2) 真实 SAR 图像降斑滤波

取四景 TerraSAR-X 图像(每景 512×512 像素)、两景单视 SAR 图像和两景 2 视 SAR 图像，其中包含不同地物的场景：城市区域、田野以及河流等。用两个客观评价指标来评估滤波性能：等效视数 ENL[式(4.3)]和比值图像的均值 ERI[式(4.4)]。用于计算 ENL 的同质区以白色矩形框进行标记，如图 4.29 所示。表 4.9 给出了选择区域的 ENL 值和全景的 ERI 值，表中将该指标最佳的用黑体标识。

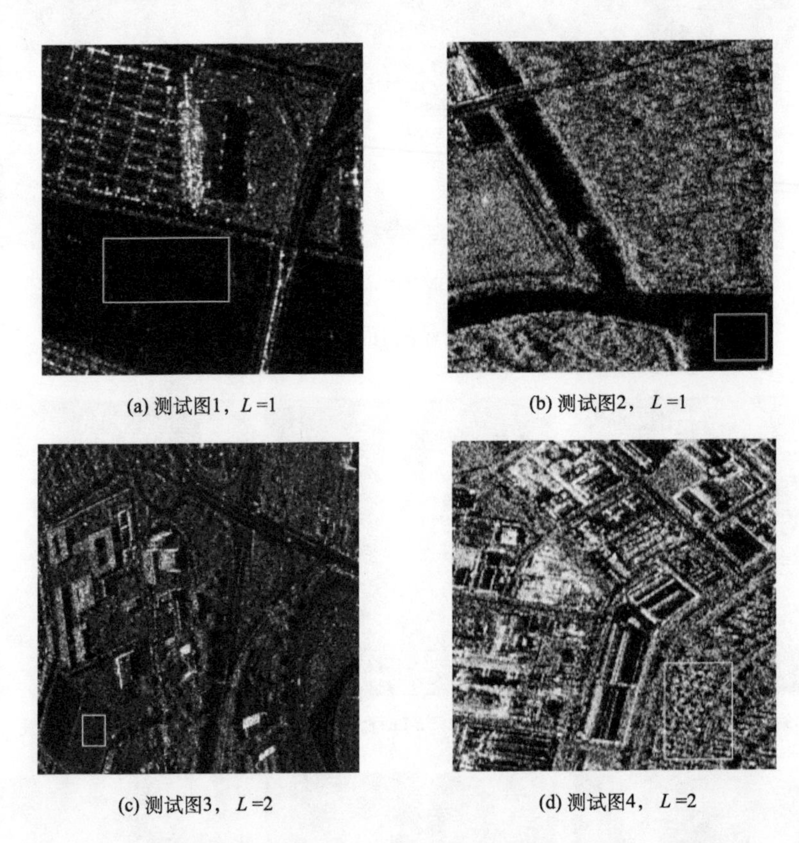

图 4.29　真实单极化 SAR 图像(白色矩形框为用于计算 ENL 的选择区)。

表 4.9　真实 SAR 图像相干斑抑制效果 ENL 和 ERI

真实 SAR 图像	测试图 1		测试图 2		测试图 3		测试图 4	
	ENL	ERI	ENL	ERI	ENL	ERI	ENL	ERI
Noisy	0.6		3.7		4.8		1.5	
En-Lee	1.45	**0.94**	6.90	1.32	19.43	1.11	4.14	**0.94**
Frost	1.35	**0.94**	5.53	**1.07**	12.91	1.07	3.80	0.90

续表

真实 SAR 图像	测试图 1		测试图 2		测试图 3		测试图 4	
	ENL	ERI	ENL	ERI	ENL	ERI	ENL	ERI
PPB	1.25	0.76	8.44	1.12	80.26	1.37	7.36	0.77
SARBM3D	1.09	0.83	5.51	1.03	34.41	0.98	4.47	0.87
SAR-3SD	**1.91**	0.93	**10.12**	0.98	**86.46**	**0.99**	**8.77**	0.91

从表 4.9 可以看出，3SD 滤波的 ENL 值明显高于其他算法，表明其相干斑抑制能力强于其他算法。En-Lee 和 Frost 滤波对于测试图 1、测试图 2 和测试图 4 区域的 ERI 值接近 1，说明对于这三个区域保持细节最好，但是残留了大量噪声。3SD 滤波对于这三个区域保持细节能力稍逊于 En-Lee 和 Frost 算法，但噪声抑制能力明显高于 EN-Lee 和 Frost 算法。对于测试图 3，3SD 滤波的 ERI 值接近 1 的同时，ENL 值最高，具有最小的偏差。

图 4.30～图 4.33 展现了这四景图像滤波的视觉效果。

图 4.30 和图 4.31 为简单场景 1 视 SAR 图像包含地物类型为田野和河流。其中图(a)为原始的 SAR 图像，图(b)～(f)分别为 En-Lee 滤波、Frost 滤波、PPB 算法、SAR-BM3D 算法和 3SD 算法的降斑结果图。可以看出，En-Lee 和 Frost 未能有效地压制噪声。PPB 算法对均匀区域[与图(f)相对应的红色矩形区域]有效地平滑了斑点，但是对于细节丰富

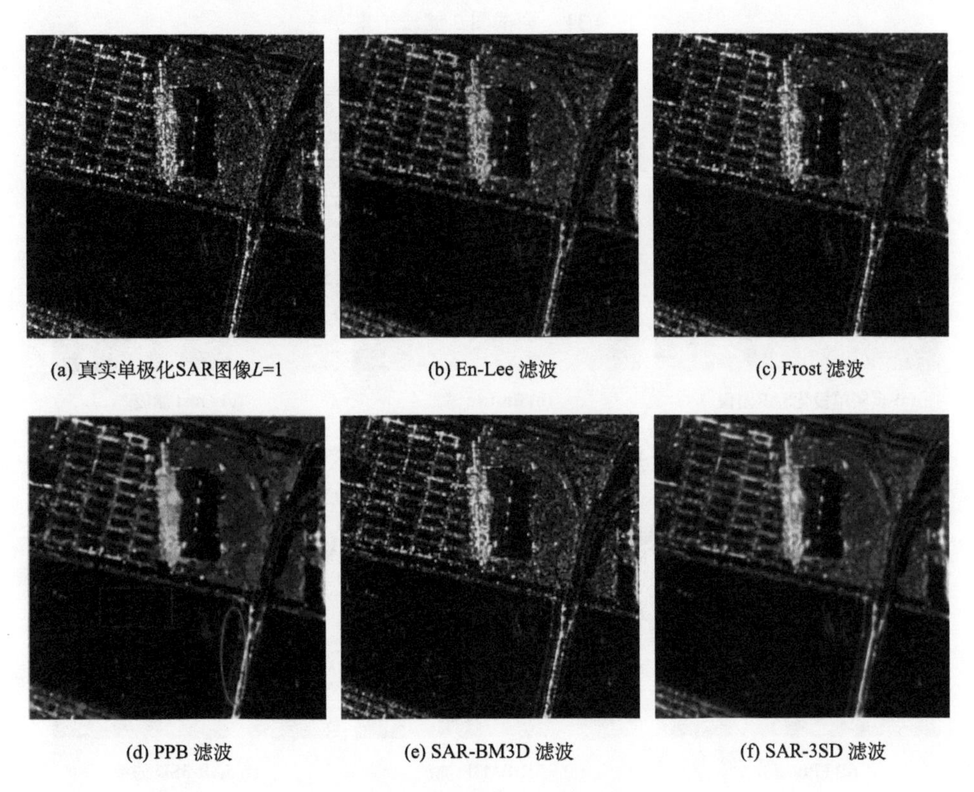

(a) 真实单极化SAR图像L=1　(b) En-Lee 滤波　(c) Frost 滤波

(d) PPB 滤波　(e) SAR-BM3D 滤波　(f) SAR-3SD 滤波

图 4.30　测试图 1 滤波结果

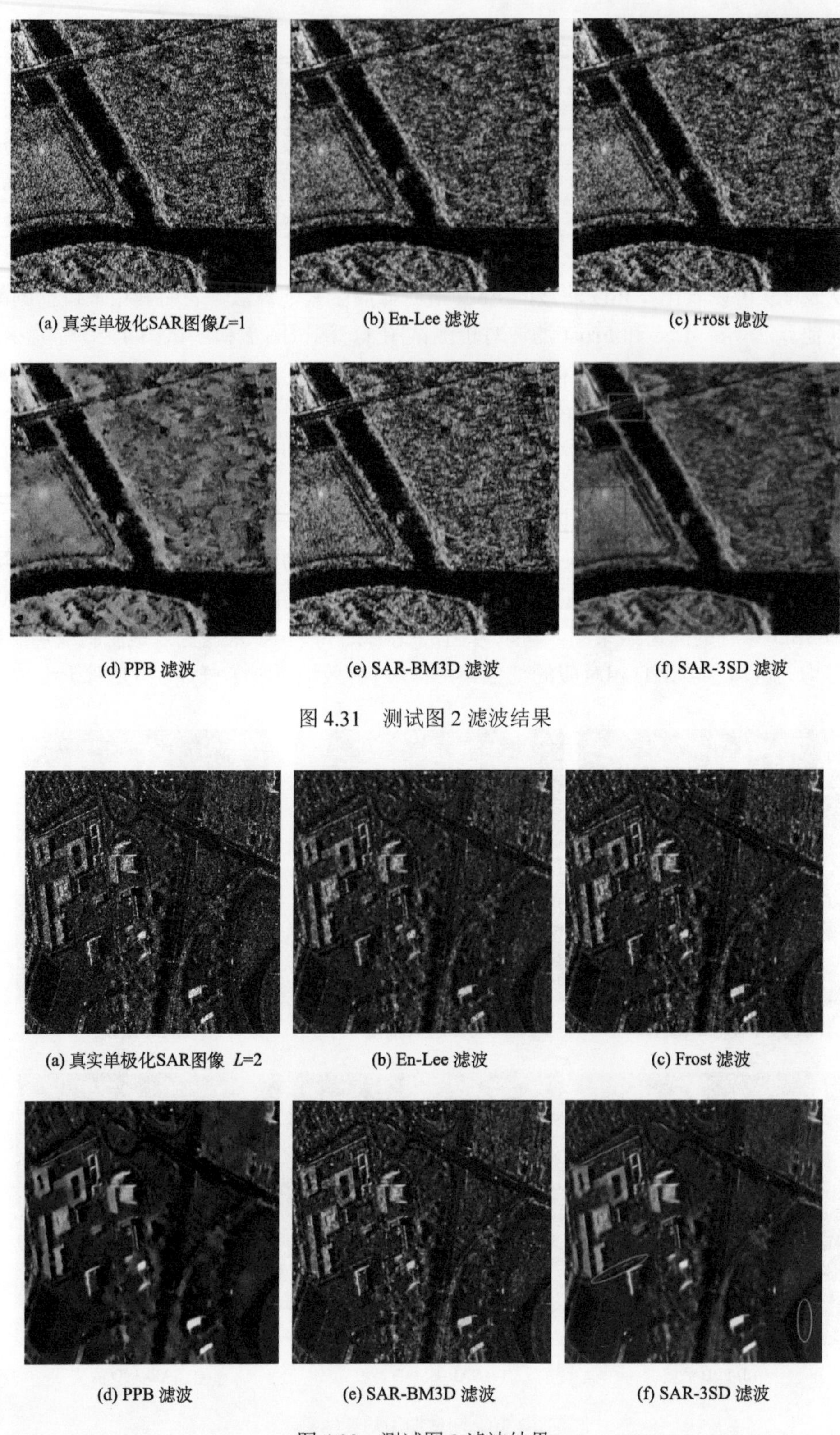

(a) 真实单极化SAR图像L=1　(b) En-Lee 滤波　(c) Frost 滤波

(d) PPB 滤波　(e) SAR-BM3D 滤波　(f) SAR-3SD 滤波

图 4.31　测试图 2 滤波结果

(a) 真实单极化SAR图像 L=2　(b) En-Lee 滤波　(c) Frost 滤波

(d) PPB 滤波　(e) SAR-BM3D 滤波　(f) SAR-3SD 滤波

图 4.32　测试图 3 滤波结果

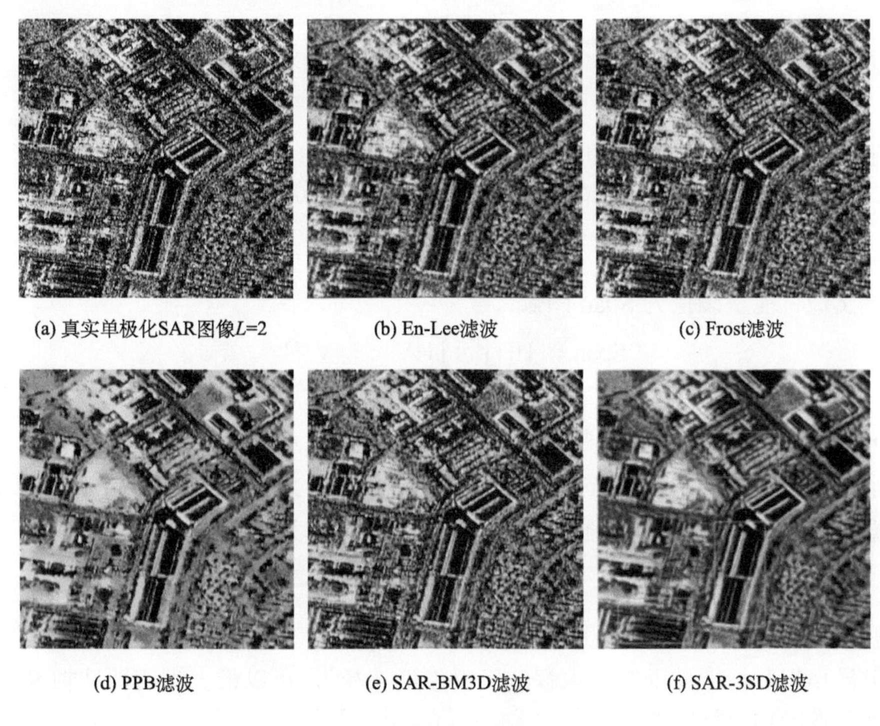

(a) 真实单极化SAR图像L=2　(b) En-Lee滤波　(c) Frost滤波

(d) PPB滤波　(e) SAR-BM3D滤波　(f) SAR-3SD滤波

图 4.33　测试图 4 滤波结果

的区域[与图(f)相对应的绿色矩形区域]纹理细节丢失了。SAR-BM3D 算法对直线边缘和纹理出现模糊现象。3SD 算法对均匀区域(红色矩形区域)降斑效果好于 PPB 和 SAR-BM3D，对于绿色实线矩形区域内桥梁的结构保持得最好，最为清晰。而且对于绿色虚线区域，3SD 算法将 PPB 算法和 SAR-BM3D 算法未能反映出来的结构信息清晰的显示出来。

图 4.32 和图 4.33 为复杂场景 2-视 SAR 图像，包含地物为道路、房屋、城区等。对于红色框内均匀区域的平滑效果，以及对于绿色框内纹理区域的细节保留性能，都显示出与上面两幅图像相同的主观评估结果。

4.6　多极化滤波

根据应用需求，多极化 SAR 图像滤波技术分为两大类：一类是联合所有通道的数据采用多通道最佳滤波技术，完全保持图像的空间分辨率，称为“保持空间分辨率的极化滤波”。这种多极化滤波后的图像有很好的可读性，但是不再含有地物目标的极化特征。另一类方法则分别对各通道数据进行最佳滤波，以保持多通道图像数据之间的极化特征，称为“保持极化特性的极化滤波”。但是这类方法是在图像空间上进行统计处理，必然会损失图像的空间分辨率。

4.6.1 保持空间分辨率最佳滤波

对于互易介质，三个独立的多极化观测数据HH、HV、VV可以用矢量化形式表示接收到的极化数据[在不混淆的情况下，用i代替式(3.16)中的S_i]：

$$\boldsymbol{X} = [\mathrm{HH\ HV\ VV}]^{\mathrm{T}} \tag{4.46}$$

另外，定义极化能量图像为Span图像：

$$\mathrm{Span} = |\mathrm{HH}|^2 + |\mathrm{HV}|^2 + |\mathrm{VV}|^2 \tag{4.47}$$

1. 白化滤波器(PWF)(Novak-Burl，1990)

为了最大程度地抑制 Speckle，也就是使杂波背景的标准方差σ_c最小，可以由复数观测数据HH,HV,VV 构造最佳强度图像，输出图像表示为

$$y = \boldsymbol{X}^{\mathrm{H}}\boldsymbol{W}\boldsymbol{X} \tag{4.48}$$

式中，随机变量y表示强度图像的像素值；权重矩阵$\boldsymbol{W}$为厄米特对称的正定矩阵。

基于最小相对标准差准则，求解最优权重矩阵$\boldsymbol{W}^*$，可以最大程度地抑制 Speckle。输出强度图像的相对标准差定义为

$$\frac{\sigma}{m} = \frac{\sqrt{\mathrm{Var}\{y\}}}{E\{y\}} \tag{4.49}$$

式中，σ表示强度图像的标准方差；m表示强度图像的均值。又有

$$\mathrm{Var}\{y\} = \mathrm{tr}(\boldsymbol{\Sigma}_c\boldsymbol{W})^2 = \sum_{k=1}^{3}\lambda_k^2, \qquad E\{y\} = \mathrm{tr}(\boldsymbol{\Sigma}_c\boldsymbol{W}) = \sum_{k=1}^{3}\lambda_k$$

λ_k为矩阵$\boldsymbol{\Sigma}_c\boldsymbol{W}$的特征值，则相对标准差(4.49)可以表示为

$$\frac{\sigma}{m} = \frac{\sqrt{\sum_{k=1}^{3}\lambda_k^2}}{\sum_{k=1}^{3}\lambda_k} \tag{4.50}$$

可以推导出要使σ/m最小，则有$\lambda_1 = \lambda_2 = \lambda_3$。从而白化滤波器(4.48)的最优解为：$\boldsymbol{W}^* = \boldsymbol{\Sigma}_c^{-1}$，即有：$y = \boldsymbol{X}^{\mathrm{H}}\boldsymbol{\Sigma}_c^{-1}\boldsymbol{X}$。将观测矢量$\boldsymbol{X}$(4.46)代入，得到滤波强度图像为

$$\begin{aligned} y = & \frac{|\mathrm{HH}|^2}{\sigma_{\mathrm{HH}}(1-|\rho|^2)} + \frac{|\mathrm{VV}|^2}{\sigma_{\mathrm{HH}}(1-|\rho|^2)\gamma} + \frac{|\mathrm{HV}|^2}{\sigma_{\mathrm{HH}}\varepsilon} \\ & - \frac{2|\rho|}{\sigma_{\mathrm{HH}}(1-|\rho|^2)\sqrt{\gamma}}|\mathrm{HH}||\mathrm{VV}|\cos(\varphi_{\mathrm{HH}} - \varphi_{\mathrm{VV}} - \varphi_{\rho}) \end{aligned} \tag{4.51}$$

式中，φ_{HH}、φ_{VV}、φ_{ρ}分别表示复数据HH、VV和ρ的相位。为了与HH通道强度图像匹配，输出y通常要乘上因子$\sigma_{\mathrm{HH}}/3$。

式(4.51)说明，用白化滤波器对复散射矩阵中 HH,HV,VV 的复数数据进行处理，得到一组三幅不相关的具有相等能量的复图像。三幅不相关的图像非相干叠加可以得到 Speckle 最小的图像，类似于多视处理。

考虑白化滤波器 PWF 的一个简化解，即先假定输出强度图像为三个通道强度图像的线性加权和[Span 能量图像(4.47)为特例]：

$$y=|\mathrm{HH}|^2+w_2|\mathrm{HV}|^2+w_3|\mathrm{VV}|^2 \tag{4.52}$$

即权重矩阵 $\boldsymbol{W}=\begin{bmatrix}1 & 0 & 0\\ 0 & w_2 & 0\\ 0 & 0 & w_3\end{bmatrix}$，则可以求出矩阵 $\boldsymbol{\Sigma}_c\boldsymbol{W}$ 的特征值 $\lambda_k(k=1,2,3)$。代入式(4.52)，且令 σ/m 最小求出 w_2、w_3，得到滤波强度图像：

$$y=|\mathrm{HH}|^2+\frac{(1+|\rho|^2)}{\varepsilon}|\mathrm{HV}|^2+\frac{1}{\gamma}|\mathrm{VV}|^2 \tag{4.53}$$

白化滤波性能很大程度取决于对协方差矩阵 $\boldsymbol{\Sigma}$ 的参数 ε、γ、ρ 的估计。可以用局部参数估计代替对整个区域的全局估计，以滑窗或分块($5\times5, 7\times7, 9\times9$)的方式计算各个区域的局部参数 ε、γ、ρ，以提高滤波性能。

2. 多视白化滤波器 MPWF

对于多视多极化 SAR 数据，不能直接使用上述的 PWF 来进行 Speckle 抑制，因为对于多视平均的 Stokes 或协方差矩阵不存在等效的散射矩阵。这里需要直接基于各点多视极化协方差矩阵 $\boldsymbol{C}$ 构造最优强度图像 y：

$$y=\mathrm{tr}(\boldsymbol{WC}),\quad \boldsymbol{C}=\begin{bmatrix}\mathrm{HH}\cdot\mathrm{HH}^* & \mathrm{HH}\cdot\mathrm{HV}^* & \mathrm{HH}\cdot\mathrm{VV}^*\\ \mathrm{HV}\cdot\mathrm{HH}^* & \mathrm{HV}\cdot\mathrm{HV}^* & \mathrm{HV}\cdot\mathrm{VV}^*\\ \mathrm{VV}\cdot\mathrm{HH}^* & \mathrm{VV}\cdot\mathrm{HV}^* & \mathrm{VV}\cdot\mathrm{VV}^*\end{bmatrix}=\frac{1}{N}\sum_{k=1}^{N}\boldsymbol{X}_k\boldsymbol{X}_k^{\mathrm{H}} \tag{4.54}$$

式中，随机变量 y 表示强度图像的像素值；权重矩阵 $\boldsymbol{W}$ 为厄米特对称的正定矩阵；N 表示视数；$\boldsymbol{X}_k$ 表示第 k 视采样的极化观测矢量。

同样为了最大程度地抑制 Speckle，基于最小相对标准差准则，求解最优权重矩阵 $\boldsymbol{W}^*$，得到多视白化滤波图像：

$$\begin{aligned}y=&\frac{|\mathrm{HH}|^2}{\sigma_{\mathrm{HH}}(1-|\rho|^2)}+\frac{|\mathrm{VV}|^2}{\sigma_{\mathrm{HH}}(1-|\rho|^2)\gamma}+\frac{|\mathrm{HV}|^2}{\sigma_{\mathrm{HH}}\varepsilon}\\ &-\frac{2|\rho|}{\sigma_{\mathrm{HH}}(1-|\rho|^2)\sqrt{\gamma}}|\mathrm{HH}||\mathrm{VV}|\cos(\phi_{\mathrm{HH}\cdot\mathrm{VV}^*}-\phi_\rho)\end{aligned} \tag{4.55}$$

式中，$\phi_{\mathrm{HH}\cdot\mathrm{VV}^*}$ 和 ϕ_ρ 分别表示复数据 $\mathrm{HH}\cdot\mathrm{VV}^*$ 和 ρ 的相位。同样，为了与 HH 通道强度图像相匹配，输出 y 通常要乘上因子 $\sigma_{\mathrm{HH}}/3$。

3. 最大对比度极化匹配滤波器(PMF) (Novak-Burl，1993)

为了增强目标区域，可以设计一个线性匹配滤波器来获得最大的目标背景比，即寻求最优的线性权重矢量 $\boldsymbol{W}$，使得到的强度图像 $y=|W^H X|^2$ 具有最大的目标/背景比。目标/背景比定义为

$$\frac{T}{C}\triangleq\frac{\sigma_t}{\sigma_c}=\frac{\boldsymbol{W}^{\mathrm{H}}\boldsymbol{\Sigma}_t\boldsymbol{W}}{\boldsymbol{W}^{\mathrm{H}}\boldsymbol{\Sigma}_c\boldsymbol{W}} \tag{4.56}$$

式中，$\boldsymbol{\Sigma}_t$ 和 $\boldsymbol{\Sigma}_c$ 分别为目标区域和背景区域的协方差矩阵。这里最优权重矢量 $\boldsymbol{W}^*$ 可以通过求解广义特征值获得：$\boldsymbol{\Sigma}_t\boldsymbol{W}^*=\lambda^*\boldsymbol{\Sigma}_c\boldsymbol{W}^*$，也即 $\boldsymbol{\Sigma}_c^{-1}\boldsymbol{\Sigma}_t\boldsymbol{W}^*=\lambda^*\boldsymbol{W}^*$，$\boldsymbol{W}^*$ 为矩阵 $\boldsymbol{\Sigma}_c^{-1}\boldsymbol{\Sigma}_t$ 最大特征值 λ^* 对应的特征矢量。由 $\boldsymbol{\Sigma}_t$ 和 $\boldsymbol{\Sigma}_c$ 的表达式(2.24)代入，得到矩阵 $\boldsymbol{\Sigma}_c^{-1}\boldsymbol{\Sigma}_t$ 的特征值及特征矢量：

$$\begin{gathered}\lambda_1=\frac{\sigma_t\varepsilon_t}{\sigma_c\varepsilon_c}\\ \lambda_{2,3}=\frac{\sigma_t}{2\sigma_c\gamma_c(1-|\rho|^2)}\left\{\begin{aligned}&\gamma_c+\gamma_t-2\sqrt{\gamma_c\gamma_t}\,\mathrm{Re}(\rho_c\rho_t^*)\\&\pm\sqrt{\begin{aligned}&(\gamma_c-\gamma_t)^2-4\sqrt{\gamma_c\gamma_t}(\gamma_c+\gamma_t)\mathrm{Re}(\rho_c\rho_t^*)\\&+2\gamma_c\gamma_t\left[\mathrm{Re}(\rho_c\rho_t^*)^2+2|\rho_c|^2+2|\rho_t|^2-|\rho_c|^2|\rho_t|^2\right]\end{aligned}}\end{aligned}\right\}\\ \boldsymbol{W}_1=\begin{bmatrix}0\\1\\0\end{bmatrix},\ \boldsymbol{W}_2=\begin{bmatrix}1\\0\\w_2\end{bmatrix},\ \boldsymbol{W}_3=\begin{bmatrix}1\\0\\w_3\end{bmatrix}\end{gathered} \tag{4.57}$$

其中

$$w_{2,3}=\frac{1}{(2\sqrt{\gamma_t}\rho_t^*-2\sqrt{\gamma_c}\rho_c^*)}\left\{\begin{aligned}&\gamma_c-\gamma_t-2j\sqrt{\gamma_c\gamma_t}\,\mathrm{Im}(\rho_c\rho_t^*)\\&\pm\sqrt{\begin{aligned}&(\gamma_c-\gamma_t)^2-4\sqrt{\gamma_c\gamma_t}(\gamma_c+\gamma_t)\mathrm{Re}(\rho_c\rho_t^*)\\&+2\gamma_c\gamma_t\left[\mathrm{Re}(\rho_c\rho_t^*)^2+2|\rho_c|^2+2|\rho_t|^2-|\rho_c|^2|\rho_t|^2\right]\end{aligned}}\end{aligned}\right\}$$

所以，PMF 的滤波强度图像有三种可能的线性组合：

$$y=\begin{cases}|\mathrm{HV}|^2, & \text{if } \max\{\lambda_1,\lambda_2,\lambda_3\}=\lambda_1\\ |\mathrm{HH}+w_2\mathrm{VV}|^2, & \text{if } \max\{\lambda_1,\lambda_2,\lambda_3\}=\lambda_2\\ |\mathrm{HH}+w_3\mathrm{VV}|^2, & \text{if } \max\{\lambda_1,\lambda_2,\lambda_3\}=\lambda_3\end{cases} \tag{4.58}$$

4. 保持辐射特性滤波器 OPW

为了获得各极化通道信息的最优估计，也就是使杂波背景的标准方差 σ_c 最小，同时保留各通道的辐射特性，并且使通道之间的耦合最小，Lee 提出一个基于乘性噪声模型以及最小均方误差准则的最优加权算法(Lee et al.，1999)，关键是利用三个通道之间 Speckle 的相关性来定义最优权重。

假设各通道的强度数据仍满足单极化通道 SAR 数据的乘性噪声模型，即：

$$y_k = x_k n_k, \quad k = 1,2,3$$

式中，$k = 1,2,3$ 分别对应 HH、HV、VV 通道 SAR 图像；x_k 为无 Speckle 的散射系数；n_k 是均值为 1 的噪声。则通道之间 Speckle 的相关系数定义为

$$\rho_{kl} = \frac{E\left\{(n_k - 1)(n_l - 1)\right\}}{\sigma_{n_k}\sigma_{n_l}} \tag{4.59}$$

式中，σ_{n_k} 表示噪声 n_k 的标准方差。而各通道强度数据的相关系数定义为

$$\rho(y_k, y_l) = \frac{E\left\{(y_k - \overline{y}_k)(y_l - \overline{y}_l)\right\}}{\sqrt{E\left\{(y_k - \overline{y}_k)^2\right\}E\left\{(y_l - \overline{y}_l)^2\right\}}} \tag{4.60}$$

显而易见，在同质区域易有：$\rho_{kl} = \rho(y_k, y_l)$，也就是说在同质区域 Speckle 的相关系数等于各通道数据之间的相关系数。这样滤波输出为各通道数据的线性组合：

$$\begin{aligned} &\hat{x}_1 = (y_1 + ay_2 / \varepsilon + by_3 / \gamma) / (1 + a + b) \\ &\hat{x}_2 = \varepsilon \hat{x}_1, \quad \hat{x}_3 = \gamma \hat{x}_1 \end{aligned} \tag{4.61}$$

式中，$\varepsilon = \dfrac{E\{y_2\}}{E\{y_1\}}, \gamma = \dfrac{E\{y_3\}}{E\{y_1\}}$。基于最小均方误差准则，令 $\dfrac{\partial E\left\{(\hat{x}_1 - x_1)^2\right\}}{\partial a} = 0$，$\dfrac{\partial E\left\{(\hat{x}_1 - x_1)^2\right\}}{\partial b} = 0$，推导出最优的加权系数：

$$a^* = \frac{(1-\rho_{13})(1-\rho_{23}+\rho_{13}-\rho_{12})}{(1-\rho_{23})(1+\rho_{23}-\rho_{13}-\rho_{12})}, \quad b^* = \frac{(1-\rho_{12})(1-\rho_{23}-\rho_{13}+\rho_{12})}{(1-\rho_{23})(1+\rho_{23}-\rho_{13}-\rho_{12})} \tag{4.62}$$

最优加权滤波器也可以用滑窗或分块的空间自适应算法。

5. 多纹理最大似然估计 MTML

基于不同的极化通道具有不同的纹理特征的假设以及乘性噪声模型，用最大似然估计方法同时估计各极化通道的纹理参数。

极化多纹理乘性相干斑模型定义为

$$\boldsymbol{X} = \boldsymbol{T} \cdot \boldsymbol{n}, \quad \boldsymbol{T} = \begin{bmatrix} \sqrt{t_{\mathrm{HH}}} & 0 & 0 \\ 0 & \sqrt{t_{\mathrm{HV}}} & 0 \\ 0 & 0 & \sqrt{t_{\mathrm{VV}}} \end{bmatrix} \tag{4.63}$$

式中，$\boldsymbol{T}$ 为多纹理矩阵；t_k 为通道 k 的纹理参数[即，式(4.23)中的 v]；$\boldsymbol{n}$ 为 Speckle 矢量。极化观测矢量 $\boldsymbol{X}$ 服从式(2.23)所示的分布，在多纹理的假设下则服从条件复高斯分布：

$$f(\boldsymbol{X} \mid \boldsymbol{T}) = \frac{1}{\pi^3 \mid \boldsymbol{T}\boldsymbol{\Sigma}_c\boldsymbol{T}^{\mathrm{H}} \mid}\exp(-\boldsymbol{X}^{\mathrm{H}}\boldsymbol{T}^{-\mathrm{H}}\boldsymbol{\Sigma}_c^{-1}\boldsymbol{T}^{-1}\boldsymbol{X}) \tag{4.64}$$

对数似然函数为

$$\text{单视情形：} L = \boldsymbol{X}^{\mathrm{H}} \boldsymbol{T}^{-\mathrm{H}} \boldsymbol{\Sigma}_c^{-1} \boldsymbol{T}^{-1} \boldsymbol{X} + \ln t_k$$

$$\text{多视情形：} L = \mathrm{tr}(\boldsymbol{T}^{-\mathrm{H}} \boldsymbol{\Sigma}_c^{-1} \boldsymbol{T}^{-1} \boldsymbol{C}) + \ln t_k$$

令 $\dfrac{\partial L}{\partial t_k} = 0$，可得到各通道纹理参数 t_k 的最大似然估计。多视情况下的解为

$$\begin{cases} \hat{t}_{\mathrm{HH}} = \dfrac{1}{\sigma_{\mathrm{HH}}(1-|\rho|^2)}\left[|\mathrm{HH}|^2 - \dfrac{|\mathrm{HH}|}{|\mathrm{VV}|}\mathrm{Re}(\rho \cdot \mathrm{HH}^* \cdot \mathrm{VV})\right] \\ \hat{t}_{\mathrm{HV}} = \dfrac{1}{\sigma_{\mathrm{HH}}\varepsilon}|\mathrm{HV}|^2 \\ \hat{t}_{\mathrm{VV}} = \dfrac{1}{\sigma_{\mathrm{HH}}\gamma(1-|\rho|^2)}\left[|\mathrm{VV}|^2 - \dfrac{|\mathrm{VV}|}{|\mathrm{HH}|}\mathrm{Re}(\rho \cdot \mathrm{HH}^* \cdot \mathrm{VV})\right] \end{cases} \tag{4.65}$$

6. 最优极化滤波性能评估

如果将滤波作为目标检测与识别的预处理，应该从影响目标检测性能的指标来评价各种算法。为此，选择降斑程度、背景标准方差、目标背景比、偏差率为评价指标。降斑程度定义为：(HH 图像区域的相对标准差)/(滤波图像区域的相对标准差)，单位以分贝(dB)表示，它描述 Speckle 抑制程度；背景标准方差即为σ_c，单位以分贝(dB)表示；目标背景比定义如式(1.22)所示，单位以分贝(dB)表示；偏差率定义为：(目标背景比)/(背景标准方差)，单位以分贝(dB)表示，它描述目标区域与背景区域特性的整体差异。

以陆地背景的日本Pi-SAR/L波段四视多极化SAR数据作为滤波和检测的实验数据，实验区域的大小为256×256，其中选择的目标区域和背景区域如图 4.34(a)所示。各种算法的性能对比如表 4.10 所示，其中 OPW 和 MTML 都取 HH 通道的滤波图像。滤波结果如图 4.34(b)～(h)所示。

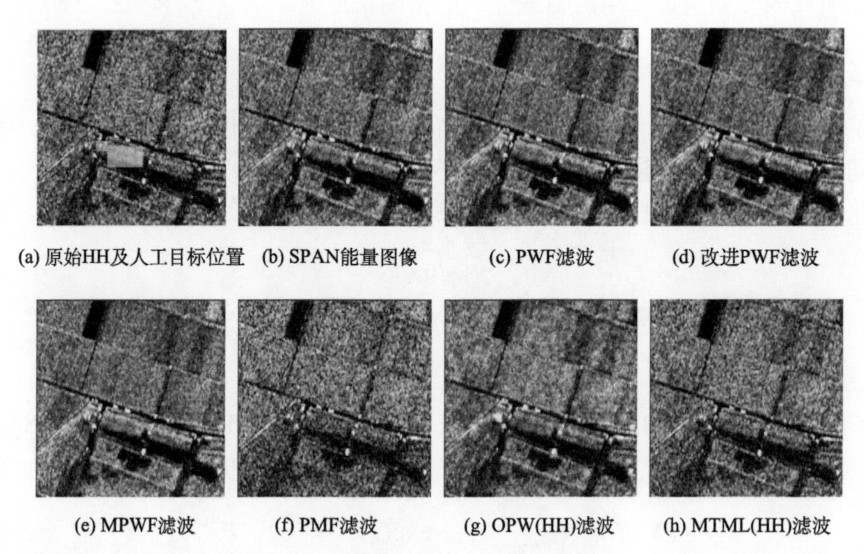

(a) 原始HH及人工目标位置　(b) SPAN能量图像　(c) PWF滤波　(d) 改进PWF滤波

(e) MPWF滤波　(f) PMF滤波　(g) OPW(HH)滤波　(h) MTML(HH)滤波

图 4.34　最优极化滤波结果

HH 中红框为点目标；小面积白色区域为选取的目标区；大面积的为背景区

由表 4.10 可以看出，各种滤波的自适应算法都提高了 Speckle 的抑制程度，但也降低了目标增强的性能。对多视数据直接使用 PWF，滤波性能有所下降。OPW 保留了各通道的辐射特性，同时最大程度抑制了各通道的 Speckle。MTML 恢复了各通道的纹理信息，并没有明显的降斑和目标增强。

从降斑程度来看，MPWF 的性能最优。从目标背景比来看，PMF 的性能最优。从整体降斑和增强程度(偏差率)来看，MPWF 的性能最优。

表 4.10　极化滤波性能评估　(单位：dB)

滤波器	HH	Span	PWF		改进PWF		MPWF		PMF	OPW	MTML
算法	全局	全局	全局	自适应	全局	自适应	全局	自适应	全局	自适应	自适应
降斑程度	0.0	0.9	1.0	1.1	1.2	1.2	1.2	1.8	0.7	1.2	0.031
标准方差	−7.5	−4.8	−7.3	−5.9	−2.5	−3.3	−7.5	−8.7	−2.2	−8.5	−2.1
目标背景比	8.8	12.0	11.7	7.1	11.6	8.5	11.7	9.0	15.5	8.7	8.9
偏差率	16.3	16.8	18.9	13.1	14.2	11.7	19.2	17.7	17.7	17.2	11.0

4.6.2　保持极化特征最佳滤波

在保持空间分辨率的最优极化滤波中，利用不用极化通道的信息，得到一幅或者几幅偏差系数小的或者可读性好的图像。在一些极化特征应用中，需要从相干斑数据中恢复极化信息。极化信息用极化散射矩阵 $\boldsymbol{S}$ [式(3.16)]和极化协方差矩阵 $\boldsymbol{C}$ [式(3.24)]描述。这里，基于对 $\boldsymbol{S}$ 和 $\boldsymbol{C}$ 分布的假设，用贝叶斯估计方法来恢复 $\boldsymbol{S}$ 和 $\boldsymbol{C}$ 。

1. 多极化空间滤波

在极化参数估计之前，使用空间自适应技术以获得足够大的同质区域。对于多通道极化数据，在 Span 图像[式(4.50)]上引入滑窗技术[Lee et al.，1999]，EPOS 或者 MHR 扩窗技术，或者非局部相似块技术(参见 4.2.2 节)。然后，每个通道数据在共同的同质区域内，用最大似然准则[式(4.12)]或者线性最小均方差准则[式(4.14)]估计滤波参数 k[式(4.16)]，从而保持极化特性。图 4.35 给出多极化空间滤波的流程框图。

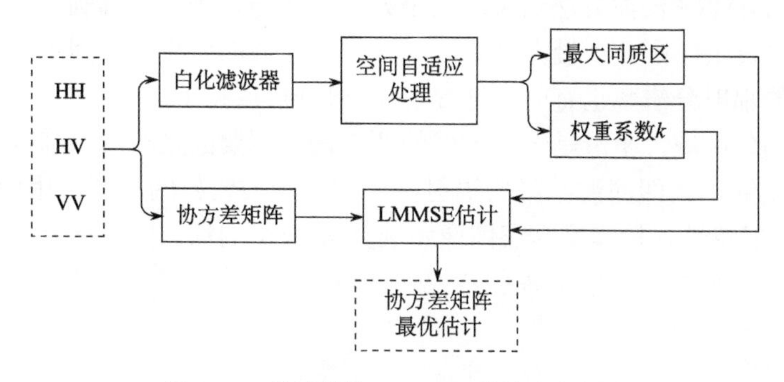

图 4.35　保持极化 LMMSE 滤波流程框图

2. 最小均方差极化滤波

设y表示极化 SAR 观测数据，x表示纹理图像的真值，v是均值为 1、方差为σ_v^2的斑点噪声。其中σ_v反映了相干斑强度，在均匀区内等于观测数据的标准差与均值之比，即反比与有效视数。在乘性模型下：$y=x\cdot v$，x的线性最小均方误差估计［式(4.14)］为

$$\hat{x}=\bar{y}+k(y-\bar{y}), k=\frac{\mathrm{Var}(x)}{\mathrm{Var}(y)}$$

式中，$\bar{y}$表示观测数据的局部均值；$\mathrm{Var}(y)$表示观测数据的局部方差；$\mathrm{Var}(x)$表示纹理图像真值的局部方差。由于信号真值无法直接获得，因此$\mathrm{Var}(x)$只能从观测信号中估计得到$\mathrm{Var}(x)=\dfrac{\mathrm{Var}(y)-\bar{y}^2\cdot\sigma_v^2}{(1+\sigma_v^2)}$。在非均匀区内$\mathrm{Var}(x)$比较高，因此权重因子$k\approx 1$，则滤波结果实际上就是观测数据；在均匀区内$\mathrm{Var}(x)$则比较低，因此权重因子$k\approx 0$，其滤波结果实际上就是观测数据的局部均值。实用中，系数k可以取为k_{KUAN}［式(4.17)］或者k_{LEE}［式(4.18)］。

利用 LMMSE 滤波方法，则协方差矩阵的估计结果为

$$\hat{\boldsymbol{C}}=\bar{\boldsymbol{C}}+k(\boldsymbol{C}-\bar{\boldsymbol{C}}) \tag{4.66}$$

式中，$\bar{C}$表示观测协方差矩阵的局部均值。

3. 极化滤波性能评估

用 X 波段和 L 波段的 Pi-SAR 多极化数据评测保持极化特性滤波性能。原始的 VV 和 HV 通道的幅度图像如图 4.35(a)和(b)所示，图像中包含了大面积的均匀区域，以及一些特征比较明显的河流和道路。三个通道的原始强度图像的有效视数介于 2～3 之间。由三个通道数据构成极化协方差矩阵，分别采用滑窗 Lee 滤波和最大同质区 LMMSE 估计降斑，从斑点噪声的抑制和空间结构的保持两个方面来评估。

1) 斑点抑制性能

图 4.36(a)显示了原始 VV 通道的幅度图像，(c)和(e)分别显示了滑窗 Lee 滤波方法和最大同质区 LMMSE 滤波方法结果。两个方法都在一定程度上抑制了斑点噪声，从有效视数来看，如表 4.11 所示，最大同质区 LMMSE 滤波的斑点抑制因子是滑窗 Lee 滤波的 2 倍，相应的辐射分辨率也有明显地提高(辐射分辨值越小越好)。

对于一块均匀区域，平滑是一个方面的要求，更重要的是滤波后强度值与真实值之间的差距应该足够小，即滤波结果的辐射特性应该能被较好的保持，用归一化偏差［式(4.6)］来评估辐射特性保持程度。在图像中选择 4 块小的均匀区，计算其平均偏差，如表 4.11 所示，最大同质区方法的辐射特性保持更好。

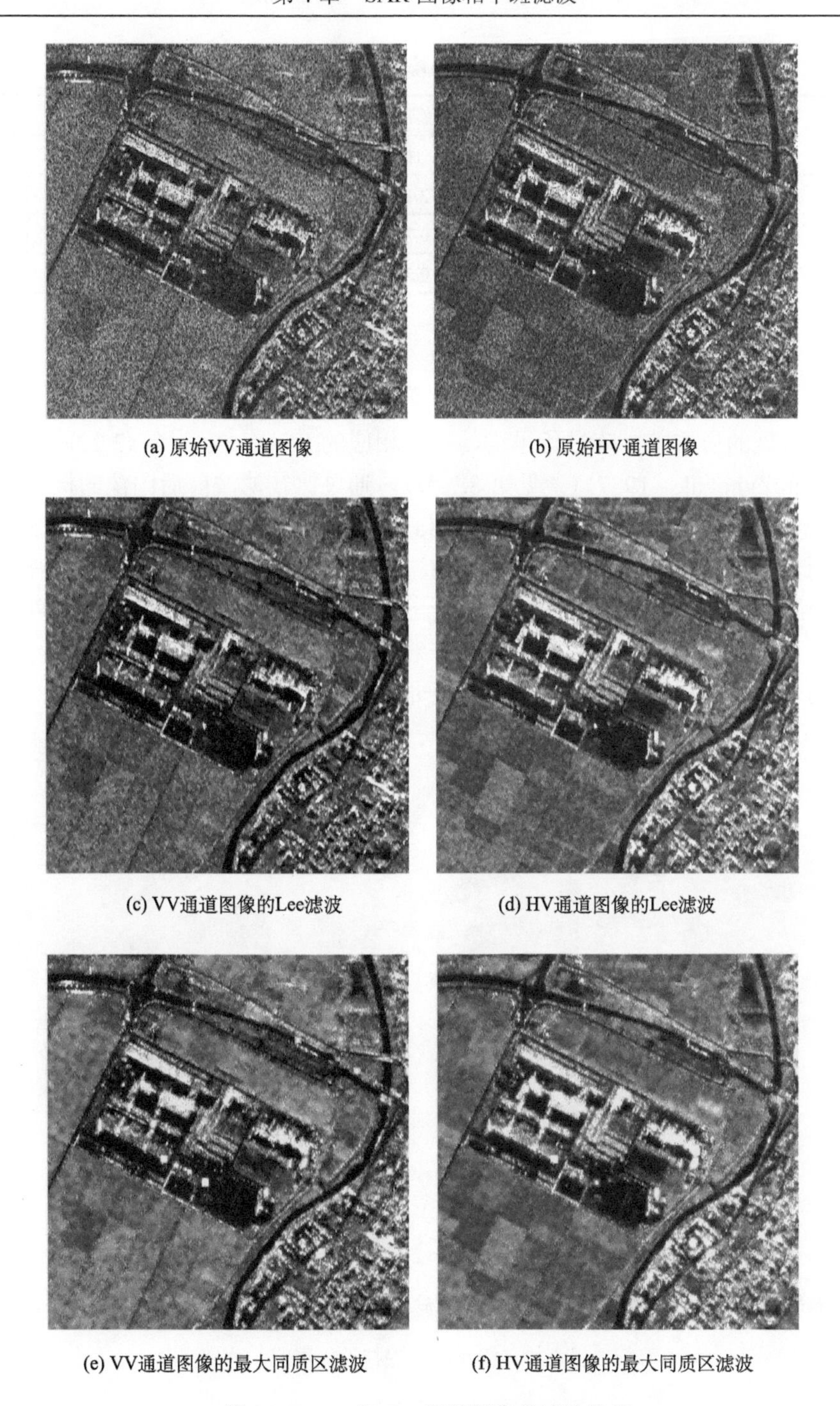

(a) 原始VV通道图像　(b) 原始HV通道图像

(c) VV通道图像的Lee滤波　(d) HV通道图像的Lee滤波

(e) VV通道图像的最大同质区滤波　(f) HV通道图像的最大同质区滤波

图 4.36　VV 和 HV 通道图像的滤波结果

空间结构信息的保持，特别是一些细节成份的保留，是评价一个滤波器性能好坏的重要方面，但是这方面的有效指标似乎很难确定，特别是针对 SAR 图像。从视觉上看，这两种滤波方法都能较好地保持图像中的纹理结构特征。

表 4.11　斑点噪声抑制性能

项目	有效视数		辐射分辨值		斑点噪声抑制因子		归一化偏差	
	VV	HV	VV	HV	VV	HV	VV	HV
原始图像	2.41	2.38	2.159	2.170	1.00	1.00	0.75	0.76
Lee 滤波	24.30	24.99	0.802	0.792	10.08	10.50	0.40	0.40
最大同质区滤波	47.74	50.12	0.587	0.574	19.81	21.06	0.23	0.27

2) 极化特征保持性能

将均匀区域的协方差矩阵进行平均，根据相应的 Stocks 矢量[式(3.22)]可以产生极化特征图(van Zyl et al.，1987)(参见第 8.7 节)，通过比较滤波前后图像的极化特征图来评价滤波器对极化特性的保留程度。图 4.37(a)显示了原始图像中一块均匀区域的三维同极化特征图，(b)和(c)分别显示采用以上两滤波后的同极化特征图，它们具有非常好的一致性。交叉极化特征用等高线图的形式给出，如图 4.37(d)～(f)所示。可以看到，滤波前后的交叉极化特征同样具有非常好的一致性。这种具有极化特征保持能力的滤波，对于后续的分割、分类以及目标识别等应用非常有用。

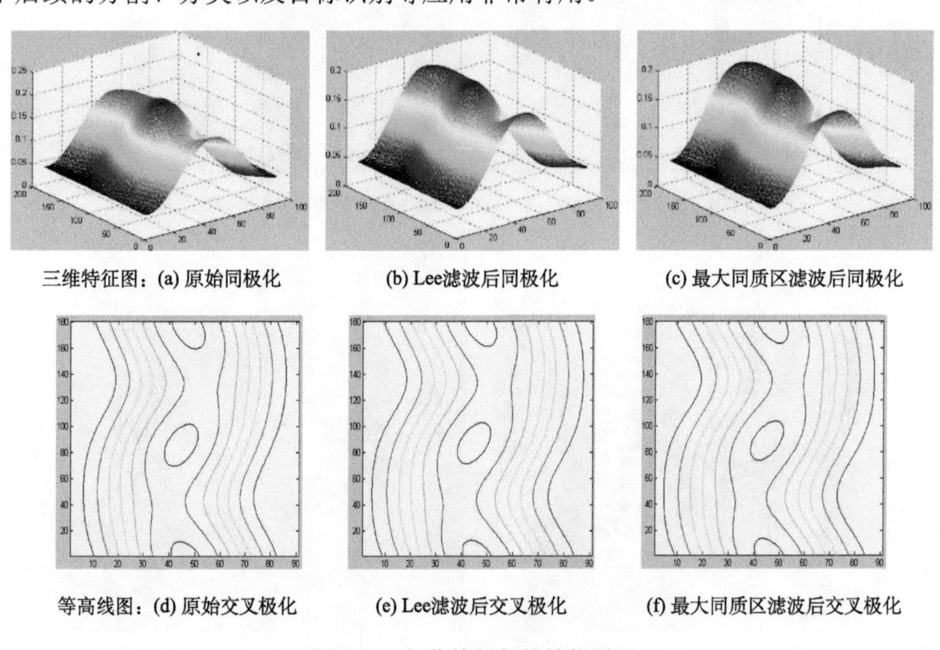

三维特征图：(a) 原始同极化　　(b) Lee滤波后同极化　　(c) 最大同质区滤波后同极化

等高线图：(d) 原始交叉极化　　(e) Lee滤波后交叉极化　　(f) 最大同质区滤波后交叉极化

图 4.37　极化特征保持性能展示

4.7　结　　论

相干斑滤波是相干成像的合成孔径雷达图像解译及其应用必要的技术。

由于 SAR 图像信号固有的随机性，贝叶斯最佳估计就是从斑点信号中估计雷达反射系数(4.2.2 节)最直接的有效方法。为了保证估计精度，需要聚集足够多的同质数据，一个简单的方法是扩大滤波窗(4.2.2-3 节)，一个有效的方法则是非局部聚类(4.2.3 节)。贝叶斯最佳估计方法仍然面临着两大挑战：一是平衡“平滑斑点噪声”与“保留细节信息”的矛盾；二是单视 SAR 图像的负指数分布函数不存在贝叶斯最佳解。一种多系统协同滤波的 Turbo 迭代方法(4.4 节)可以在很大程度上缓解前一个挑战。而面对后一个挑战则采用变换域滤波方法。

变换域滤波有很强的自适应性。在小波域的萎缩去噪(4.3 节)适合于各种混合分布的信号。近些年发展的稀疏域滤波(4.5 节)更是具有同时抑制强噪声又保持细节信息的优势，非常适合于处理具有大数据量的 SAR 图像，当然以较高的计算复杂性为代价。

对于多极化 SAR 数据，根据应用需求多极化相干斑滤波有两种不同的准则：保持空间分辨率(4.6.1 节)或者保持极化特征(4.6.2 节)。前者联合各个通道数据给出可读性好的强度图像；后者分别对各个通道进行降斑处理，为地物目标极化特征提取及其辨识提供高信噪比的数据。

参 考 文 献

管鲍. 2005. SAR 图像处理技术研究. 武汉大学博士学位论文.

刘永坦. 1999. 雷达成像技术. 哈尔滨: 哈尔滨工业大学出版社.

麦特尔 H. 2001. 合成孔径雷达图像处理. 孙洪译. 2005. 北京: 电子工业出版社. 108-129.

王晓军, 孙洪, 管鲍. 2004. SAR 图像相干斑抑制滤波性能评价. 系统工程与电子技术, 26(9): 1165-1171.

袁运能, 胡庆东, 毛士艺. 1999. 基于小波变换的干涉 SAR 图像的降噪方法. 北京航空航天大学学报, 25(5): 509-512.

Aharon M, Elad M, Bruckstein A M. 2006. K-SVD: An algorithm for designing overcomplete dictionaries for sparse representation. IEEE Trans. Signal Processing, 54(11): 4311-4322.

Bijaoui A, Bobichon Y, Fang Y. 1995. Methodes multiechelles aplliquees au filtrage des images SAR. 15th Colloque GRETSI: 475-478.

Buades A, Coll B, Morel J M. 2005. A review of image denoising algorithms, with a new one. Siam Journal on Multiscale Modeling & Simulation, 4(2): 490-530.

Dabov K, Foi A, Katkovnik V, et al. 2007. Image denoising by sparse 3-D transform-domain collaborative filtering. IEEE Transactions on Image Processing, 16(8): 2080-2095.

Deledalle C A, Denis L, Tupin F. 2009. Iterative weighted maximum likelihood denoising with probabilistic patch-based weights. IEEE Transactions on Image Processing, 18(12): 2661-2672.

Dubois-Fernandez P, Ruault dPO, le Coz D, Dupas J. 2002. The ONERA RAMSES SAR system. Proc. Interanational Geoscience and Remote Sensing Symposium: 1723-1725.

Engan K, Aase S, Hakon-Husoy J. 1999. Method of optimal directionsfor frame design. Proceedings of ICASSP: 2443-2446.

Frost V S, Stiles J A, Shanmugan K S, et al. 1982. A model for radar images and its application to adaptive digital filtering of multiplicative noise. IEEE Transaction on Pattren Analysis and Machine Intelligence, 4(2): 157-166.

Hagg W, Sites M. 1994. Efficient speckle filtering of SAR images, Proceedings of the International Geoscience and Remote Sensing Symposium.

Kuan D T, Sawchuk A A, Strand T C, et al. 1985. Adaptive noise smoothing filter for images with signal-dependent noise. IEEE Trans. on Pattern Analysis and Machine Intelligence, 7(2): 165-177.

Lee J S. 1980. Digital image enhancement and noise filtering by use of local statistics. IEEE Transaction on Pattern Analysis and Machine Intelligence, 2(2): 165-168.

Lee J S, Grunes M R, Grandi G D. 1999. Polarimetric SAR speckle filtering and its implication for classification. IEEE Transactions on GeoScience and Remote Sensing, 37: 2363-2374.

Lopes A, Touzi R, Nezry E. 1990a. Adaptive speckle filters and scene heterogeneity, IEEE Trans. on Geoscience and Remote Sensing, 28(6): 992-1000.

Lopes A, Nezy E, Touzi R, Laur H. 1990b. Maximum a posteriori speckle filtering and first order texture models in SAR images. Proceedings of the International Geoscience and Remote Sensing Symposium.

Mairal J, Bach F, Ponce J, Sapiro G. 2009. Online dictionary learning for sparse coding. Proc. 26th Annu. Int. Conf. Mach. Learn.: 689-696.

Mallat S. 2009. A Wavelet Tour of Signal Processing—The Sparse Way. Elsevier Inc.

Matsushita Y, Lin S. 2007. A probabilistic intensity similarity measure based on noise distributions. IEEE Conference on Computer Vision and Pattern Recognition: 1-8.

Novak L M, Burl M C. 1990. Optimal speckle reduction in polarimetric SAR imagery. IEEE Transactions on Aerosp.Electron.Syst, 26: 293-305.

Novak L M, Burl M C, et al. 1993. Optimal polarimetric processing for enhanced target detection. IEEE Transactions on Aerosp. Electron. Syst., 29: 234-243.

Oliver C, Quegan S. 1998. Understanding Synthetic Aperture Radar Images. Boston, MA: Artech House.

Parrilli S, Poderico M, Angelino C V, et al. 2012. A nonlocal SAR image denoising algorithm based on LLMMSE wavelet shrinkage. IEEE Transactions on Geoscience & Remote Sensing, 50(2): 606-616.

Sang C W, Sun H. 2017. Two-step sparse decomposition for SAR Image despeckling. IEEE Geosience and Remote Sensing Letters, 1263-1267.

Starck J L, Elad M, Donoho D L. 2005. Image decomposition via the combination of sparse representations and a variational approach. *IEEE Trans. Image Process.* 14(10): 1570-1582.

Sun H, Maitre H, Bao G. 2003. Turbo image restoration. Proceedings of Seventh International Symposium on Signal Processing and Its Applications, 1: 417-420.

Sun H, Sang C W, Le Ruyet D. 2017a. Sparse signal subspace decomposition based on adaptive over-complete dictionary. Eurasip Journal on Image and Video Processing, 2017(1): 50.

Sun H, Sang C W, Liu C G. 2017b. Principal basis analysis in sparse representation. Science China Information Sciences, 60(2): 028102.

Van Zyl J J, Zebker H A, Elachi C. 1987. Imaging radar polarization signatures: theory and observations. Radio Sci., 22: 529-543.

Vidakovic B, Lozoya C B. 1998. On time-dependent wavelet denoising. IEEE Trans. on Signal Processing, 46(9): 2549-2551.

Wang Z, Bovik A C, Sheikh H R, et al. 2004. Image quality assessment: from error visibility to structural similarity. IEEE Transactions on Image Processing, 13(4): 600-612.

Wu Y F, Maitre H. 1990. A speckle suppression method for SAR images using maximum homogeneous region filter, Proceedings of the International Geoscience and Remote Sensing Symposium.

Xie H, Ulaby F T, Pierce L E, et al. 1999. Performance metrics for SAR speckle-suppression filters. IEEE Proceedings, Geoscience and Remote Sensing Symposium, 3: 1540-1542.

Xie H, Pierce L E, Ulaby F T. 2002. SAR speckle reduction using wavelet denoising and markov random field modeling. IEEE Trans. Geoscience and Remote Sensing, 40(10): 2196-2211.

索　　引

1. 公式列表

(1) 滤波器评价指标(4.1～4.9)

4.1　峰值信噪比 PSNR
4.2　结构相似度 SSIM
4.3　等效视数 ENL
4.4　比值图像均值 ERI
4.5　均值偏差
4.6　归一化均值偏差 RMS
4.7　相干斑抑制因子 S
4.8　辐射分辨率 Gamma
4.9　辐射分辨率增益 G

(2) 贝叶斯估计(4.10～4.14)

4.10　贝叶斯估计
4.11　最大后验估计 MAP
4.12　最大似然估计 ML
4.13　最小均方差估计 MMSE
4.14　线性最小均方差估计 LMMSE

(3) 反射系数估计(4.15～4.31)

4.15　相干斑加性模型
4.16　反射系数 LMMSE 估计
4.17　KUAN 滤波
4.18　LEE 滤波
4.19　增强 K-L 滤波
4.20　Frost 滤波
4.21　增强 Frost 滤波
4.22　相干斑 Gamma 分布
4.23　纹理 Gamma 分布
4.24　Gamma 最大后验滤波
4.25　局部分布参数
4.26　非局部联合概率密度
4.27　图像块相似测度
4.28　非局部图像块聚集
4.29　非局部均值估计 NLM

4.30　多视图像块相似度
4.31　NLM 权值

(4) 变换域滤波(4.32～4.45)

4.32　小波经验阈值
4.33　稀疏表示
4.34　稀疏分解和重构
4.35　冗余字典学习
4.36　图像稀疏分解
4.37　稀疏域信号恢复
4.38　原子权矢量
4.39　稀疏域线性滤波
4.40　原子频率
4.41　原子频率排序
4.42　原子排序
4.43　稀疏域子空间分解
4.44　主字典滤波
4.45　滤波门限

(5) 多极化滤波(4.46～4.66)

4.46　极化观测矢量
4.47　极化能量图像-Span 图像
4.48　白化滤波矩阵
4.49　相对标准差定义
4.50　相对标准差的特征值表示
4.51　白化滤波 PWF
4.52　简化 PWF 表示
4.53　简化 PWF 解
4.54　多视白化滤波矩阵
4.55　多视白化滤波 LPWF
4.56　目标/背景比
4.57　权矢量的特征值
4.58　最大对比度匹配滤波(PMF)
4.59　极化相干斑相关系数
4.60　极化数据相关系数
4.61　保持辐射特性的极化滤波
4.62　保持辐射特性的极化滤波参数
4.63　多纹理极化数据乘性模型

4.64 多纹理极化数据复高斯分布
4.65 纹理参数 ML 估计
4.66 保持极化特征的 LMMSE 估计

2. 插图列表

3. 表格目录

第 5 章 SAR 图像目标特征提取

SAR 图像目标特征提取包括图像边缘与轮廓检测、图像分割等，提取出的特征可以为后续图像分类、图像匹配及图像识别等高层次的图像处理提供基础，是实现 SAR 图像自动解译的关键步骤。

SAR 图像边缘与轮廓提取是 SAR 图像处理的重要研究方向之一。由于 SAR 系统是一个相干系统，因而 SAR 图像具有很严重的相干斑 Speckle 噪声(Oliver and Quegan, 2004)。这些固有相干斑的干扰，降低了 SAR 图像的辐射分辨率。受限于强 Speckle 噪声以及图像低分辨率，传统的边缘提取算子(如 Sobel、Canny 等)对 SAR 图像的处理效果并不理想。针对 SAR 图像的特性，一些用于 SAR 图像边缘与轮廓提取的方法被提出，比如 Ratio 边缘检测(Oliver et al., 1996)、活动轮廓模型(Kass et al., 1988)等。

图像分割是图像理解中基本而关键的技术之一。图像分割结果包含着对图像内容更为精确的描述，并且支持一些更为高级的概念，比如说形状、区域、连接等。SAR 图像分割的目的就是要从具有 Speckle 特性的图像中估计出真实场景的区域边界。但是由于 SAR 图像的成像机理，其 Speckle 斑点淹没了图像的边界信息，使得图像分割比较困难。研究学者提出了许多用于 SAR 图像分割的算法，比如早期的基于灰度门限、区域增长的算法，它们取得了一定的效果，但是由于噪声和图像纹理的特点，这些算法在应用中存在很大问题。在此基础上，一些具有深刻理论背景和完善策略的算法被进一步提出，比如基于马尔可夫随机场(MRF)模型(Geman and Graffigne, 1986)、基于形态学流域分割算法(Lemarechal et al., 1998)等。本章介绍几种与 SAR 图像边缘轮廓检测和 SAR 图像分割相关的技术。

5.1 SAR 图像线与轮廓提取

5.1.1 比例法的线提取

比例 Ratio 算法是 SAR 图像边缘检测方法中一类重要的检测方法。这类方法从 SAR 图像的数学模型出发，用假设检验来判别边缘存在与否。由于充分考虑了 SAR 图像的统计分布特点，以及 Speckle 噪声的干扰因素，这类方法能较好地克服 Speckle 噪声影响，降低检测错误率。Ratio 算法是根据局部均值对比度的差异来确定边缘，将 SAR 图像的区域均值作为检测特征量，有效地避免了噪声的干扰，保证了检测的正确率。局部均值差异定义为目标像素点两侧窗口内像素的平均值之比。需要注意的是，尽管 Ratio 边缘检测算法具有较高的检测率，但它对于弱边缘检测效果较差，边缘定位精度不高，需要对其进行针对性的改进。

在利用假设检验模型时，对每个待检测像素，希望做出它是否是边缘点的判断。首先提出原假设 H_0 和备择假设 H_1 如下：

H_0：当前像素是边缘点；H_1：当前像素不是边缘点。

其次，需要指定边缘检测事件的显著性水平，即规定错误概率低于设定值时就接受假设 H_0。然后确定检验统计量的形式，并根据规定的显著性水平给出相应的检验阈值，确定该统计量的拒绝域。最后，在具体的检测过程中，逐点计算出当前像素的检验统计量的值，并与阈值做比较，判断是否为边缘点。当遍历了图像中所有像素点后，即可得到二值的边缘图。

应用 Ratio 算法进行边缘检测时，首先在图像上移动的检测窗中，取某一像素点为待检测点，对于沿某一特定方向过该点的直线，计算窗口内两侧不重叠区域的各自样本均值 u_1、u_2。一般取检测窗中心点以保证两区域点数相等，可设各区域内像素点数均为 N，求两样本均值 u_1、u_2 之比 R：

$$R=\frac{u_1}{u_2},\ u=\frac{1}{N}\sum_{i=1}^{N}X_i \tag{5.1}$$

定义

$$r=\begin{cases} R & 0<R<1 \\ R^{-1} & R>1 \end{cases} \tag{5.2}$$

若 r 趋于 1，则两区域均值越接近，越可能同属一块均匀区；反之，r 趋于 0，则两区域差别越大，待检测点越可能处于两区域间的边界上。考虑到边缘的不同取向，按图 5.1 所示，在四个方向上分别对每个像素点进行检测，保留 r 值最小的结果(徐戈，2007)。作为检验统计量的 r 值仅与两均值之比有关，而与均值大小无关。故可仅用一全局阈值 T 与 r 值比较，当 $r<T$ 时即认为该点为边缘点。通过以上不断地比较，最后得到 SAR 图像中的边缘。

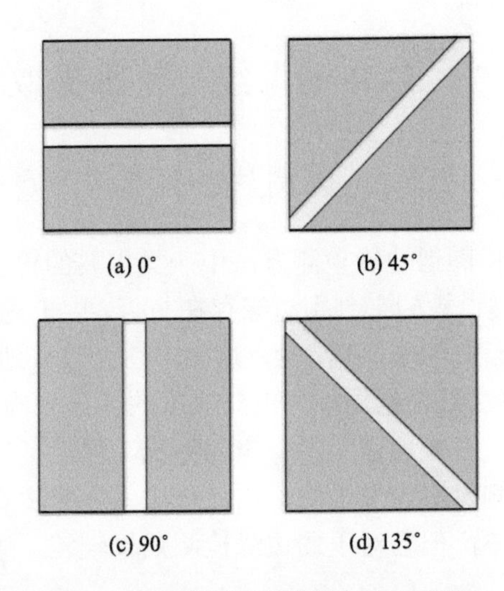

图 5.1　四种不同的检测方向示意图

5.1.2　活动轮廓模型

活动轮廓线模型(active contour model, ACM)又被称为蛇模型(Snake)或参数变形模型，是一种应用广泛的目标轮廓提取模型。在为数众多的基于模型的图像分析技术中，活动轮廓线模型提供了一种功能强大的集几何、物理和近似理论于一体的图像分析方法，已经证明其对图像的分割、配准、跟踪等都很有效。活动轮廓线模型的巨大潜力体现在它能通过发掘图像数据固有的自上而下的约束性质以及利用位置、大小、形状等先验知识进行分割、配准和跟踪。此外，该技术还可以提供一种非常直观的交互式操作机制。

活动轮廓线模型的基本思想是通过设计一个由内能和外能组成的能量函数，使得在寻找显著的图像特征时，高层机制可能通过将图像特征推向一个适当的局部极值点而与模型进行交互。在这里内能来自于轮廓本身，用于约束轮廓的形状；外能主要来自图像特征，引导它的行为，使它向着显著的图像特征滑动。两者作用的结果是最终将“蛇”锁定在感兴趣的图像特征的附近，准确地提取需要的数据。蛇模型的引人之处在于它对于一系列视觉问题给出了统一的解决方法。与其他特征提取技术相比较，其主要优点是图像数据、初值估计、目标轮廓特征和基于知识的约束条件都集成在一个特征提取过程中，经过适当的初始化后，它能够自主地收敛到能量极小值状态。

1. 活动轮廓模型的数学描述

使用参数曲线 $C(s)=(x(s),y(s))$ 定义 Snake(蛇)，其中 $s\in[0,1]$ (s 是归一化的曲线长度)。Snake 的总能量函数包括内部能量函数和外部能量函数，可表达如下：

$$E_{\text{snake}}=\int_0^1 E_{\text{snake}(c(s))}\text{d}s=\int_0^1 (E_{\text{int}(c(s))}+E_{\text{ext}(c(s))})\text{d}s \tag{5.3}$$

第一项为内部能量，控制 snake 曲线的曲张度和平滑性，其定义式为

$$E_{\text{int}}=[(\alpha(s)\,|\,C_s(s)\,|^2+\beta(s)\,|\,C_{ss}(s)\,|^2)]/2 \tag{5.4}$$

其中 $C_s(s)$ 和 $C_{ss}(s)$ 分别是 C_s 的一阶、二阶导数，取 1/2 系数是便于后面的计算和推导。系数 α 用来控制活动轮廓线模型曲线的连续性，α 较大可以使得活动轮廓线模型具有较强的拉伸能力；β 控制活动轮廓线模型的平滑性，阻碍活动轮廓线模型对曲线的弯曲，使曲线具有刚性。活动轮廓线模型对轮廓线的灵活性就依据于这两个系数。

第二项为外部能量，其作用是推动活动轮廓线模型向某种固定的特征移动，对于灰度意义的图像常采用图像的梯度函数，如下：

$$E_{\text{ext}}^{(1)}(C(s))=-\left|\nabla I(x,y)\right|^2 \tag{5.5}$$

$$E_{\text{ext}}^{(2)}(C(s))=-\left|\nabla G_\sigma(x,y)*I(x,y)\right|^2 \tag{5.6}$$

为了达到拟合图像轮廓的目的，外部能量要保证活动轮廓线模型能够产生足够的力场吸引一个给定的活动轮廓线模型曲线可以向图像的特征移动，当这个特征不是很明显或者当 Snake 越过了这些特征的时候，曲线将无法准确的收敛到图像中的这些特征处。此外，

由于该外部能量函数是基于图像梯度的，这样噪声的干扰不可避免的会影响到曲线演化的过程和结果。比如，噪声的起伏造成虚假的边缘，使得曲线错误地停止在这些虚假的边缘附近，典型的结果是分割结果上存在许多小的空洞。实际问题中的 E_{ext} 没有统一的数学表达式，必须从问题本身的特征出发，利用更有效的特征和控制项来表达。

2. 活动轮廓模型的数值解法

根据上述 Snake 能量方程和 Snake 的定义可知当达到能量最小的时候，Snake 就收敛到图像边缘。求解能量函数 E_{snake} 最小化的曲线 $C(s)$ 的过程就是一个变分的问题。由变分的原理可知，解 $C(s)$ 满足如下的欧拉方程，也就是所谓的“Snake 方程”：

$$\frac{\partial}{\partial s}\left(\alpha\frac{\partial C(s)}{\partial s}\right)-\frac{\partial^2}{\partial s^2}\left(\beta\frac{\partial C^2(s)}{\partial s^2}\right)-\nabla E_{\text{ext}}=0 \tag{5.7}$$

用差分代替微分，将上式离散化，然后利用迭代的方法来获取一个稳定的数值解。从物理的角度可以对上式进行解释，即把式(5.7)看作如下的力平衡方程：

$$F_{\text{int}}+F_{\text{ext}}=0 \tag{5.8}$$

其中内力如下形式：

$$F_{\text{int}}(C(s))=\frac{\partial}{\partial s}\left(\alpha\frac{\partial C(s)}{\partial s}\right)-\frac{\partial^2}{\partial s^2}\left(\beta\frac{\partial C^2(s)}{\partial s^2}\right) \tag{5.9}$$

外力为如下形式：

$$F_{\text{ext}}(C(s))=-\nabla E_{\text{ext}} \tag{5.10}$$

内力 $F_{\text{int}}(C(s))$ 主要为了防止曲线扩张和弯曲，外力 $F_{ext}(C(s))$ 使曲线向物体边界运动。公式(5.8)表明活动轮廓线的能量最小化的过程可看作是：轮廓线在图像信息的外力和曲线本身的内力作用下的运动，直至达到内外力平衡状态的过程。因此，使用不同的外力形式将会得到不同的 Snake 演化模型。新的外力都是结合图像某种特征来进行定义的，目前研究比较广泛的是具有一定实用价值的梯度矢量流(GVF)模型以及 EdgeFlow(Xu，1998)模型，都具有跟踪图像不规则边缘的能力，也是比较鲁棒的 Snake 算法。

引入时间变量，将活动轮廓线看成是随时间变化的动态曲线 $C(s,t)$，这样可以把力平衡问题转化为一个动力学问题。可用如下方程表示：

$$\gamma\frac{\partial C(s,t)}{\partial t}=F_{\text{int}}+F_{\text{ext}}=\frac{\partial}{\partial s}\left(\alpha\frac{\partial C(s)}{\partial s}\right)-\frac{\partial^2}{\partial s^2}\left(\beta\frac{\partial C^2(s)}{\partial s^2}\right)-\nabla E_{\text{ext}} \tag{5.11}$$

当解 $C(s,t)$ 稳定时，将得到式(5.7)的解。这种解法是典型的 Euler-Lagrange 解法，常用来获取数值迭代解。显然它是通过不断跟踪曲线上各点的运动位置来获得最终的分割结果的。使用这种算法，等价于最陡下降法，容易陷入能量泛函的局部最优(Osher and Fedkiw，2001)。

总结起来，利用 Snake 模型进行计算的步骤为以下三步：

(1)根据具体的应用，定义能量函数，并设置适当的初始曲线；

(2)利用变分的方法，得到相应的欧拉方程；

(3)迭代求解欧拉方程，不断更新 Snake 的位置，直至方程收敛。

最终收敛的参数曲线就是图像目标的轮廓。

经典的 Snake 模型采用一组离散点来近似地表达变形轮廓，这将带来三个明显的不足：第一，在数值计算过程中，用有限差分直接近似表达求导，引起数值不稳定和精度降低；第二，模型的离散特性使得轮廓上两点间的情况无法确定，模型缺乏鲁棒性；第三，为了更近似地表达活动轮廓，就必须增加离散点的数目，这样不仅导致计算量增大，而且在收敛过程中相邻点之间发生“碰撞”，降低了轮廓的可操作性。

针对以上缺点，不同的几何模型被提了出来，比较有代表性的有以下几种：几何变形模型(geometrically deformed models，GDM Snake)，可以看成一个被放置于目标内部的气球，在局部的几何驱动松弛原理作用下达到目标的边缘，它的能量函数由气球力、图像域值和拓扑约束三项组成；基于有限元法的可变性模型(Cohen，1993)，采用有限个单元之和来近似表达活动轮廓，与经典的 Snake 模型相比较，有限元模型的优点在于使用较少的单元结点表达活动轮廓，从而减小了计算量并增加了收敛稳定性；傅里叶系数表达的可变形模型(Staib and Duncan，1992)，其优点在于表达紧凑，有利于整体形状性质的分析，并且可以通过谐波分量的选取来控制轮廓表达的精度。B-Snake 模型(Menet, 1990)，将 B 样条的概念引入活动轮廓线模型，它的优点有以下几点：①局部控制(local control)，由于 B 样条具有局部支柱性质，所以改变控制点的位置仅使曲线的部分发生改变；②连续性控制(continuity control)，对于三次 B 样条(cubic B-spline)而言，由于它具有连续性，所以在表示角点时通过对样条曲线求导进行，减少了计算；③鲁棒性控制(robustness control)，因为是对连续的曲线段活动轮廓进行最小化而不是对空间稀疏分布的离散点进行，所以活动轮廓的抗噪性和解的精度都得到极大的提高；④时间复杂度控制(time complexity control)，因为整个活动轮廓线模型仅由少量控制点控制，所以计算量减少。

5.1.3 图切割模型

图切割 Graph Cut 是一个图论中的概念，Greig(Greig et al., 1989)等于 1989 年首次将 Graph Cut 结构应用于图像处理领域，同时也最早提出使用组合优化理论中的最小割最大流方法来最小化计算机视觉中的能量函数。1999 年，Boykov 等(2001)将该技术应用于图像分割领域。

Graph Cut 算法是一种用于能量函数全局最小化的算法。该算法将能量函数最小化问题建模为一个图分割问题。由于 Graph Cut 算法在能量优化过程中使用了图理论中的一些具有多项式计算时间性能的算法(Dahlhaus et al., 1992)，因此可以获得比较高效的计算效率，在实际工程中有很大的利用价值。

标准的 Graph Cut 算法具体指的是具有两个终端结点的图的图切割算法。假设 $G=<V,E>$ 是具有两个终端结点的加权图，其中 V 表示的是顶点，E 表示连接它们之间的边。$V=\{s,t\}\cup P$ 包括了两个特殊的点：源点 s 和汇点 t，还有一系列的非终端结点 P。

定义图 G 的一个割 $C\subset E$：

如果 $G(C)=<V,E-C>$ 是一个非连通图，并且终端结点 s 和 t 分别位于两个不连通的子图中。图 5.2(a)的一个割如图 5.2(b)所示。

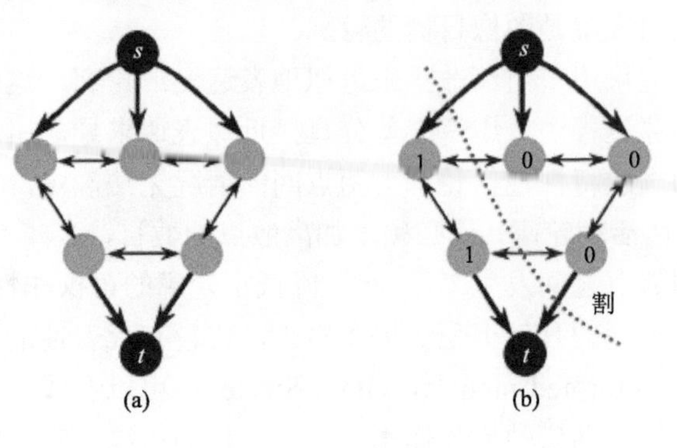

图 5.2　图切割示意图

割 $C\subset E$ 的代价记为 $|C|$，$|C|$ 则是 C 中所有边的权重之和。因此，这样一个图的最小割问题也就是在图 G 的所有割中找一个代价最小的割。这样一个最小割问题可以用标准的组合优化算法求解。例如，可以通过计算终端结点 s 和 t 之间的最大流实现(Ford et al.，2015)。通俗地说，最大流问题就类似于“水流量最大的问题”，也就是说如何从源点 s 到汇点 t 实现一个最大的流量。

对于标准的 s/t 最大流最小割算法，目前有很多多项式时间复杂度的解决方案。在图像处理领域，s/t 算法一般用于处理以下所示的能量函数最小化问题：

$$E(x)=\sum_{p\in P}D_p(x_p)+\sum_{pq\in N}V_{pq}(x_p,x_q) \tag{5.12}$$

式中，$D_p(x_p)$ 是像素 p 对应的某种惩罚项，并且标号 x_p 的取值范围为 $\{0,1\}$。当且仅当公式(5.12)中的 V_{pq} 满足下面的公式的时候(Kolmogorov and Zabih，2002)：

$$V_{pq}(0,0)+V_{pq}(1,1)<V_{pq}(1,0)+V_{pq}(0,1) \tag{5.13}$$

可以通过 Graph Cut 获取全局最优的最小值。其中条件(5.13)被称作正则化条件。

对于多标号的情况，也就是最优化能量函数 5.12，当标号 x_p 的取值范围为 $\{0,1,\cdots,n\},n>2$ 的时候，Graph Cut 方法只能得到近似的最优解。然而，当 V_{pq} 是 Potts 模型的时候，最优化能量函数(5.12)是一个 NP 难问题。

5.2　SAR 图像分割

分割问题的一般描述为：记观测图像为 $\boldsymbol{Y}$，它定义在空间网格上 S，即 $\boldsymbol{Y}=\{y_s,s\in S\}$。假设图像 $\boldsymbol{Y}$ 最终应该被分割为 K 类，每一类都能用某个参数 θ_k 描述。这样以类别数为 K 的一个聚类可以表示为 $\boldsymbol{\theta}=\{\theta_k,k=1,2,\cdots,K\}$。如果记分割标号图像为 $\boldsymbol{X}=\{x_s,s\in S\}$，则

$x_s \in \{1,2,\cdots,K\}$，分割的目的就是为观测图像中的每一个像素 y_s 指定一个标号 x_s。如果记 $W=(\Theta,X)$，则 W 是以某种聚类规则对观测图像的一种理解。图像分割的目的就是给定图像 Y，根据某种规则(代价函数) $J(W,Y)$，估计 W，即

$$\hat{W} = \underset{W=(\Theta,X)}{\arg\min} J(W,Y) \tag{5.14}$$

因此由公式(5.14)可知，分割问题的关键是如何定义代价函数 $J(W,Y)$。假设在图像空间上，有一个概率分布 $p(Y)$ 能描述图像的全体，则在给定场景和模型参数的条件下，Y 的条件概率记为 $p(Y\mid X,\Theta)$，即为图像的似然概率。基于最大后验(MAP)的规则认为

$$J(W,Y) = -\log(p(Y\mid X,\Theta)p(X,\Theta)) \tag{5.15}$$

该代价函数适合引入场景的先验知识，可以通过马尔可夫随机场等方法引入图像本身无法提供的先验信息，从而提高图像分割效果。

5.2.1　分层马尔可夫随机场

马尔可夫随机场(MRF)理论(Li, 2009)在图像处理的多个领域都得到了很广泛的应用。目前马尔可夫随机场已经成功地在图像低层处理(如图像恢复、图像去噪、图像压缩、边缘提取、图像纹理分割、纹理分类、光流分析)和图像高层处理(如目标提取、图像匹配、图像解译、三维重建等)领域获得了较好的应用。MRF 较好地描述了数据场中存在的空间约束性，即马尔可夫性，为视觉问题提供了一个十分灵活并且有效的统计模型。当使用 MRF 模型进行图像处理，无论是高层处理还是低层处理，对目标的先验知识能够被很容易地加入，从而取得比没有先验知识的模型更好的结果。

马尔可夫随机场理论是概率论的一个分支，它提供了一个描述空间约束特征和获取特征概率分布的方法。在 Bayesian 框架下，将决策和估计理论的方法相结合，马尔可夫随机场理论提供了一个系统获取最优化准则的办法，例如最大后验准则(MAP)、最大边沿概率(MPM)等。有了这种 MAP-MRF 或 MPM-MRF 的框架，可以通过严密的数学原理而不是某种特定的启发式的原理，对各种各样的图像处理和计算机视觉问题给出系统的推理算法。另一方面，MRF 的全局概率可以用 Gibbs 分布表示，这样在 Bayesian 框架下，MRF 很容易引入先验约束，可以从不同的应用角度出发定义不同的先验约束。因此，MRF 被广泛应用于图像处理、计算机视觉等研究领域。

1. 马尔可夫随机场的基本原理

MRF 描述的是图像中的空间约束关系，这种约束关系可以是建立在图像像素上的，也可以是建立在图像区域上的，或者图像的某种特征空间上的。无论是基于像素、区域，还是特征空间上的空间约束关系，其基础都是基于建立在像素上的。用邻域系统(neighborhood system)和集团系统(clique system)定义马尔可夫随机场。

邻域系统(neighborhood system)：设 S 为一个空间网格，则邻域系统 $N=\{N_i \mid \forall_i \in S\}$，其中 N_i 代表 i 位置格点的邻域，它具有以下性质：$i \notin N_i$；$i \in N_{i'} \Leftrightarrow i' \in N_i$。这些性质表

明格点i不属于本身邻域，而且对于任两个格点i和j，如果i属于j的邻域，则j必属于i的邻域。对于规则网格S的格点i的r阶邻域系统，定义网格S上落在以格点i为中心，$\sqrt{r}$为半径圆形区域内的格点集合。即

$$N_i = \left\{i' \in S \mid [\text{dist}(\text{pixel}_{i'}, \text{pixel}_i)]^2 \leqslant r; i' \neq i\right\} \tag{5.16}$$

其中$\text{dist}(A,B)$为A和B之间的欧氏距离；r为正整数。

集团系统(clique system)：集团c由单个格点、两个格点、三个格点乃至多个格点组成，是空间格网的子集。常见的集团有：$C_1 = \{i \mid i \in S\}$，$C_2 = \{(i,i') \mid i' \in N_i, i \in S\}$，$C_3 = \{(i,i',i'') \mid i,i',i'' \in S\}$。集团系统$C = C_1 \cup C_2 \cup C_3 \cup \cdots$。需要指出的是，集团的概念是有序的，即$c\{i,i'\} \neq c\{i',i\}$。此外，$C = \{C^n\} = \{C_n\}$，$C^n$代表$n$个格点所组成的集团，$C_n$代表$n$阶邻域系统中具体的集团。

设$F = \{F_i, i \in S\}$为定义在网格S上的随机场，$f \in F$为随机场的一个实现，而F是随机场的实现空间，那么有：

马尔可夫随机场(Markov random field)：$F = \{F_i, i \in S\}$为对应于邻域系统N的MRF场，当且仅当满足以下两个条件：$P(f) > 0, \forall f \in F$(非负性)，$P(f_i \mid f_{S/\{i\}}) = P(f_i \mid f_{N_i})$(马尔可夫性)。其中，$S/\{i\}$是两个集合的差集，$f_{S/\{i\}}$表示集合$S/\{i\}$上的符号集，且$f_{N_i} = \{f_{i'} \mid i' \in N_i\}$。第一个条件是要求每一种实现都应该具有非零的概率，这一条件满足则可以保证任意随机场的联合概率唯一由它的局部概率决定。第二个条件则要求局部条件概率具有马尔可夫性，也就是局部变量间的相互作用只体现在邻域所规定的范围内。

吉布斯随机场(Gibbs Random Field) $F = \{F_i, i \in S\}$是对应于邻域系统N的吉布斯随机场，当且仅当其联合概率分布服从Gibbs分布，即

$$P(F = f) = \frac{1}{Z}\exp\{-\frac{1}{T}U(f)\} \tag{5.17}$$

式中，$U(f)$为Gibbs能量，可以表示为下式

$$U(f) = \sum_{c \in C} V_c(f) \tag{5.18}$$

$V_c(f)$为与集团c有关的Gibbs势能函数。其中Z为如下所示的归一化常数：

$$Z = \sum_{f \in F} \exp\{-\frac{1}{T}U(f)\} \tag{5.19}$$

能量函数$U(f)$越小，则实现f的能量越小，实际实现的可能性越大。Gibbs分布是一个指数分布，通过选择合适集团的势能函数，可以形成多种不同的Gibbs随机场。

马尔可夫随机场是定义在图像邻域上的，它可以由条件分布来描述。而这个分布为随机场的局部特性。然而，由局部特性来定义整个随机场的特性是很困难的，例如局部特性可能会不唯一地或一致地定义一个随机场(即一个组合分布)，这给二维随机场的实际应用带来困难。因此有必要通过某种方法得到一个全局的概率。通过 Hammersley-Clifford 定理解决以上面临的问题。

对于一个邻域系统 N，随机场 F 是关于 N 的 Markov 随机场，当且仅当随机场 F 的分布是定义在 N 的 Gibbs 分布。Hammersley-Clifford 定理给出了马尔可夫随机场和吉布斯随机场之间的对等性，它把马尔可夫随机场和 Gibbs 分布联系起来，而 Gibbs 分布是通过全局性质来定义的，MRF 的局部特性可以从 Gibbs 组合分布中获得，这样就提供了 MRF 模型的实际应用方法。

MRF 的条件概率可以变为

$$P(f_i \mid f_{S/\{i\}}) = \frac{\exp\{V_1(f_i) + \sum_{i' \in N_i} V_2(f_i, f_{i'}) + \sum_{\{i,i',i''\} \in C_3} V_3(f_i, f_{i', f_{i'}}) + \cdots\}}{\sum_{f \in F} \exp\{V_1(f_i) + \sum_{i' \in N_i} V_2(f_i, f_{i'}) + \sum_{\{i,i',i''\} \in C_3} V_3(f_i, f_{i', f_{i'}}) + \cdots\}} \tag{5.20}$$

Hammersley-Clifford 定理说明马尔可夫随机场总是满足吉布斯分布的。可以根据预先设想的局部表现，选择合适的能量函数来表示随机场的联合概率。通过这种方式为空间连续建模提供了强有力的机制，为 MRF 的应用提供了重要的理论基础。常见的马尔可夫随机场模型包含 Auto 模型、MLL 模型、Ising 模型和 GMRF 模型。

2. 基于 MRF 的 SAR 图像分割

SAR 图像分割的目的就是从被 Speckle 污染的观测图像 Y 估计标号图像 $\boldsymbol{X}$。为解决这一问题，基于 MRF 的分割常用的方法就是建立一个分层模型：高层模型为标号场模型(即不可见区域过程 $\boldsymbol{X}$)，低层模型为观测场模型(即可见的观测图像 $\boldsymbol{Y}$)，一般认为观测图像随机场的数据是独立同分布(不具有 Markov 特性)，整个分层模型称为 HMRF(hierarchical markov random field)模型，如图 5.3 所示。

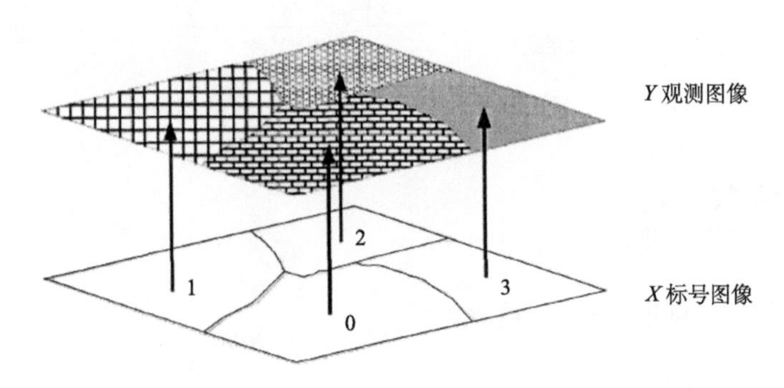

图 5.3　SAR 图像分割的 HMRF 模型

在此分割方法中，MRF 是建立在标号场 $\boldsymbol{X}$ 上的。假设分割类别数已知，在 Bayesian 估计框架下，由 $\boldsymbol{Y}$ 找到 $\boldsymbol{X}$ 的问题就可以描述为根据 HMRF 确定的观测图像 $\boldsymbol{Y}$ 求它的区域分布 $\boldsymbol{X}^*$。将其描述为一个最大后验概率(MAP)问题：

$$\left(\hat{\boldsymbol{X}}^*, \boldsymbol{\Theta}\right) = \underset{(\boldsymbol{X},\boldsymbol{\Theta})}{\arg\max}(P(\boldsymbol{X},\boldsymbol{\Theta} \mid \boldsymbol{Y})) \tag{5.21}$$

通常观测图像是 $\boldsymbol{Y}$ 给定的，可以将 $P(\boldsymbol{Y})$ 看成常数，根据 Bayes 公式可知(5.21)等价于：

$$\left(\hat{\boldsymbol{X}}^*,\boldsymbol{\Theta}\right)=\arg\max_{X} P(\boldsymbol{Y}\mid\boldsymbol{X},\boldsymbol{\Theta})P(\boldsymbol{X},\boldsymbol{\Theta}) \tag{5.22}$$

式中，$P(\boldsymbol{X},\boldsymbol{\Theta})$是先验概率；$\boldsymbol{\Theta}=[\mu,\beta]$。

对于 SAR 强度图像数据，Gamma 分布是普遍认同的统计分布。利用 Gamma 分布作为强度图像$\boldsymbol{Y}$的观测数据模型：

$$P(y,\mu)=\frac{L^L y^{L-1}}{\Gamma(L)\mu^L}\exp\left(-\frac{Ly}{\mu}\right) \tag{5.23}$$

式中，μ为 Gamma 分布的参数；L为图像视数；$\Gamma(\cdot)$为 Gamma 函数。

根据 MRF 分级模型的假设，标号图像$\boldsymbol{X}$符合 Gibbs 分布：

$$P(x,\beta)=\frac{1}{Z_\beta(x)}\exp\left(-\frac{U(x)}{T}\right) \tag{5.24}$$

式中，β为 Gibbs 分布的参数。

采用 MLL 模型(标号图像 MLL 模型)且仅考虑双格点集团，如图 5.4，令$\boldsymbol{\beta}=[\beta_1,\beta_2,\beta_3,\beta_4]^{\mathrm{T}}$分别表示水平、垂直、左斜和右斜方向上的纹理参数。

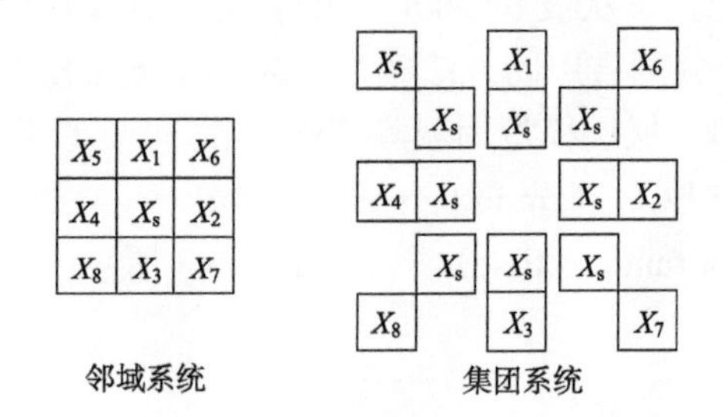

图 5.4 二阶 MLL 模型的双格点邻域及集团系统

集团的势能函数定义如下。

(1) 对于单格点集团$\boldsymbol{C}_1$：$V_1(x)=1$

(2) 对于双格点集团$\boldsymbol{C}_2$：$V_2(x,x')=\begin{cases}0 & x=x' \\ 1 & \text{otherwise}\end{cases}$

则 Gibbs 能量函数为

$$U(x)=\sum_{\{x\}\in C_1}V_1(x)+\sum_{\{x,x'\}\in C_2}V_2(x,x') \tag{5.25}$$

令$u(i-j)\triangleq 1-\delta(i-j)$，则

$$\begin{aligned}U_{\boldsymbol{\beta}}(x_s)=\{&-\beta_1\cdot[u(x_s,x_2)+u(x_s,x_6)]-\beta_2\cdot[u(x_s,x_0)+u(x_s,x_4)]\\&-\beta_3\cdot[u(x_s,x_1)+u(x_s,x_5)]-\beta_4\cdot[u(x_s,x_3)+u(x_s,x_7)]\}\end{aligned} \tag{5.26}$$

有了以上观测模型和标号图像的 MLL 模型后，对于强度图像有其局部后验条件概率为

$$
\begin{aligned}
P_\mu(y_s \mid x_s)P_\beta(x_s \mid \eta_s) &= \frac{L^L y_s^{L-1}}{\Gamma(L)\mu_{x_s}^L}\exp\left(-\frac{Ly_s}{\mu_{x_s}}\right)\cdot\frac{1}{Z_\beta(x_s)}\exp\left(-\frac{U_\beta(x_s)}{T}\right) \\
&= \exp\left\{-\frac{1}{T}\left(\begin{array}{c} T(\log\Gamma(L) - L\log L - (L-1)\log y_s \\ +\log Z_\beta(x_s) + Llog\mu_{x_s} + \dfrac{Ly_s}{\mu_{x_s}}) - U_\beta(x_s) \end{array}\right)\right\}
\end{aligned} \tag{5.27}
$$

在图像视数L已知时，由于$Z_\beta(x_s)$是对整个标号的求和，x_s的改变不会影响$Z_\beta(x_s)$，可得：

$$
\begin{aligned}
&P_\mu(y_s \mid x_s)P_\beta(x_s \mid \eta_s) \propto \exp\left\{-\frac{1}{T}\left(T(L\log\mu_{x_s} + \frac{Ly_s}{\mu_{x_s}}) + U_\beta(x_s)\right)\right\} \\
&= \exp\left\{-\frac{1}{T}U_{\mu,\beta}(x_s, y_s)\right\}
\end{aligned} \tag{5.28}
$$

后验分布可以写为 Gibbs 随机场，局部能量函数为

$$
U_{\mu,\beta}(x_s, y_s) = TU_\mu(y_s \mid x_s) + U_\beta(x_s) \tag{5.29}
$$

式中，$TU_\mu(y_s \mid x_s) = (L\log\mu_{x_s} + \dfrac{Ly_s}{\mu_{x_s}})$为似然能量，$U_\beta(x_s)$为先验能量。因此 MAP 分割表达为

$$
\left(\hat{\boldsymbol{X}}^*, \hat{\mu}, \hat{\beta}\right) = \arg\max_{\boldsymbol{W}}\left(\exp\left\{-\frac{1}{T}U_{\mu,\beta}(x_s, y_s)\right\}\right) \tag{5.30}
$$

基于 MRF 的 SAR 图像分割框架如图 5.5 所示。

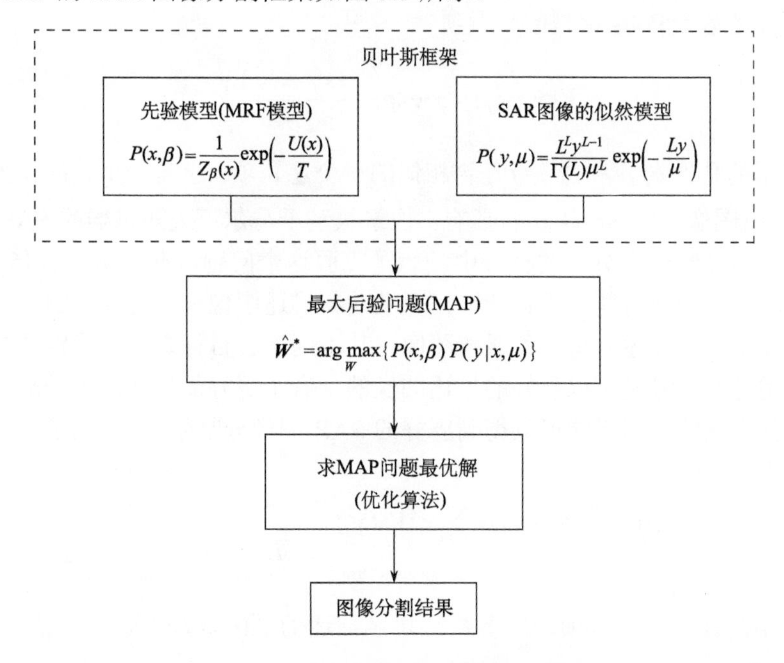

图 5.5　基于 MRF 的 SAR 图像分割框架

基于马尔可夫随机场模型的图像分割可以分为三个步骤，分别是分割问题描述、能量泛函(函数表达)和能量优化。经典的基于马尔可夫随机场SAR图像分割方法使用的能量函数是由SAR图像区域分布产生的似然能量项和基于Potts模型的先验能量项组成的。下面介绍一种引入了几何位置先验信息的能量项并利用Graph Cut进行能量优化的SAR图像分割方法(帅永旻, 2011)。

设P是一幅SAR图像中的所有像素点，L是所有标号的集合。定义以下二值变量，x，$x \in B^{L\times P}$。x_p^i表示的是像素p（$p\in P$）在标号i（$i\in L$）。集合L中的元素是没有顺序的。$x_p^i=1$表示像素p在标号区域i中。x_p定义为一个矢量，对应着像素p，每一维都对应着一个分割的区域类别，其中总共$|L|$个区域。如果$x_p=0$表示像素p为“背景”。定义观察到的像素灰度值为$y\in\mathbb{R}^L$，其中y_p为像素p（$p\in P$）的灰度。

对于标准的基于像素的马尔可夫随机场的SAR图像分割方法，能量函数定义如下：

$$F(x)=\underbrace{\sum_{p\in P}D_p(x_p)}_{\text{data-term}}+\underbrace{\sum_{pq\in N}V(x_p,x_q)}_{\text{smoothness-term}} \tag{5.31}$$

式中，邻域N表示的是最邻近的网络连接。

$D_p(x_p)$是数据项，使用Gamma分布来描述SAR图像的区域信息：

$$D_p(x_p)=-\log\left(\frac{1}{\beta^{\alpha}\Gamma(\alpha)}y_P^{\alpha-1}\exp\{-y_p/\beta\}\right) \tag{5.32}$$

式中，$\Gamma(\alpha)$代表的是Gamma函数；$\beta=E(x)/\alpha$，其中$E(\bullet)$表示数学期望。α表示SAR图像的视数。

$V(x_p,x_q)$是基于Potts模型的平滑项:

$$V(x_p,x_q)=\gamma\bullet\exp\left(-\frac{(y_p-y_q)}{2\sigma^2}\right) \tag{5.33}$$

式中，σ表示的是像素p和像素q是否相似的一个惩罚项；γ是一个正的权重值。

由于SAR图像中的Speckle的影响，像素级基于马尔可夫随机场的SAR图像分割方法会有一些椒盐噪声在分割的标号中。为了克服这个问题，在能量函数(5.31)中加入了新的先验项，试图使得能量函数能够，更准确的描述图像分割这个问题。

由于SAR图像描述的是一种遥感图像，其不同地表目标之间有确定的几何位置关系，充分利用这些关系是可以更好的描述图像的。有了更好的描述能力的能量函数在合适的能量优化方法的作用下就可以得到更好的SAR图像分割结果。增加了几何位置先验项的能量函数如下所示：

$$F(x)=\underbrace{\sum_{p\in P}D_p(x_p)}_{\text{data-term}}+\underbrace{\sum_{i\in L}\gamma_i\bullet V^i(x^i)}_{\text{smoothness-term}}+\underbrace{\sum_{i,j\in L,i\neq j}W^{i,j}(x^i,x^j)}_{\text{geometric-prior-term}} \tag{5.34}$$

式中，γ_i为不同标号的平滑项调节参数。$W^{i,j}$描述的是区域i和区域j之间的关系。其中，$i,j\in L$。

$$W^{i,j}(x^i,x^j)=\sum_{pq\in N^{ij}}W_{pq}^{ij}(x_p^i,x_q^j) \tag{5.35}$$

其中位置邻域 N^{ij} 表述的是一系列所有的像素对 (p,q) 在标号 i 和标号 j 之间存在几何位置关系的时候的邻域。由于几何位置关系涉及不同类别之间的标号，因此对于同一位置像素在不同标号中也是具有位置邻域关系的。也就是说有 $(p,q)\in N^{ij}$ ，这一点和平滑项中邻域的定义是不相同的。

由于引入了几何位置先验信息，因此新的能量函数能够更好地描述 SAR 图像的分割问题。下面将介绍几何位置先验和多层图模型。

标准的基于马尔可夫随机场的 SAR 图像分割在使用 Graph Cut 做能量优化的过程中使用的是单层的图模型，如图 5.6 所示。

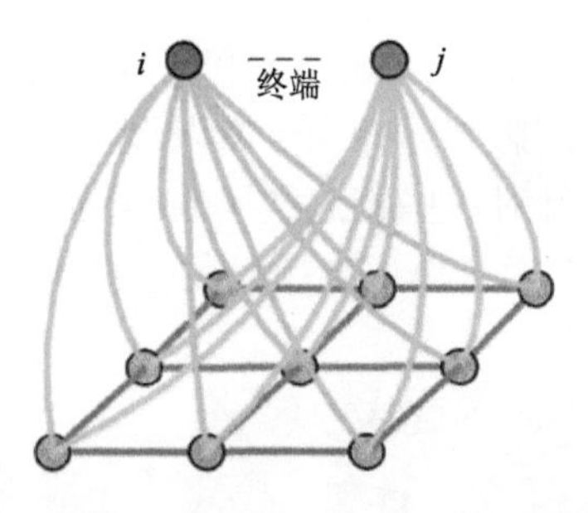

图 5.6　基于 MRF 的 SAR 图像分割和 Graph Cut 优化的单层图模型

从图 5.6 可以看出，为了通过 Graph Cut 来优化能量函数所建立的图有如下特点。这个图模型包含了 $|L|$ 个终端顶点和 $|P|$ 个顶点。每一个终端结点对应了一类分割的标号，每一个顶点代表了 SAR 图像中的一个像素点。

由于单层的图模型不能描述能量函数(5.34)，具体的也就是式(5.34)的几何位置先验项 5.35。因此需要设计一个多层的图模型表达新的能量函数 5.34，同时这个图模型可以使用 Graph Cut 来进行优化。

图 5.7 所示的多层图结构有如下特点。该图结构有 $|L|$ 层，每一层对应着 SAR 图像的一个分割的标号。该图结构每一层有 $|P|$ 个顶点，每个顶点对应着 SAR 图像中的一个

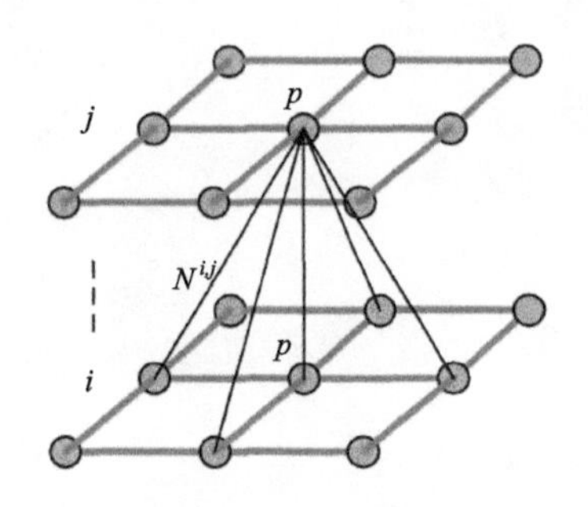

图 5.7　多层图模型

像素。同时该层只有两个终端节点，并且该图模型可以用一个单独的 Graph Cut 进行优化。同层中间的边的权重对应着中 5.34 的平滑项。层间广义邻域所在的顶点之间的边的权重则是由 5.34 中的几何位置先验项来确定的。这个图模型是由一个单独的 Graph Cut 来优化的，每一个顶点和终端顶点之间的边是权重，由中 5.34 中的似然项来确定的。

图 5.7 所示的多层模型主要可以描述多种不同类别的几何位置关系。实际应用中，由于 SAR 图像描述的主要是地面目标，包含关系是最适合实际使用的一种关系。因此在下面的实验中，主要将几何位置关系中的包含关系作为先验信息 5.35 引入到 SAR 图像分割的能量函数中。通过合理设置 $W^{i,j}(x^i,x^j)$ 并根据 5.34 建立一个多层的图，用 Graph Cut 进行优化，得到最终的 SAR 图像分割结果。

用两幅 MSTAR 图像做实验(帅永旻, 2011)，如图 5.8 所示。图 5.8(a)和(b)是原始的 SAR 图像。在图像中主要有 3 类地物：车辆(红色)、阴影(蓝色)和背景(绿色)。由于 Speckle 的影响，背景中有很多亮斑，这些亮斑和车辆很容易混淆。因此，它们需要比较大的平滑先验权重系数。对于阴影部分，由于其灰度值本身比较均匀不易混淆，所以不需要很大平滑先验权重系数。针对这些特点做了专门的设置之后得到了结果图 5.8(e)和(f)。图 5.8(c)和(d)显示的是使用了单层图模型的基于 MRF 的分割方法获得的结果。

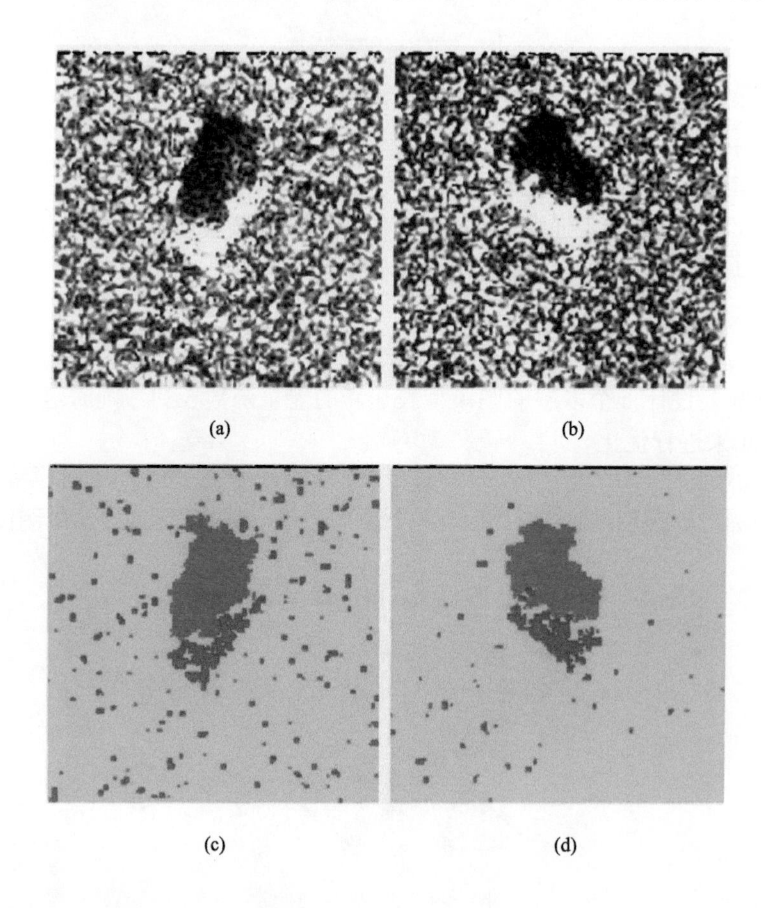

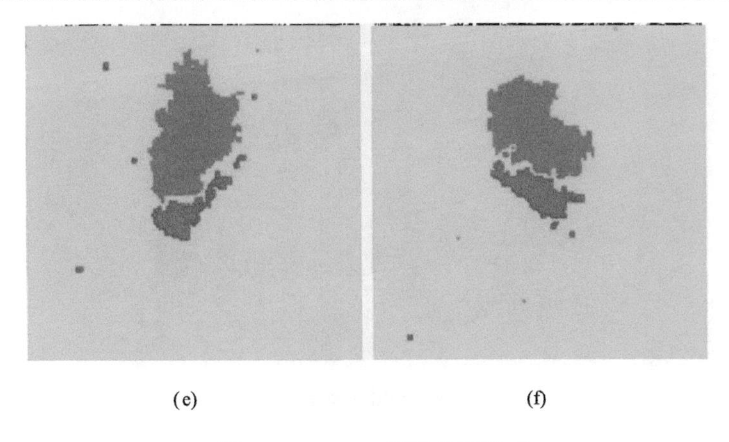

(e)　(f)

图 5.8　MSTAR 图像分割结果

(a) 和 (b) 原始 SAR 图像；(c) 和 (d) 基于传统单层 MRF 图像分割结果；(e) 和 (f) 基于多层 MRF 图像分割结果

图 5.9 显示的是农田场景的 SAR 图像的分割。图 5.9 (a) 是一幅 X-band 的 SAR 图像数据。分辨率为 1 m，大小为 600×1200。在这幅 SAR 图像上一共有三类场景：水体 (红色)、水体周围的地带 (绿色) 和其他地带。一般而言，水体周围的地带应该会包围水体。因此把这个知识作为先验知识引入到了图像分割中。同时，从图 5.9 (a) 所示 SAR 图像的 Speckle 噪声的情况来看，水体目标的灰度并不是十分容易混淆，不需要很大的平滑先验

(a) 原始SAR图像

(b) 基于传统单层MRF图像分割结果

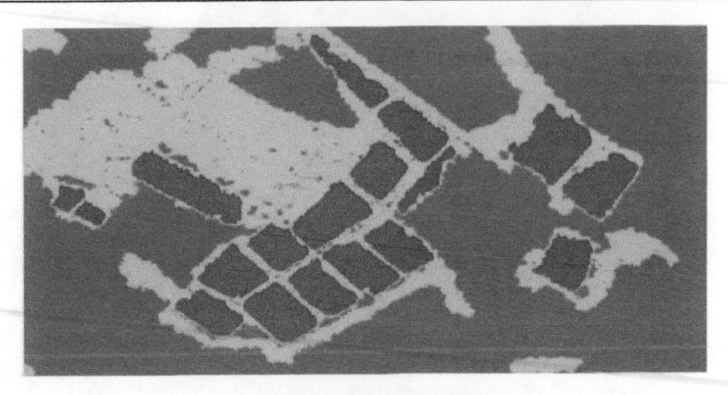

(c) 基于多层MRF图像分割结果

图 5.9　农田场景 SAR 图像分割结果

项权重。但是水体周围的部分地面目标受噪声的影响，因此需要比较大的平滑先验项权重。从实验结果可以看出，基于多层的 MRF 具有更好的分割结果。

5.2.2　流 域 分 割

流域变换(watershed transform)又称为分水岭变换，是数学形态学用于图像分割的一种经典方法，它的实现算法被称为流域分割算法。流域变换首先于 20 世纪 70 年代末引入到图像处理领域，并通过对流域变换理论的研究(Beucher and Meyer, 1993；Najman and Schmitt, 1996)，使得其能够应用于图像分割问题中。流域分割算法具有可以分割和标记多个区域并得到单像素宽度闭合区域轮廓线的显著特点，广泛应用于医学图像、光学遥感图像和 SAR 图像的分割中。

流域变换归属为基于区域的分割方法，它起源于地形学，其原理是将数据空间(为方便理解，此处定义为二维空间)看作地形学上的自然地貌。空间内每一个局部极小值及其影响区域称为流域，不同流域的交汇处用堤坝分开(王皓等，2005)。通常描述流域变换有两种方法：一种是模拟“降雨”过程(Beucher, 1994)，即当一滴雨水分别从地形表面的不同位置开始下滑，其最终将流向不同的局部海拔高度最低的区域(称为极小区)，那些汇聚到同一个极小区的雨滴轨迹就形成一个流域，对于地形上凸起的平坦高地，雨滴在其上的运动，通常认为是顺着距离高地的下降边沿最近的路径流动；另一种是模拟“溢流”的过程(Vincent and Soille, 1991)，这是一种自下而上形成区域的方法，即首先在各极小区的表面打一个小孔(溢流点)，同时让地下水从小孔中涌出，并慢慢淹没极小区周围的区域，那么各极小区波及的范围，即是相应的流域。这实质上是两种不同的泛洪方法，不论是“降雨”过程，还是“溢流”过程，不同流域相遇时的界限(当两个流域交汇时，筑起堤坝)，即是最终区分数据类别的边界。在实际应用中，流域分割将图像的统计梯度图看作凹凸不平的山地，所有边缘点位于山脊上，所有山脊构成了边缘的山脊曲线，对应待分割区域的轮廓线。其首先计算图像的边缘梯度图，然后在梯度图上进行流域变换。基于流域分割的算法复杂度低，但存在过分割的问题。目前存在多种抑制过分割的方法。具体包括梯度阈值、动力学阈值、基于标记点的方法等(Grimaud, 1992; Najman and Schmitt, 1996)。

下面给出流域变换的形式化定义。先考虑连续域的情况，然后考虑在离散情况下较流行的定义(周海芳，2003)。

1. 连续域定义

连续域中严格的流域变换定义一般是基于距离函数的图像积分。设 f 为二维灰度图像函数，$F(D)$ 是连续域 $D(D \subseteq R^2)$ 上的实二次连续可微的函数空间，$f \in F(D)$，点 $p,q \in D$ 之间地形学距离定义为

$$L_f(p,q) = \inf_{\gamma} \int_{\gamma} \left\| \nabla f(\gamma(s)) \right\| ds$$

式中，γ 表示 D 中 p,q 之间全部光滑路径的集合；inf 表示路径长度的下界。点 $p \in D$ 与集合 $A \subseteq D$ 之间的地形学距离为

$$L_f(p,A) = \min_{a \in A} L_f(p,a)$$

因此，p、q 之间使 L_f 距离最短的路径是 p、q 间坡度最陡的路径。

设 $f \in F(D)$ 在定义域内存在的极小区集合 $\{m_k \mid k \in I\}$，I 是顺序检索标记集合。一个极小点 m_i 所代表的极小区最终形成的集水盆 $B(m_i)$ 定义为对于所有的 $p \in D$，p 到 m_i 的极小区的距离比到其它任何 m_j 所代表的极小区的距离更短：

$$B(m_i) = \left\{ p \mid p \in D, \forall j \in I \setminus \{i\} : f(m_i) + L_f(p,m_i) < f(m_j) + L_f(p,m_j) \right\} \tag{5.36}$$

变换后形成的分水岭是不属于任何集水盆的点集合：

$$W(f) = D \cap \left(\bigcup_{i \in I} B(m_i) \right)^c \tag{5.37}$$

式(5.36)和式(5.37)在原理上体现了“降雨积水”的思想。

2. 离散域定义

在数字图像 f 中，距离函数的变化与具有恒定灰值的区域(高地)的形成及其在图像中可能大面积延伸所引发的问题，使得连续域的流域变化定义不能直接扩展到离散域中。Vincent 和 Soille 提出了一种基于浸没模拟的递归定义(Vincent and Soille, 1991)。

设 $D \subseteq Z^2$，$f: D \to N$，$h_{\min}$ 和 $h_{\max}$ 分别为 f 中最小和最大的灰度值。递归过程是使灰度级从 $h_{\min}$ 增长到 $h_{\max}$，同时和 f 的极小区相关的集水盆也顺序扩大。基于浸没模拟的流域变换定义为

$$\begin{cases} X_{h_{\min}} = \{p \mid p \in D, f(p) = h_{\min}\} = T_{h_{\min}} \\ X_{h+1} = M_{h+1} \cup IZ_{T_{h+1}}(X_h) \qquad h \in [h_{\min}, h_{\max}) \end{cases} \tag{5.38}$$

式中，X_h 表示在 h 级计算所得的集水盆的集合，则一个在 $h+1$ 级属于阈值集 T_{h+1} 的连通域或者是一个新极小区，或者是 X_h 中一个集水盆的扩展。对于后者则计算 X_h 在 T_{h+1} 范围内的测地影响区 IZ(Meyer, 1994)，并更新为 X_{h+1}；M_h 表示在 h 级所有极小区的集合。

分水岭 $X_{h_{max}}$ 在域 D 中的补集：

$$W(f) = D \setminus X_{h_{min}} \tag{5.39}$$

Vincent 和 Soille 还给出了一种模拟泉涌浸没的实现算法。算法分为两步：①按照灰度递增的次序给像素排序，便于在某一灰度级直接访问相关的像素；②浸没过程从极小区开始一级一级地处理。算法使用一个 FIFO 队列，按照宽度优先的方法递归分配给每一个极小区及相关的集水区以不同的标记。比如当递归到灰度级 h，首先将所有灰度值为 h 的像素赋予标记 MASK，并且其中那些存在已标记为邻域的像素被插入到队列中，然后从队列中的这些像素开始在 MASK 的范围内计算各集水盆的彻底影响区 IZ。如果某像素只与一个集水盆 i 的像素连通，则打上该集水盆的标记 i；如果一个像素同时与两个集水盆相邻，则标记为分水岭像素 W_0；最后那些仍标记为 MASK 的像素属于新出现的极小区，被赋予一个新的标记。算法的复杂度与输入图像的像素个数呈线性关系。

作为一种单纯考虑灰度变化的算法，流域分割的分割结果一般不会破坏理想分割结果的边界。只会因为缺乏对灰度变化纹理的处理能力，而可能在理想分割结果的内部产生更多过分割的结果。将流域分割与上节介绍的马尔可夫随机场模型相结合，得到一种新的分割算法(何楚等, 2005)。此算法首先采用流域分割算法，通过适当选取参数，获得一个过分割但不会破坏理想分割边界的初始结果，随后在初始分割的区域图上基于 SAR 图像统计模型和 Gibbs 分布建立多层马尔可夫随机场模型，最后通过模拟退火算法对其进行优化得到最终分割结果，如图 5.10 所示。图 5.10(a)是一幅 144×144 的 X 波段视数的机载 SAR 图像，图中有湖泊、山地和城区。图 5.10(b)是图(a)的流域过分割结果(分为 120 块)，图 5.10(c)是图(a)传统的基于像素更新的 MRF 分割结果，图 5.10(d)是在图(b)的流域过分割的图的基础上进行 MRF 分割的结果；在算法耗时上，采用相同的分割

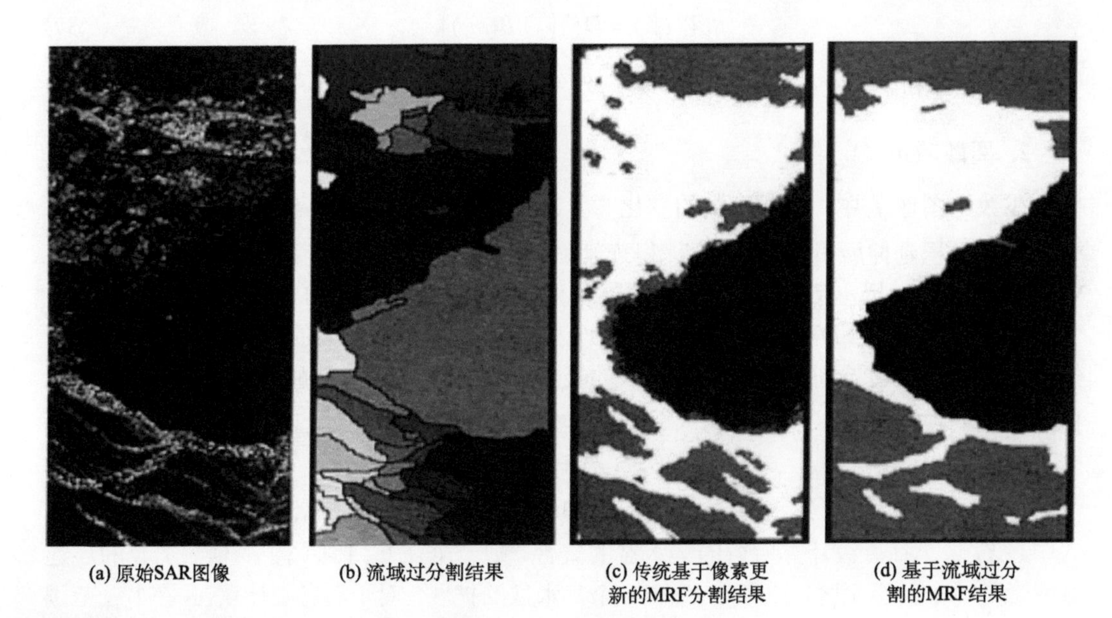

图 5.10　SAR 图像分割结果

参数和统一的运行环境，传统的 MRF 分割算法需要约 5 小时，而基于流域区域 MRF 分割算法只需不超过 5 分钟。实验证明，该算法可以取得较为满意的结果，而且由于初始分割的区域数目大大少于原始像素数目，因此运算速度获得较大提高。

5.3　随机森林目标提取

随机森林(random forest, RF)(Breiman, 2001)是机器学习领域中一种有效的组合学习模型。它通过众多决策树的集成有效地提高了分类精度。同时，由于随机性的引入，使得随机森林对噪声和异常值鲁棒，不容易出现过拟合问题，具有较强的泛化能力。

5.3.1　决　策　树

随机森林的基学习器是决策树。决策树模型呈树形结构，是一种基本的分类与回归方法。决策树的构建通常包括 3 个步骤：特征选择、决策树的生成和决策树的修剪(李航, 2012)。

1. 特征选择

特征选择在于选取对训练数据具有分类能力的特征，这样可以提高决策树学习的效率。通常特征选择的准则是信息增益(information gain)或信息增益比(information gain ratio)，为了便于说明，先介绍熵(entropy)和条件熵(conditional entropy)的定义。熵在信息论和概率统计中是表示随机变量不确定性的度量。设 X 是一个取有限个值的离散随机变量，其概率分布为

$$P(X=x_i)=p_i,\ i=1,2,\cdots,n \tag{5.40}$$

随机变量 X 的熵为

$$H(X)=-\sum_{i=1}^{n} p_i \log_2 p_i \tag{5.41}$$

设随机变量 (X,Y)，其联合概率分布为

$$P(X=x_i,Y=y_j)=p_{ij},\ i=1,2,\cdots,n;\ j=1,2,\cdots,m \tag{5.42}$$

条件熵 $H(Y|X)$ 表示在已知随机变量 X 的条件下随机变量 Y 的不确定性，其定义为 X 在给定条件下 Y 的条件概率分布的熵对 X 的数学期望：

$$H(Y|X)=\sum_{i=1}^{n} p_i H(Y|X=x_i) \tag{5.43}$$

式中，$p_i=P(X=x_i),\ i=1,2,\cdots,n.$。当熵和条件熵的概率由数据估计得到时，所对应的熵和条件熵分别称为经验熵和经验条件熵。

信息增益为经验熵与经验条件熵的差。设训练数据集 D 的经验熵为 $H(D)$，特征 A 在给定条件下 D 的经验条件熵为 $H(D|A)$，那么特征 A 对数据集 D 的信息增益为

$$g(D,A)=H(D)-H(D|A) \tag{5.44}$$

信息增益表示由于特征 A 而使得对数据集 D 的分类不确定性减少的程度。当决策树使用信息增益选择特征时，信息增益大的特征具有更强的分类能力。

由于信息增益值的大小会受训练数据集熵值的影响，因此也可以使用信息增益比进行特征选择。特征 A 对训练数据集 D 的信息增益比 $g_R(D,A)$ 定义为其信息增益 $g(D,A)$ 与训练数据集 D 的熵 $H(D)$ 之比：

$$g_R(D,A)=\frac{g(D,A)}{H(D)} \tag{5.45}$$

2. 决策树生成

决策树的生成通常是在决策树各个结点上应用信息增益来选择特征，递归地构建决策树。具体的流程是从根结点开始，对该结点计算所有可能特征的信息增益，并选择信息增益最大的特征作为结点的特征，由该特征的不同取值建立子结点。接着对子结点递归地调用以上方法，构建决策树，直到所有特征的信息增益都很小或没有特征可以选择为止，得到最后的决策树。

经典的决策树算法例如 ID3 算法（Quinlan, 1986）和 C4.5 算法（Quinlan, 1992）。ID3 算法利用信息增益构造决策树，C4.5 算法与 ID3 算法类似，不同之处是用信息增益比来选择特征。由于这两种算法只有树的生成，因此容易产生过拟合问题。

3. 决策树的剪枝

为了解决决策树出现的过拟合问题，一种解决办法是对已生成的决策树进行简化。在决策树学习中将已生成的树进行简化的过程称为剪枝（pruning）。也就是从已生成的树上裁掉一些子树或叶结点，并将其根结点或父结点作为新的叶结点，从而简化决策树模型。

决策树的剪枝一般通过极小化决策树整体的损失函数来实现。剪枝有两种思路，分别为预剪枝（pre-pruning）和后剪枝（post-pruning）。预剪枝是在构造决策树的同时进行剪枝，先对每个结点在划分前进行估计，如果当前结点的划分不能带来决策树模型泛化性能的提升，则不对当前结点进行划分并且将当前结点标记为叶结点。后剪枝是在当整棵决策树构建完成后，然后自底向上对非叶结点进行考察，如果当前结点对应的子树换为叶结点能够带来泛化性能的提升，则把该结点替换为叶结点，从而完成对决策树的剪枝。

CART 算法（Ripley, 2007）是另一种经典的决策树算法，它假设决策树是二叉树，并由特征选择、决策树生成和剪枝组成。在特征选择时，CART 算法使用基尼指数（Gini index）最小化来选择特性。基尼指数的基本定义是假设有 K 个类，样本点属于第 k 类的概率为 p_k，那么其定义为

$$\text{Gini}(p)=\sum_{k=1}^{K}p_k(1-p_k)=1-\sum_{k=1}^{K}p_k^2 \tag{5.46}$$

对于某个给定样本数据集 D，设有 K 个类别，第 k 个类别的样本子集为 C_k，样本 D 的基尼指数为

$$\mathrm{Gini}(D)=1-\sum_{k=1}^{K}\left(\frac{|C_k|}{|D|}\right)^2 \tag{5.47}$$

基尼指数 $\mathrm{Gini}(D)$ 代表数据集 D 的不确定性。基尼指数与熵类似，当基尼指数越大时，数据集的不确定性就越大。

在 CART 决策树生成的过程中，应生成尽可能大的决策树。当对决策树进行剪枝时，利用极小化损失函数作为剪枝的准则，并用验证数据集对已经生成的决策树进行剪枝并从中选择最优子树，得到最终的 CART 算法。

5.3.2　随机森林

随机森林是集成学习算法领域中典型的方法之一。集成学习的思想是将多个适用于不同范围、不同作用的算法组合在一起，集中其具有的优良性能来解决一个复杂的任务。也意味着，拥有“集体智慧”的算法在大多数情况下具有较强的分类效果和泛化能力。

目前主流的集成学习算法分为 Bagging(Breiman, 1996)和 Boosting(Freund, 1999)算法。给定训练样本 $\boldsymbol{T}=\{(x_1,y_1),(x_2,y_2),\cdots,(x_n,y_n)\}$ 和一组弱学习算法，Bagging 的思想是从数据集中有放回地抽取 n 个训练样本，然后训练出 m 个预测函数 $\{h_1,h_2,\cdots,h_m\}$，并以一定的方式得到最终的预测函数。Boosting 的思想与 Bagging 相似，其对每个训练样本会赋予同样权重的初始值，然后对每次训练样本进行多次迭代，每次得到一个学习模型。为了将多个弱学习器提升为强学习模型，对那些比较弱的学习算法的训练样本权重赋予较大的值，最终生成 m 个预测函数 $\{h_1,h_2,\cdots,h_m\}$，其中每个 m 都有一个权重，预测效果好的函数的权重会较大。

随机森林是以决策树为基分类器并构建在 Bagging 集成的基础上，进一步组合而成的大型集成分类器。图 5.11 展示了随机森林用于分类的示意图，其中 T 表示决策树的棵数。

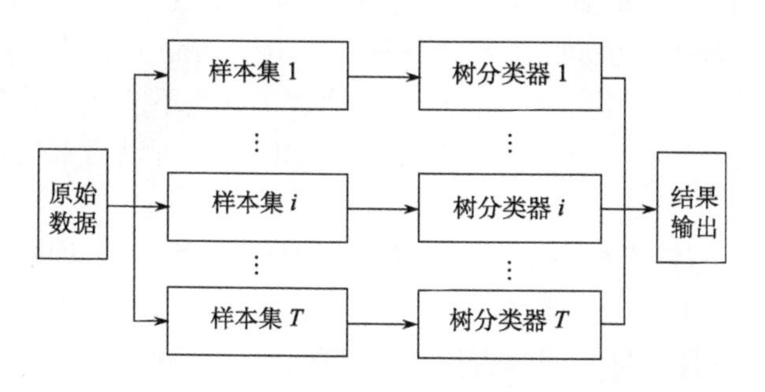

图 5.11　随机森林分类示意图

随机森林的基本定义是设 N 个分类器函数为 $\{h_1(\boldsymbol{x}),h_2(\boldsymbol{x}),\cdots,h_N(\boldsymbol{x})\}$，其中 $\boldsymbol{x}$ 为输入向量，$\boldsymbol{y}$ 为其对应的输出向量，则 $(\boldsymbol{x},\boldsymbol{y})$ 的边缘函数(margin function)为

$$\mathrm{mg}(\boldsymbol{x},\boldsymbol{y})=av_k I(h_k(\boldsymbol{x})=\boldsymbol{y})-\max av_k I(h_k(\boldsymbol{x})=j) \tag{5.48}$$

式中，$I(\bullet)$ 表示示性函数；$av_k(\bullet)$ 为所取得平均值。$\mathrm{mg}(\boldsymbol{x},\boldsymbol{y})$ 是正确分类的平均票数和

错误分类的最大平均票数的差，mg(x,y)的值越大，其分类效果越好。

因此随机森林的边缘函数为

$$mg(\boldsymbol{x},\boldsymbol{y})=P_{\boldsymbol{\theta}}(h(\boldsymbol{x},\boldsymbol{\theta})=\boldsymbol{y})-\max_{j\neq \boldsymbol{y}} P_{\boldsymbol{\theta}}(h(\boldsymbol{x},\boldsymbol{\theta})=j) \tag{5.49}$$

式中，$P_{\boldsymbol{\theta}}(h(\boldsymbol{x},\boldsymbol{\theta})=\boldsymbol{y})$为正确判断的分类概率；$\max_{j\neq \boldsymbol{y}} P_{\boldsymbol{\theta}}(h(\boldsymbol{x},\boldsymbol{\theta})=j)$是错误判断的其他分类的概率最大值。

随机森林的泛化误差为

$$\mathrm{PE}=P_{X,Y}(mg(\boldsymbol{x},\boldsymbol{y})<0) \tag{5.50}$$

式中，X、Y表示概率是在X、Y空间上求得的。若森林中树的个数超过某个值后，式(5.50)将遵循强大数定律。

随着森林中树的增加，在所有序列集$\theta_1\cdots$上，PE会收敛于：

$$P_{X,Y}\left[\left(P_{\theta}(h(\boldsymbol{x},\boldsymbol{\theta})=y)-\max_{j\neq \boldsymbol{y}} P_{\theta}(h(\boldsymbol{x},\boldsymbol{\theta})=j)\right)<0\right] \tag{5.51}$$

式中，$\boldsymbol{\theta}$表示为每棵决策树对应的随机向量；$\boldsymbol{h}(\boldsymbol{x},\boldsymbol{\theta})$表示分类器。随着树数目的增加，泛化误差PE会趋向于一个上界，这也是随机森林能够有效防止过拟合，对未知实例具有良好扩展性的原因。值得注意的是，泛化误差受到决策树之间的影响，也即树与树之间的相关性和强度决定了泛化误差的取值。因此，尽量降低随机森林里决策树间的相关程度能够提高随机森林的泛化能力。

随机森林的构建过程是：首先从原始数据中利用bootstrap方法有放回的随机抽取K个样本数据集，并构建K棵决策树。然后假设有n个特征，在每棵决策树的每个结点随机选择m（$m<n$）个特征，计算每个特征的信息熵，利用概率值的大小选择分类能力最强的特征进行结点的生成。最后，将生成的多棵决策树组成随机森林对新数据进行分类，分类结果一般采用多数投票机制。随机森林模型在bootstrap过程中初始训练集中有些样本是不能被抽取到的，因而不能参与决策树的构造。这些不能从初始数据集中抽取出来的样本集合被称为袋外数据OOB(out of bag)。OOB数据可以用来估计随机森林的泛化能力，即OOB估计。

图5.12展示的是随机森林用于SAR图像地物目标提取的效果图(Waske and Braun, 2009)。这是一张2005年Bonn地区的SAR图像。从图中可以看出，随机森林提取出的地物类别较为准确，而且地物之间具有比较清晰的边界。因此，可以将随机森林用于SAR图像目标提取任务中。

随机森林在泛化误差、分类精度、模型稳定性等方面取得了良好的效果，具有较高的应用价值。然而，随机森林也存在一些问题，例如，随机森林由于特征选择的随机性可能会使少数重要的特征变量被过滤掉以及没有充分考虑特征变量相关性对预测变量准确性带来的影响，这样会在一定程度上导致欠拟合问题。此外，参数选择以及数据噪声也是随机森林面临的问题。因此，在使用随机森林算法时，要结合问题的需求，使随机森林发挥最大的优势。

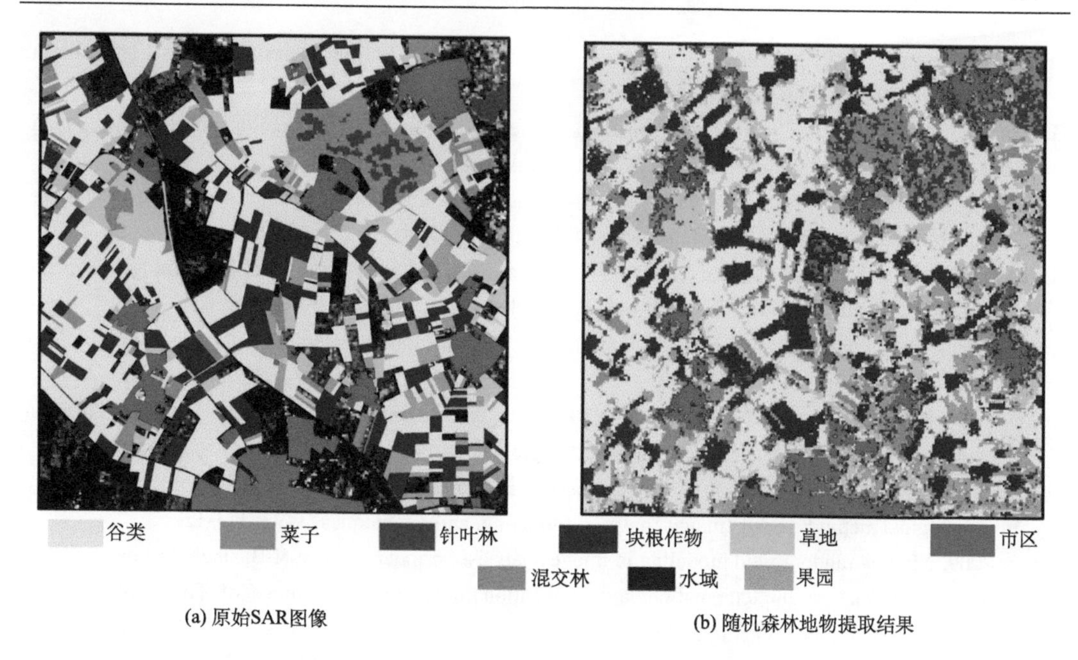

图 5.12　随机森林用于 SAR 图像地物提取

参 考 文 献

何楚, 夏桂松, 曹永峰, 杨文, 孙洪. 2005. 基于区域的 MRF 模型用于 SAR 图像分割. 信号处理, 21(4A): 324-326.

李航. 2012. 统计学习方法. 北京: 清华大学出版社.

帅永旻. 2011. SAR 图像分割若干相干技术研究. 武汉大学博士学位论文.

王皓, 曹永锋, 孙洪. 2005. 基于流域变换的聚类分析. 第十二届全国信号处理学术年会(CCSP-2005)论文集.

徐戈. 2007. SAR 图像道路提取方法研究. 武汉大学博士学位论文.

周海芳. 2003. 遥感图像并行处理算法的研究与应用. 国防科学技术大学博士学位论文.

Beucher S. 1994. Watershed, hierarchical segmentation and waterfall algorithm. Mathematical morphology and its applications to image processing. Springer, Dordrecht: 69-76.

Beucher S, Meyer F. 1993. The morphological approach to segmentation: the watershed transformation. Optical Engineering. Mathematical morphology in image processing, 34: 433-481.

Boykov Y, Veksler O, Zabih R. 2001. Fast approximate energy minimization via graph cuts. IEEE Transactions on Pattern Analysis and Machine Intelligence, 23(11): 1222-1239.

Breiman L. 1996. Bagging predictors. Machine Learning, 24(2): 123-140.

Breiman L. 2001. Random forests. Machine Learning, 45(1): 5-32.

Cohen L D, Cohen I. 1993. Finite-element methods for active contour models and balloons for 2-D and 3-D images. IEEE Transactions on Pattern Analysis & Machine Intelligence, (11): 1131-1147.

Dahlhaus E, Johnson D S, Papadimitriou C H, Seymour P D, Yannakakis M. 1992. The complexity of multiway cuts. Proceedings of the twenty-fourth annual ACM symposium on Theory of computing: 241-251.

Ford Jr L R, Fulkerson D R. 2015. Flows in Networks. Princeton University Press.

Freund Y, Schapire R, Abe N. 1999. A short introduction to boosting. Journal-Japanese Society For Artificial Intelligence, 14(771-780): 1612.

Geman S, Graffigne C. 1986. Markov random field image models and their applications to computer vision. Proceedings of the International Congress of Mathematicians, 1: 2.

Greig D M, Porteous B T, Seheult A H. 1989. Exact maximum a posteriori estimation for binary images. Journal of the Royal Statistical Society: Series B (Methodological), 51 (2): 271-279.

Grimaud M. 1992. New measure of contrast: the dynamics. Image Algebra and Morphological Image Processing III, International Society for Optics and Photonics, 1769: 292-306.

Kass M, Witkin A, Terzopoulos D. 1988. Snakes: Active contour models. International Journal of Computer Vision, 1(4): 321-331.

Kolmogorov V, Zabih R. 2002. What energy functions can be minimized via graph cuts?. European Conference on Computer Vision, Springer, Berlin, Heidelberg: 65-81.

Lemarechal C, Fjortoft R, Marthon P, Cubero-Castan E, Lopes A. 1998. SAR image segmentation by morphological methods. SAR Image Analysis, Modeling, and Techniques, 3497: 111-122.

Li S Z. 2009. Markov random field modeling in image analysis. Springer Science & Business Media.

Menet S. 1990. B-snakes: Implementation and application to stereo. Proceedings of Third International Conference on Computer Vision, 1990.

Meyer F. 1994. Topographic distance and watershed lines. Signal Processing, 38(1): 113-125.

Najman L, Schmitt M. 1996. Geodesic saliency of watershed contours and hierarchical segmentation. IEEE Transactions on Pattern Analysis and Machine Intelligence, 18(12): 1163-1173.

Oliver C, Quegan S. 2004. Understanding Synthetic Aperture Radar Images. SciTech Publishing.

Oliver C J, Blacknell D, White R G. 1996. Optimum edge detection in SAR. IEE Proceedings-Radar, Sonar and Navigation, 143(1): 31-40.

Osher S, Fedkiw R P. 2001. Level set methods: an overview and some recent results. Journal of Computational Physics, 169(2): 463-502.

Quinlan J R. 1986. Introduction of decision trees. Machine Learning, (1): 81-106.

Quinlan J R. 1992. C4.5: Programs for Machine Learning. Morgan Kaufmann.

Ripley B D. 2007. Pattern recognition and neural networks. Cambridge University Press.

Staib L H, Duncan J S. 1992. Boundary finding with parametrically deformable models. IEEE Transactions on Pattern Analysis & Machine Intelligence, (11): 1061-1075.

Vincent L, Soille P. 1991. Watersheds in digital spaces: an efficient algorithm based on immersion simulations. IEEE Transactions on Pattern Analysis & Machine Intelligence, (6): 583-598.

Waske B, Braun M. 2009. Classifier ensembles for land cover mapping using multitemporal SAR imagery. ISPRS Journal of Photogrammetry and Remote Sensing, 64(5): 450-457.

Xu C, Prince J L. 1998. Snakes, shapes, and gradient vector flow. IEEE Transactions on Image Processing, 7(3): 359-369.

索　　引

插图列表

第6章　SAR图像分类

SAR图像分类是SAR图像场景自动解译的重要研究内容，在地质勘探、植被生长状况评估、城市规划等方面都有着很广泛的应用。为了更好地实现地物的准确分类，SAR图像分类算法的选择、构造以及改进具有关键的作用。目前，SAR图像分类方法研究已经成为SAR图像处理领域的研究热点之一。

现有SAR图像地物覆盖分类算法，通常可分为无监督分类和监督分类。无监督分类是根据SAR图像数据自身的统计特性进行分类；监督分类则根据某些已知单元的真实类别信息，对未知单元进行指导分类。与无监督分类方法相比，监督分类方法由于使用了数据的先验信息，能够获得更好的分类性能。对于监督分类，通常又可大体归纳为基于统计决策理论的分类和基于机器学习理论的分类(周晓光，2008)。基于统计决策理论的分类方法在理论上以概率论和数理统计为支撑(Bruzzone, 2000)，当易于获取数据的确切分布概率时此类分类算法具有很好的性能。然而在实际应用中，由于某些地物的结构十分复杂，其分布概率难以确定，从而致使难以获得令人满意的分类性能。基于机器学习的方法不必对地物的统计模型进行估计，应用较为广泛，常用的方法有支持向量机(SVM) (Cortes and Vapnik, 1995; Soentpiet, 1999)和稀疏表示等。本章介绍几种基于SVM和稀疏表示的实际有效的SAR图像分类方法。

6.1　SVM　分　类

支持向量机(support vector machines, SVM)最早由Cortes和Vapnik在1992年的COLT会议上提出。SVM被认为是最好的监督学习算法之一，常被用于分类任务中。它的思想来源于最小化错误率界限的理论，这些界限通过对学习过程的形式化分析得到。支持向量机的基本模型是定义在特征空间上的间隔最大的线性分类器，是一种二类分类模型。核技巧的引入，使得它成为实质上的非线性分类器(Boser et al., 1992)，能够有效地解决分类问题中存在的分类样本非线性、高维识别等问题，并具有较强的泛化能力(Vapnik, 1999)。

6.1.1　线性可分支持向量机

假设给定一个特征空间上的线性可分的训练数据集：$T=\{(\boldsymbol{x}_1,y_1),(\boldsymbol{x}_2,y_2),\cdots,(\boldsymbol{x}_N,y_N)\}$，其中，$\boldsymbol{x}_i\in\mathbb{R}^n$，$y_i\in\{+1,-1\}$，$i=1,2,\cdots,N$，$\boldsymbol{x}_i$为第$i$个特征向量，也称为实例，$y_i$为$\boldsymbol{x}_i$的类别标记，当$y_i=+1$时，称$\boldsymbol{x}_i$为正例；当$y_i=-1$时，称$\boldsymbol{x}_i$为负例，$(\boldsymbol{x}_i,y_i)$为样本点。

学习的目标是在特征空间中找到一个分离超平面(李航，2012)，其对应于方程 $\boldsymbol{w} \cdot \boldsymbol{x} + b = 0$，用 (w,b) 来表示，该超平面能够将实例分到不同的类别。一个实例点 $\boldsymbol{x}$ 距离分离超平面的远近可以表示分类预测的确信程度。在超平面 $\boldsymbol{w} \cdot \boldsymbol{x} + b = 0$ 确定的情况下，$|\boldsymbol{w} \cdot \boldsymbol{x} + b|$ 表示点 $\boldsymbol{x}$ 距离超平面的相对远近，$\boldsymbol{w} \cdot \boldsymbol{x} + b$ 的符号与类标记 y 的符号如果相同，则表示分类正确，反之，则分类错误，用向量 $y(\boldsymbol{w} \cdot \boldsymbol{x} + b)$ 来表示分类的正确性及确信度，这里引入函数间隔(functional margin)的概念。

超平面 $(\boldsymbol{w},b)$ 关于训练数据集 T 的函数间隔为超平面 $(\boldsymbol{w},b)$ 关于 T 中所有样本点 $(\boldsymbol{x}_i, y_i)$ 的函数间隔的最小值为

$$\hat{\gamma} = \min_{i=1,\cdots,N} y_i(\boldsymbol{w} \cdot \boldsymbol{x}_i + b) \tag{6.1}$$

函数间隔可以表示分类预测的正确性及确信度。为了得到唯一的分离超平面，通过对超平面的法向量 w 加入规范化约束，$\|w\| = 1$，使得间隔是确定的，这时的函数间隔被称为几何间隔(geometric margin)。

超平面 $(\boldsymbol{w}, b)$ 关于训练数据集 T 的几何间隔为超平面 $(\boldsymbol{w}, b)$ 关于 T 中所有样本点 $(\boldsymbol{x}_i, y_i)$ 的几何间隔的最小值为

$$\gamma = \min_{i=1,\cdots,N} y_i\left(\frac{\boldsymbol{w}}{\|\boldsymbol{w}\|} \cdot \boldsymbol{x}_i + \frac{b}{\|\boldsymbol{w}\|}\right) \tag{6.2}$$

支持向量机学习的基本想法是求解能够正确划分训练数据集并且几何间隔最大的分离超平面。几何间隔越大说明分类器的可信度与准确性越高。考虑到几何间隔和函数间隔之间的关系，上述寻优问题变成了下面带有约束条件的最优化问题：

$$\max_{w,b} \frac{\hat{\gamma}}{\|\boldsymbol{w}\|} \tag{6.3}$$

$$\text{s.t. } y_i\left(\boldsymbol{w} \cdot \boldsymbol{x}_i + b\right) \geqslant \hat{\gamma},\ i = 1,2,\cdots,N$$

函数间隔 $\hat{\gamma}$ 的取值并不影响最优化问题的解。将 $\hat{\gamma} = 1$ 代入公式(6.3)中，同时最大化 $\frac{1}{\|\boldsymbol{w}\|}$ 和最小化 $\frac{1}{2}\|\boldsymbol{w}\|^2$ 是等价的，可以得到下面的线性可分支持向量机学习的最优化问题:

$$\min_{w,b} \frac{1}{2}\|\boldsymbol{w}\|^2 \tag{6.4}$$

$$\text{s.t. } y_i\left(\boldsymbol{w} \cdot \boldsymbol{x}_i + b\right) - 1 \geqslant 0,\ i = 1,2,\cdots,N$$

这是一个凸二次规划(convex quadratic programming)的问题。凸二次规划问题有全局最优解，得到的最优解是最优间隔分类器。通过添加拉格朗日乘数构造拉格朗日方程来求解约束条件是不等式的最优问题：

$$L(\boldsymbol{w},b,\boldsymbol{\alpha}) = \frac{1}{2}\|\boldsymbol{w}\|^2 - \sum_{i=1}^{N}\alpha_i y_i(\boldsymbol{w} \cdot \boldsymbol{x}_i + b) + \sum_{i=1}^{N}\alpha_i \tag{6.5}$$

式中，$\boldsymbol{\alpha} = (\alpha_1,\alpha_2,\cdots,\alpha_N)^{\mathrm{T}}$ 为拉格朗日乘子向量。当拉格朗日方程的解存在，且满足 Karush-Kuhn-Tucker(KKT)条件时，可以通过求解拉格朗日问题的对偶问题来代替原问

题求出最优解。根据 KKT 条件，要使得$\alpha_i > 0$，必定需要公式(6.4)的约束条件取等号。具体到分类的点，就是指只有最小间隔的点，即落在决策边界上的样本点，所取得的最优解其对应的α_i不为 0，这些样本点被称为支持向量。

如图 6.1 所示，实线代表超平面，只有虚线上的三个样本点与实线的距离是最小间隔距离，这三个点是支持向量。在决定分离超平面时只有支持向量起作用，而其他实例点并不起作用。可见，支持向量的个数远少于训练集的样本数。

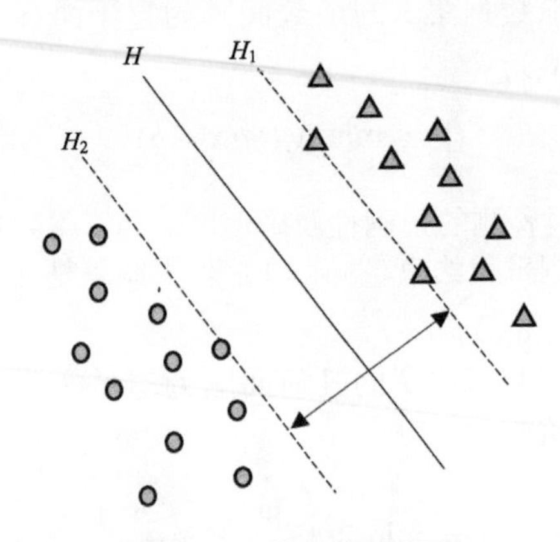

图 6.1　支持向量示意图

根据 KKT 条件，对w 和b分别求偏导并令其为 0：

$$\nabla_w L(\boldsymbol{w},b,\boldsymbol{\alpha}) = w - \sum_{i=1}^{N} \alpha_i y_i x_i = 0 \tag{6.6}$$

$$\nabla_b L(\boldsymbol{w},b,\boldsymbol{\alpha}) = \sum_{i=1}^{N} \alpha_i y_i = 0 \tag{6.7}$$

得到

$$\boldsymbol{w} = \sum_{i=1}^{N} \alpha_i y_i \boldsymbol{x}_i \tag{6.8}$$

$$\sum_{i=1}^{N} \alpha_i y_i = 0 \tag{6.9}$$

将式(6.6)和式(6.7)代入拉格朗日函数，得到

$$L(\boldsymbol{w},b,\boldsymbol{a}) = \sum_{i=1}^{N} \alpha_i - \frac{1}{2}\sum_{i=1}^{N}\sum_{j=1}^{N} \alpha_i \alpha_j y_i y_j (x_i \bullet x_j) \tag{6.10}$$

将上述转化为与之对等的对偶最优化问题：

$$\min_{\alpha} \frac{1}{2}\sum_{i=1}^{N}\sum_{j=1}^{N} \alpha_i \alpha_j y_i y_j (x_i \bullet x_j) - \sum_{i=1}^{N} \alpha_i \tag{6.11}$$

$$\text{s.t.} \sum_{i=1}^{N} \alpha_i y_i = 0 \quad \alpha_i \geqslant 0,\ i = 1,2,\cdots,N$$

假设以上对偶最优化问题对 α 的解为 $\boldsymbol{\alpha}^* = (\alpha_1^*, \alpha_2^*, \cdots, \alpha_N^*)$，可以由 $\boldsymbol{\alpha}^*$ 求得原始最优化问题对 $(\boldsymbol{w}, b)$ 的解 $(\boldsymbol{w}^*, b^*)$，存在下标 j，使得 $\alpha_j^* > 0$，得到：

$$\boldsymbol{w}^* = \sum_{i=1}^{N} \alpha_i^* y_i x_i \tag{6.12}$$

$$b^* = y_j - \sum_{i=1}^{N} \alpha_i^* y_i (\boldsymbol{x}_i \bullet \boldsymbol{x}_j) \tag{6.13}$$

此时，即可求出支持向量机的最优分离超平面。

当样本中存在少数离群点时，这些异常点会导致整个分类超平面的移动，使得原本线性可分的最优分类器变得不可分(称为近似线性可分)。为了解决这个问题，可以对每个样本点 $(\boldsymbol{x}_i, y_i)$ 引入一个松弛变量 $\xi \geqslant 0$，使得约束条件变为

$$y_i (\boldsymbol{w} \bullet \boldsymbol{x}_i + b) \geqslant 1 - \xi_i \tag{6.14}$$

此时，目标函数由原来的 $\frac{1}{2}\|\boldsymbol{w}\|^2$ 变成：

$$\frac{1}{2}\|\boldsymbol{w}\|^2 + C \sum_{i=1}^{N} \xi_i \tag{6.15}$$

式中，$C > 0$ 称为惩罚参数；C 值大时对误分类的惩罚增大，C 值小时对误分类的惩罚减小，一般由具体问题决定。

6.1.2　非线性支持向量机

当分类问题是线性可分时，前面介绍的线性分类支持向量机是一种行之有效的方法，但其不能解决非线性分类问题。Boser 等又引入了核技巧(kernel trick)(Boser et al., 1992)，提出用非线性支持向量机来解决非线性分类问题。

非线性问题不好求解，如图 6.2 左图所示，无法用线性模型将正负实例正确分开。

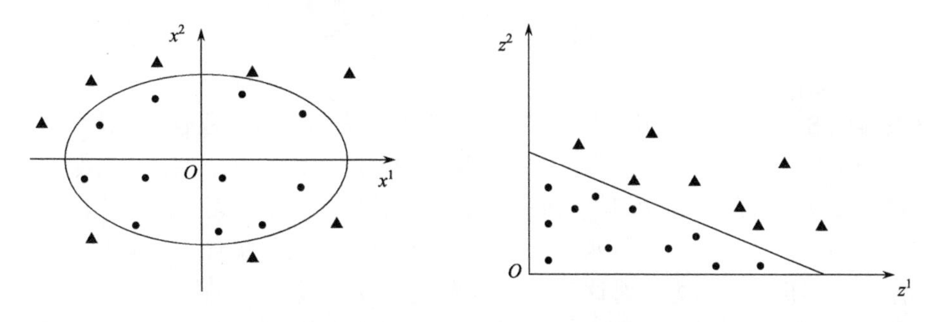

图 6.2　基于支持向量机的非线性分类示意图

拟采用的解决办法是利用核函数进行一个非线性变换，将非线性问题变换为线性问题，通过解变换后的线性问题的方法求解原来的非线性问题。例如将图 6.2 左图中的椭圆变换为右图中的直线，从而将非线性分类问题转换为线性分类问题。

核函数应用到支持向量机的基本想法是：通过一个非线性变换将输入空间对应于一个特征空间，然后在新空间中用线性分类学习方法从训练数据中学习分类模型。这样，分类问题的学习任务通过在特征空间中求解线性支持向量机就可以完成。

核函数的定义是：设 χ 是输入空间，设 H 为特征空间，如果存在一个从 χ 到 H 的映射：

$$\phi(\boldsymbol{x}):\chi \to H \tag{6.16}$$

使得对所有 $\boldsymbol{x},\boldsymbol{z}\in\chi$，函数 $K(\boldsymbol{x},\boldsymbol{z})$ 满足条件 $K(\boldsymbol{x},\boldsymbol{z})=\phi(\boldsymbol{x})\bullet\phi(\boldsymbol{z})$，称 $K(\boldsymbol{x},\boldsymbol{z})$ 为核函数，$\phi(\boldsymbol{x})$ 为映射函数。

在核函数 $K(\boldsymbol{x},\boldsymbol{z})$ 给定的条件下，可以利用求解线性分类问题的方法求解非线性分类问题的支持向量机。此时，学习是隐式地在特征空间中进行的，不需要显式地定义特征空间和映射函数，这样的技巧称为核技巧（Scholkopf and Smola, 2001）。在实际应用中，往往依赖领域知识直接选择核函数（Herbrich, 2001；Hofmann et al., 2008）。

常用的核函数有以下几种。

(1) 多项式核函数（polynomial kernel function）：

$$K(\boldsymbol{x},\boldsymbol{z})=(\boldsymbol{x}\bullet\boldsymbol{z}+1)^p \tag{6.17}$$

对应的支持向量机是一个 p 次多项式分类器。此时，分类决策函数为

$$f(\boldsymbol{x})=\operatorname{sign}\left(\sum_{i=1}^{N}\alpha_i^* y_i(\boldsymbol{x}_i\bullet\boldsymbol{x}+1)^p+b^*\right) \tag{6.18}$$

(2) 高斯核函数（Gaussian kernel function）：

$$K(\boldsymbol{x},\boldsymbol{z})=\exp\left(-\frac{\|\boldsymbol{x}-\boldsymbol{z}\|^2}{2\sigma^2}\right) \tag{6.19}$$

此时，对应的分类决策函数为

$$f(\boldsymbol{x})=\operatorname{sign}\left(\sum_{i=1}^{N}\alpha_i^* y_i \exp\left(-\frac{\|\boldsymbol{x}-\boldsymbol{z}\|^2}{2\sigma^2}\right)+b^*\right) \tag{6.20}$$

在真实的 SAR 图像分类中，可以利用图像分割技术将图像分成若干子图像块，并用局部特征矢量集合来表达图像内容，最终实现 SAR 图像场景分类。然而，局部特征矢量集合不能直接作为传统机器学习方法的输入，因为传统的机器学习方法默认输入是一个矢量。通常的处理方法包括以下两种：一种是将局部特征矢量集合进一步表达成一个矢量，再用传统的机器学习方法对这些矢量分类；另一种是设计核函数，用于度量局部特征矢量集合之间的相似性，然后将这个核函数嵌入某些基于核函数的学习方法中（比如 SVM）。

下面分别展示了以金字塔匹配核(Pyramid match kernel, PMK)和多维金字塔匹配核(multilayer pyramid match kernel, MPMK)为核函数的 SVM 分类器在高分辨率 SAR 图像数据集上的分类实验结果(殷慧,2010)。使用的高分辨 SAR 图像数据集包含 450 张图像，分别属于：居住地 99 张、工业用地 96 张、公共设施用地 87 张、道路和广场用地 91 张和裸地 77 张，共 5 类城区地物。这些图像都采自一张 TerraSAR-X 拍摄的中国武汉地区的图像(13 640 像素×17 015 像素，分辨率为 1.25 m，HH 极化，Strip 模式，地理坐标矫正后的图像)。图像集中每张图像为 128 像素×128 像素。根据相同区域的高分辨率光学图像、对该地域的先验知识以及已知的高分辨 SAR 图像对各种地物表现的特点，手工标注了各图像所属的类别。从每类随机选择 50 张图像，将这 250 张图像作为训练集，剩下的所有图像作为测试集。图 6.3 展示的是分类算法在一张实验图像上的分类结果。

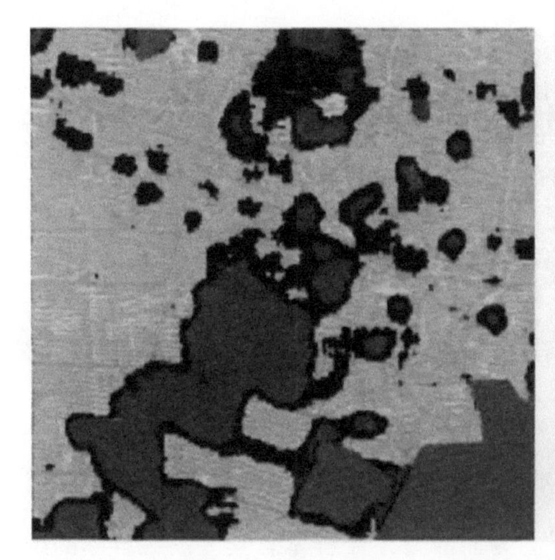
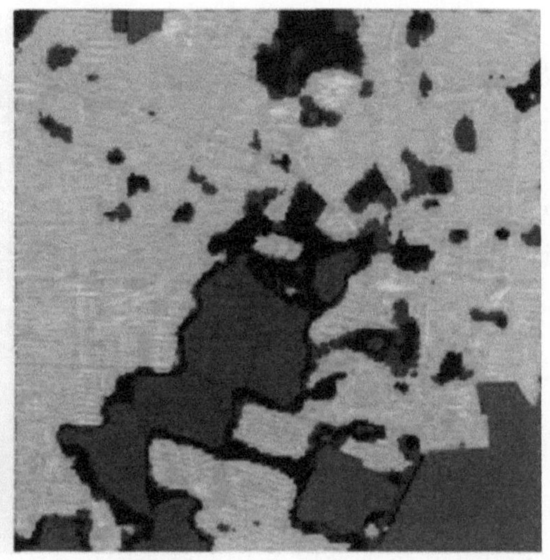

图 6.3　高分辨率城区场景分类结果图

左图为 PMK-SVM 分类结果图，右图为 MPMK-SVM 分类结果图。其中黄色表示居住地，红色表示公共设施用地，蓝色表示工业用地，灰色表示裸地，黑色表示道路和广场，深蓝色为湖水暂不列为被分类对象

从图 6.3 中可以看出，对于居住地，PMK-SVM 对图像右上方区域内的居住地的分类效果不如 MPMK-SVM 好，对图像左下方区域内的居住地的分类效果比 MPMK-SVM 好，MPMK-SVM 将此区域内的居住地和工业用地混淆；对于工业用地，在标注图中仅有一处属于工业用地的区域，MPMK-SVM 将此区域正确分类，而 PMK-SVM 则将此区域错分为道路和广场用地；对于公共设施用地中的教育用地，MPMK-SVM 的分类精度明显高于 PMK-SVM，但是对于公共设施用地中的商业用地，两种方法都没能正确区分；对于道路和广场类别，两种算法对于道路的区分力都较低，但是对于图中心的广场用地，MPMK-SVM 的区分力比 PMK-SVM 稍好些。总体来说。在这张图上两种算法的分类性能相近。

两种算法的分类准确率和 Kappa 系数分别列于表 6.1 中。从表 6.1 所列的各项分类指标来看，MPMK-SVM 的分类准确率和 Kappa 系数都略大于 PMK-SVM。

表 6.1　基于 SVM 高分辨率 SAR 图像场景分类的性能

分类算法	PMK-SVM	MPMK-SVM
特征维数	22	22
分类准确率/%	60.78	60.97
Kappa 系数	0.3872	0.3876

6.2　低秩稀疏分类

SAR 图像分类是一个高维非线性映射问题，稀疏表示技术对于解决此类问题具有很大潜力。而字典学习在基于稀疏表示的分类中起到重要作用。对于 SAR 图像来说，从子空间的角度来考虑，具有相似特征的同一类地物目标，其本质特征通常存在于低维子空间中，具有低秩属性，低秩表示是一种有效的基于稀疏表示思想的矩阵表达方法。因此，可以通过施加稀疏和低秩约束使字典能够抓住类内具有可区分性的局部和全局结构特征，来增强字典对地物的区分能力，进而提高 SAR 图像的分类性能。

6.2.1　低秩稀疏约束下的可区分性字典学习模型

1. 稀疏表示模型

给定由 C 类样本组成的训练集 $\boldsymbol{X}=[\boldsymbol{X}_1,\boldsymbol{X}_2,\cdots,\boldsymbol{X}_C]\in\boldsymbol{R}^{m\times q}$ ，其中 $\boldsymbol{X}_i\in\boldsymbol{R}^{m\times q_i}$ 为第 i 类训练集， q_i 为训练集 X_i 中的样本数； $q=\sum_{i=1}^{C}q_i$ 为训练集 $\boldsymbol{X}$ 中样本总数； m 为样本的维数。由稀疏表示理论可知，稀疏表达能够从训练集 $\boldsymbol{X}\in\boldsymbol{R}^{m\times q}$ 中学习出一个能够表达其本质特征的超完备字典 $\boldsymbol{D}\in\boldsymbol{R}^{m\times n}(m<n)$ ，即

$$\boldsymbol{X}=\boldsymbol{DA} \tag{6.21}$$

在稀疏的惩罚下，公式(6.21)转化为优化求解：

$$\{\boldsymbol{D},\boldsymbol{A}\}=\arg\min_{D}\|\boldsymbol{X}-\boldsymbol{DA}\|_F^2+\lambda\|\boldsymbol{A}\|_1 \tag{6.22}$$

式中， $\boldsymbol{A}$ 是 $\boldsymbol{X}$ 在超完备字典 $\boldsymbol{D}$ 上的稀疏表达系数矩阵； $\|\bullet\|_1$ 为 ℓ^1 范数； λ 为尺度参数，通过对系数施加稀疏惩罚，字典可以获取样本的局部结构特征，从而完成对样本的最简洁表达，即使用尽可能少的原子完成对样本的表达。

然而，由公式(6.22)学得的超完备字典 $\boldsymbol{D}$ 被所有类所共享，不能有效地建立起与类别标签的对应关系，导致无法对地物进行有效的判别。一种解决办法(Zhang et al., 2015)是为每类地物训练出一个超完备字典 $\boldsymbol{D}_i$ ，并由各超完备字典 $\boldsymbol{D}_i, i=1,2,\cdots,C$ 构建分类字典 $\boldsymbol{D}$ ，即 $\boldsymbol{D}=[\boldsymbol{D}_1,\boldsymbol{D}_2,\cdots,\boldsymbol{D}_C]$。使用字典 $\boldsymbol{D}$ ，将公式(6.21)转化为

$$X = DA = D_1A_1 + D_2A_2 + \cdots + D_CA_C \tag{6.23}$$

式中，$A = [A_1; A_2; \cdots, A_C]$，$A_i$ 为训练集 X 在超完备字典 D_i 上的系数块。公式(6.22)可以写成

$$\{D_i\} = \arg\min_{D_i} \|X_i - D_iA_i\|_F^2 + \lambda\|A_i\|_1 \tag{6.24}$$

分类字典 D 的示意图如图 6.4 所示。

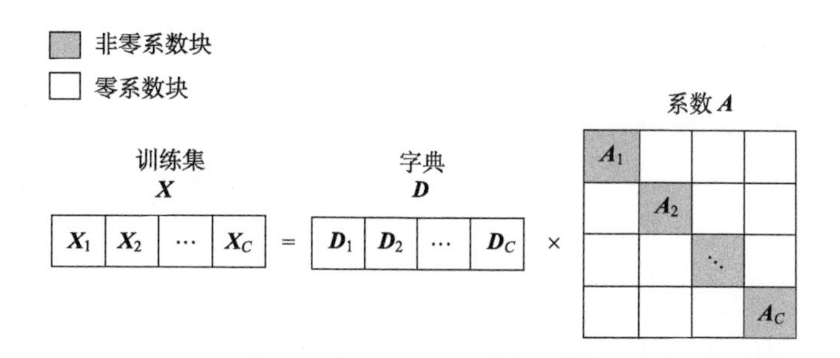

图 6.4　理想的分类字典示意图

公式(6.24)中的各子字典 D_i 可以自适应地从复杂的分类特征中学习出本类样本的特征，建立起字典 D_i 与类别标签之间的对应关系。另外，公式(6.24)中的第二项 $\|A_i\|_1$ 为稀疏惩罚项，它鼓励系数矩阵使用尽可能少的非零解完成对样本的表达，且这些非零解有效承载了地物的类别信息。借助字典 $D_i, i = 1,2,\cdots,C$ 和相应的稀疏表示系数 $A_i, i = 1,2,\cdots,C$，避免了特征选择的难题，便于分类问题的分析。

然而公式(6.24)使用 ℓ^1 范数对系数进行稀疏惩罚，致使当超完备字典 D_i 独立地训练它的每个原子时，其仅能获取训练样本的局部结构特征，无法获取训练样本的全局结构特征(Liu et al.，2016)。另外，在由目标极化分解分量组成的极化特征空间中，不同类别的地物往往会共享相似的极化特征，致使公式(6.24)中的超完备字典 D_i 与 D_j，$\forall i \neq j$ 相关。这是由于倘若使用公式(6.24)训练拥有较强表示能力的超完备字典 D_i，那些类间共享的极化特征将被不同子字典 D_i 中的原子所表示，以便获取最小的表示误差。因此公式(6.24)中各子字典 D_i 不仅含有描述本类地物类内特征的原子，而且也含有描述类间共享特征为所有类所共享的原子。这些共享的原子不仅不具备地物判别能力，反而会削弱字典 D_i 的判别能力。

2. 低秩表示模型

近些年来，低秩矩阵表示在理论上的发展和完善让我们能够从数据矩阵中将子空间的低秩结构提取出来，在目标检测、人脸识别和图像分类等领域获得广泛应用(Zhang et al.，2014；Ren et al.，2017)。

通常情况下，对于数据矩阵 X，可以将其表达为如下两个分量的和：

$$X = L + E \tag{6.25}$$

式中，L 为低秩分量；E 为稀疏分量。则对公式(6.25)的求解可转换为求解如下优化问题：

$$\arg\min_{L,E} \operatorname{rank}(\boldsymbol{L}) + \beta \|\boldsymbol{E}\|_1 \quad \text{s.t.} \quad \boldsymbol{X} = \boldsymbol{L} + \boldsymbol{E} \tag{6.26}$$

式中，参数 β 为尺度参数用于调整分量 $\boldsymbol{E}$ 的权重。然而公式(6.26)的解并不唯一，为方便优化，进行凸松弛，使用核范数(nuclear norm)代替秩函数。如果数据矩阵 $\boldsymbol{X}$ 的秩足够低，且 $\boldsymbol{E}$ 是稀疏的，公式(6.26)可以松弛为如下凸问题：

$$\arg\min_{L,E} \|\boldsymbol{L}\|_* + \beta \|\boldsymbol{E}\|_1 \ \text{s.t.}\ \boldsymbol{X} = \boldsymbol{L} + \boldsymbol{E} \tag{6.27}$$

式中，$\|\boldsymbol{L}\|_*$ 为 $\boldsymbol{L}$ 的核范数，即所有特征之和。

公式(6.27)意味着数据潜在的结构存在于一个单一的低秩子空间中。然而对于分类问题，数据常常来自于多个子空间，则由公式(6.27)获取的低秩结构会不准确。对于这个问题，假设数据在字典上的表示系数矩阵是低秩的(Liu, 2013)，那么可以表示为

$$\arg\min_{Z,D} \|\boldsymbol{Z}\|_* + \beta \|\boldsymbol{E}\|_1 \ \text{s.t.}\ \boldsymbol{X} = \boldsymbol{D}\boldsymbol{Z} + \boldsymbol{E} \tag{6.28}$$

式中，$\boldsymbol{D}$ 是字典，用以线性张成全部数据空间。文献(Liu, 2013)已经证明低秩表示能够有效地从少量的数据中提取出数据的全局结构特征，在分类应用中对受噪声污染的数据具有很好的鲁棒性。对于低秩问题(6.28)的优化，涌现出了很多算法，例如迭代门限法(Boyd et al., 2011)、加速近似梯度法(Ganesh et al., 2009)、增广拉格朗日乘子法ALM(Bertsekas, 2014)，以及自适应惩罚的线性迭代法(LADMP)(Afonso et al., 2011)。

3. 基于低秩稀疏约束的可区分性字典学习模型

为能够对极化特征空间中分布结构十分复杂的地物进行正确的类别判别，需要字典具有从极化特征空间中获取具有可判别性本质特征的能力。稀疏表示通过超完备字典能够自适地抓住类内的局部结构特征，建立起字典与类标签的对应关系，同时系数矩阵中具有稀疏特性的非零解有效承载了地物的类别信息，非常有利于在稀疏域对地物类别进行判别。低秩表示模型通过对系数施加低秩约束，使其能够从少量的样本中获取样本的全局结构特征，考虑到SAR图像中同类地物目标的类内本质特征通常位于低维度的子空间中，全局结构特征能够有效降低相干斑等因素的影响，对地物目标类别具有很好的判别能力。在稀疏表示与低秩表示的启发下，可以获取具有较强判别能力的字典，使其能够对复杂场景中的地物进行有效的判别，提高分类性能(桑成伟、孙洪，2017)。

对于训练集 $\boldsymbol{X} = [\boldsymbol{X}_1, \boldsymbol{X}_2, \cdots \boldsymbol{X}_C]$，对应结构字典 $\boldsymbol{D}$ 由类独有子字典 $\boldsymbol{D}_i, i = 1, 2, \cdots C$ 和通用子字典 $\boldsymbol{D}_S$ 共同组成，即 $\boldsymbol{D} = [\boldsymbol{D}_1, \boldsymbol{D}_2, \cdots, \boldsymbol{D}_C, \boldsymbol{D}_S]$，其中类独有子字典 $\boldsymbol{D}_i$ 为第 i 类地物所独享的，致力于描述此类地物的独有特征，与类标签具有清晰的对应关系。通用子字典 $\boldsymbol{D}_S$ 被所有类共享，描述的是所有类共享的特征。使用结构字典 $\boldsymbol{D}$，公式(6.23)可以表达为

$$\begin{aligned} \boldsymbol{X} &= \boldsymbol{D}_1\boldsymbol{A}_1 + \boldsymbol{D}_2\boldsymbol{A}_2 + \cdots + \boldsymbol{D}_C\boldsymbol{A}_C + \boldsymbol{D}_S\boldsymbol{A}_S \\ &= [\boldsymbol{D}_1, \boldsymbol{D}_2, \cdots, \boldsymbol{D}_C, \boldsymbol{D}_S] \begin{bmatrix} \boldsymbol{A}_1 \\ \boldsymbol{A}_2 \\ \vdots \\ \boldsymbol{A}_C \\ \boldsymbol{A}_S \end{bmatrix} \end{aligned} \tag{6.29}$$

式中，$\boldsymbol{A}=[\boldsymbol{A}_1;\boldsymbol{A}_2;\cdots;\boldsymbol{A}_C;\boldsymbol{A}_S]$ 为训练集 X 在字典 $\boldsymbol{D}$ 上的稀疏表示系数矩阵；$\boldsymbol{A}_i$ 和 $\boldsymbol{A}_S$ 分别为 X 在子字典 $\boldsymbol{D}_i$ 和 $\boldsymbol{D}_S$ 上的表示系数矩阵。

在分类应用中对于结构字典 $\boldsymbol{D}$，不仅需要其具有很好的表达能力，而且还需要其拥有强大的判别能力。因此，在理想情况下，系数矩阵 $\boldsymbol{A}$ 应具有如下特性：

$$\boldsymbol{A}_i^j=0,\forall i,j\in\{1,\cdots,C\},i\neq j \tag{6.30}$$

式中，$\boldsymbol{A}_i^j$ 为子集 X_i 在子字典 $\boldsymbol{D}_j$ 上的系数。公式(6.30)表示除非 $\boldsymbol{A}_i^j$ 表达第 $\boldsymbol{i}$ 类的样本，否则其所有的解为零。也就是说，第 $\boldsymbol{i}$ 类样本的非零系数将仅仅稀疏地集中在类独有子字典 $\boldsymbol{D}_i$ 和通用子字典 $\boldsymbol{D}_S$ 上，如图 6.5 所示，即

$$\boldsymbol{X}_i\approx\boldsymbol{D}_i\boldsymbol{A}_i^j+\boldsymbol{D}_S\boldsymbol{A}_i^S \tag{6.31}$$

式中，$\boldsymbol{A}_i^j$ 和 $\boldsymbol{A}_i^S$ 分别是样本 $\boldsymbol{X}_i$ 在字典 $\boldsymbol{D}_i$ 和 $\boldsymbol{D}_S$ 上的系数矩阵。

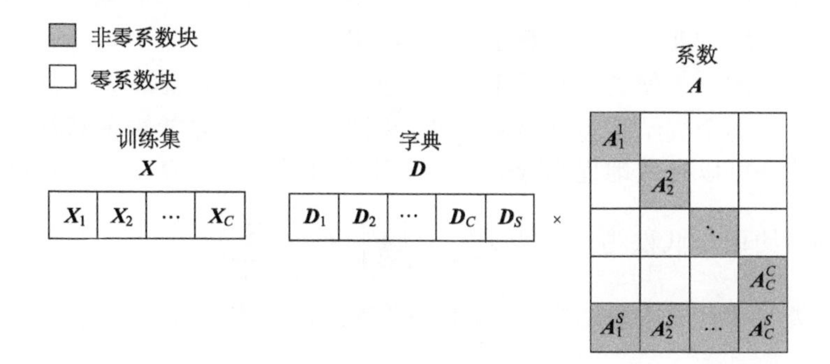

图 6.5　结构字典示意图

在稀疏和低秩约束的条件下，可以得到如下可区分性字典学习模型：

$$\underset{\boldsymbol{D},\boldsymbol{A}}{\arg\min}\,\mathrm{RE}(\boldsymbol{X},\boldsymbol{DA})+\mathrm{SI}(\boldsymbol{D})+\mathrm{SP}(\boldsymbol{A}_i^j,\boldsymbol{A}_i^S) \tag{6.32}$$

其中：

$$\mathrm{RE}(\boldsymbol{X},\boldsymbol{DA})=\|\boldsymbol{X}-\boldsymbol{DA}\|_F^2+\frac{1}{2}\sum_{i=1}^{C}\left\|\boldsymbol{X}_i-\boldsymbol{D}_i\boldsymbol{A}_i^i-\boldsymbol{D}_S\boldsymbol{A}_i^S\right\|_F^2 \tag{6.33}$$

$$\mathrm{SI}(\boldsymbol{D})=\varphi\sum\nolimits_{i\neq j}\left\|\boldsymbol{D}_i^T\boldsymbol{D}_j\right\|_F^2 \tag{6.34}$$

$$\mathrm{SP}(\boldsymbol{A}_i^j,\boldsymbol{A}_i^S)=\chi\sum_{i=1}^{C}\sum_{j=1}^{C}\left\|\boldsymbol{A}_i^j\right\|_*+\delta\sum_{i=1}^{C}\sum_{j=1}^{C}\left\|\boldsymbol{A}_i^j\right\|_1+\sum_{i=1}^{C}\gamma\left\|\boldsymbol{A}_i^S\right\|_1 \tag{6.35}$$

式(6.32)中第一项 $\mathrm{RE}(\boldsymbol{X},\boldsymbol{DA})$ 为判别保真度项，第二项 $\mathrm{SI}(\boldsymbol{D})$ 为子字典非相关项，第三项 $\mathrm{SP}(\boldsymbol{A}_i^j,\boldsymbol{A}_i^S)$ 为表达系数矩阵的稀疏惩罚项。$\boldsymbol{A}_i^j$ 和 $\boldsymbol{A}_i^S$ 分别表示 $\boldsymbol{X}_i$ 在子字典 $\boldsymbol{D}_j$ 和 $\boldsymbol{D}_S$ 上的系数矩阵，$\|\bullet\|_*$ 是核范数，$\varphi,\chi,\delta,\gamma$ 为四个尺度参数。在上述三项(6.33)、(6.34)和(6.35)共同作用下，类独有子字典 $\boldsymbol{D}_i$ 能够专注于表征本类样本的具有可判别性的本质结构特征。其中判别保真度项(6.33)和子字典非相关项(6.34)致力于使类独有子字典 $\boldsymbol{D}_i$

具有可判别性和非相关性；稀疏约束项(6.35)一方面使通用子字典 $\boldsymbol{D}_S$ 较好地表达类间相似的特征，另一方面使类独有子字典 $\boldsymbol{D}_i$（$i=1,2,\cdots,C$）能够专注于获取类内具有可判别性的本质结构特征。模型(6.32)中的各惩罚规则项详细介绍如下。

判别保真度项：此项旨在促使训练出来的字典既具有较好的重建能力，又具有良好的判别能力。首先字典 $\boldsymbol{D}$ 要能对 $\boldsymbol{X}$ 进行有效重建，即 $\|\boldsymbol{X}-\boldsymbol{D}\boldsymbol{A}\|_F^2$ 达到最小，然后要有较强的判别能力，即 $\boldsymbol{X}_i$ 仅被 $\boldsymbol{D}_i$ 和 $\boldsymbol{D}_S$ 所表达，也就意味着 $\boldsymbol{X}_i$ 主要的非零系数仅稀疏地分布在 $\boldsymbol{A}_i^i$ 与 $\boldsymbol{A}_i^S$ 上，使 $\sum_{i=1}^{C}\left\|\boldsymbol{X}_i-\boldsymbol{D}_i\boldsymbol{A}_i^i-\boldsymbol{D}_S\boldsymbol{A}_i^S\right\|_F^2$ 尽可能达到最小。借由此惩罚项，通用子字典 $\boldsymbol{D}_S$ 可将 $\boldsymbol{X}_i$ 中的类间共享的特征剥离出来，从而促使类独有子字典 $\boldsymbol{D}_i$ 更专注于表达训练集 $\boldsymbol{X}_i$ 所特有的特征。

子字典非相关项：减少原子间的相关性可以提高稀疏表示的有效性。为减少子字典间的相关性，引入结构非相关项强制子字典尽可能的独立。

稀疏惩罚项：此项是使类独有子字典得以抓住样本的本质结构特征的关键所在。对于分类应用，样本的全局结构特征是除局部特征外另一个非常重要的特征，综合利用局部和全局结构特征可以有效地提高分类性能。对类独有子字典 $\boldsymbol{D}_i, i=1,2,\cdots C$ 上的表达系数同时施以稀疏约束与低秩约束，即 $\chi\sum_{i=1}^{C}\sum_{j=1}^{C}\left\|\boldsymbol{A}_i^j\right\|_*+\delta\sum_{i=1}^{C}\sum_{j=1}^{C}\left\|\boldsymbol{A}_i^j\right\|_1$，结合判别保真度项，使其能够表征类内独有的本质结构特征，另外考虑到低秩约束会限制通用子字典 $\boldsymbol{D}_S$ 描述共享特征的能力，对通用字典 $\boldsymbol{D}_S$ 上的表达系数 $\boldsymbol{A}_i^S$ 施以稀疏约束，即 $\sum_{i=1}^{C}\gamma\left\|\boldsymbol{A}_i^S\right\|_1$，使其描述类间的共享特征，从而使类内的可判别性本质特征集中于类独有子字典 $\boldsymbol{D}_i$ 上。

6.2.2　基于可区分性字典学习模型的分类

1. 分类判决器

在实际分类应用中，使用上节提出的字典 $\boldsymbol{D}$ 从一个单独的待决样本 $\boldsymbol{y}$ 中提取的本质结构与本类的本质结构之间的偏差，将高于由一组同类样本中提取的本质结构。因此，将待决样本 $\boldsymbol{y}$ 与训练集中的样本相结合，构建待决样本矩阵，然后从待决样本矩阵中提取样本 $\boldsymbol{y}$ 的较为精确的本质结构特征。使用的分类判决器由三个主要步骤组成：待决矩阵构建、待决矩阵系数编码、分类判决。下面将依次对这三个步骤进行介绍。

1) 待决矩阵构建

对于待决样本 $\boldsymbol{y}$，首先从第 k 类训练集中选取出若干个与待决样本 $\boldsymbol{y}$ 结构最为相似的样本 $\boldsymbol{x}_i\in\boldsymbol{X}_k$ 组成相似子集 $\boldsymbol{X}_k^y\in\boldsymbol{X}_k$，然后由 $\boldsymbol{X}_k^y$ 与 $\boldsymbol{y}$ 共同组建待决样本矩阵

$$\tilde{\boldsymbol{X}}_k^y=\left[\boldsymbol{X}_k^y\,\boldsymbol{y}\right] \tag{6.36}$$

对于 $\boldsymbol{y}$ 与训练样本 $\boldsymbol{x}_i \in \boldsymbol{X}_k$ 的相似性测度，考虑到极化 SAR 数据的分布特性，经典的欧式距离对于 SAR 图像已经不再是最优的相似性测度，采用基于 Wishart 距离的相似性测度:

$$d_{\mathrm{SRW}}(\boldsymbol{x}_i, \boldsymbol{y}) = \mathrm{tr}(\boldsymbol{B}_y^{-1}\boldsymbol{A}_x + \boldsymbol{B}_y\boldsymbol{A}_x^{-1}) - q \tag{6.37}$$

式中，$\boldsymbol{A}_x$ 和 $\boldsymbol{B}_y$ 分别是 $\boldsymbol{x}_i$ 与 $\boldsymbol{y}$ 的相干矩阵；q 为相干矩阵的维数；$d_{\mathrm{SRW}}(\boldsymbol{x}_i, \boldsymbol{y})$ 值越小代表越相似。

2) 待决矩阵系数编码

给定判别式结构字典 $\boldsymbol{D}$ 和 $\boldsymbol{y}$ 与各训练集 $\boldsymbol{X}_k, k=1,2,\cdots,C$ 共同组建的待决矩阵 $\tilde{\boldsymbol{X}}_k^y, k=1,2,\cdots,C$，分别求取 $\tilde{\boldsymbol{X}}_k^y, k=1,2,\cdots,C$ 在给定的判别式结构字典 $\boldsymbol{D}$ 上的表达系数矩阵 $\tilde{\boldsymbol{A}}_k = \left[\boldsymbol{A}(k)\boldsymbol{a}(k)\right], k=1,2,\cdots,C$，其中 $\boldsymbol{A}(k)$ 与 $\boldsymbol{a}(k)=[\boldsymbol{a}_1(k);\boldsymbol{a}_2(k);\cdots;\boldsymbol{a}_C(k);\boldsymbol{a}_S(k)]$ 分别为 $\boldsymbol{X}_k^y$ 和 $\boldsymbol{y}$ 在字典 $\boldsymbol{D}$ 上的系数，$\boldsymbol{a}_i(k)$ 为 $\boldsymbol{a}(k)$ 中 $\boldsymbol{y}$ 对应子字典 $\boldsymbol{D}_i$ 上的系数块。

3) 分类判决

由于通用子字典 $\boldsymbol{D}_S$ 描述的是类间共享的特征，并不具有类别判别能力，因此仅根据待决样本 $\boldsymbol{y}$ 在类独有子字典 $\boldsymbol{D}_i, i=1,2,\cdots C$ 上的重建误差进行分类，分类准则如下：

$$\mathrm{kind}(\boldsymbol{y}) = \underset{\substack{i=1,\cdots,C \\ k=1,\cdots,C}}{\arg\min} \left\| \boldsymbol{y} - \boldsymbol{D}_i \boldsymbol{\Delta}_i(\boldsymbol{a}_i(k)) \right\|_2^2 \tag{6.38}$$

其中

$$\boldsymbol{\Delta}_i(\boldsymbol{a}_i(k)) = \begin{cases} \boldsymbol{a}_i(k) & k=i \\ 0 & k \neq i \end{cases} \tag{6.39}$$

这是由于对于由样本 $\boldsymbol{y}$ 与第 i 类相似子集 $\boldsymbol{X}_i^y \subset \boldsymbol{X}_i$ 构建的待决矩阵 $\tilde{\boldsymbol{X}}_i^y$，从其表达系数矩阵 $\tilde{\boldsymbol{A}}_i = [\boldsymbol{A}(i)\boldsymbol{a}(i)]$ 中提取的向量 $\boldsymbol{a}_i(i)$（$\boldsymbol{a}_i(i)$ 为 $\tilde{\boldsymbol{A}}_i$ 中 $\boldsymbol{y}$ 在子字典 $\boldsymbol{D}_i$ 的系数块）最能反映 $\boldsymbol{y}$ 在第 i 类地物中的本质结构特征。式(6.38)进一步整理为

$$\mathrm{kind}(\boldsymbol{y}) = \underset{i=1,\cdots,C}{\arg\min} \left\| \boldsymbol{y} - \boldsymbol{D}_i \boldsymbol{a}_i(i) \right\|_2^2 \tag{6.40}$$

2. 分类算法框架

将上节提出的字典模型应用于极化 SAR 图像分类，此分类算法由三个主要步骤组成：极化特征空间构建、可区分性字典学习和分类判决，算法流程如图 6.6 所示。

具体步骤如下。

(1) 数据输入：输入全极化 SAR 图像数据。

(2) 极化特征空间构建：使用目标极化分解算法从极化 SAR 图像中提取目标极化分解分量，由于各分解分量的取值范围有所不同，进行归一化张成一个 27 维极化特征空间 R^{27}。

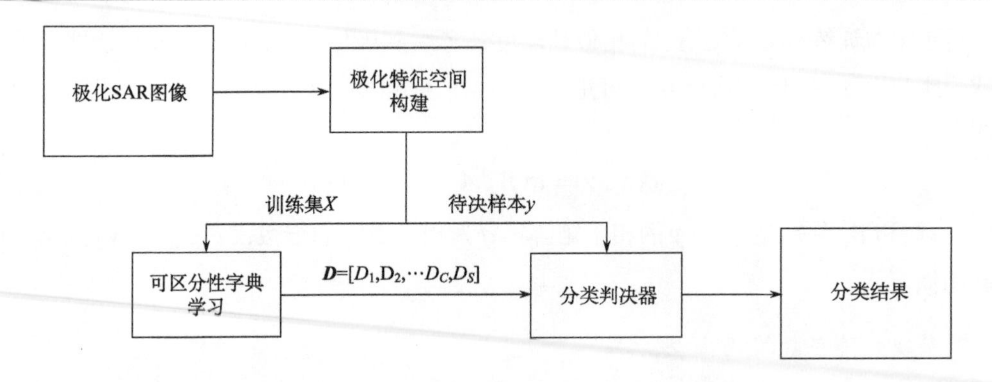

图 6.6　基于可区分性字典的 SAR 图像分类流程图

(3) 可区分性字典学习：给定训练集 $\boldsymbol{X} \in R^{27\times q}$，$q$ 为训练样本总数，优化得到可区分字典 $\boldsymbol{D}=[\boldsymbol{D}_1,\boldsymbol{D}_2,\cdots,\boldsymbol{D}_C,\boldsymbol{D}_S]\in R^{27\times n}$，$\boldsymbol{D}_i \in R^{27\times n}$，$n=\sum_{i=1,\cdots C,S} n_i$。在字典学习过程中对稀疏表示系数与超完备字典进行迭代优化。

(4) 分类判决：对于待决样本 $\boldsymbol{y}\in R^{27\times 1}$，首先获得 C 个待决矩阵 $\tilde{\boldsymbol{X}}_i^y \in R^{27\times(M+1)}, i=1,\cdots,C$，其次分别计算待决矩阵 $\tilde{\boldsymbol{X}}_i^y \in R^{27\times(M+1)}, i=1,\cdots,C$ 在字典 $\boldsymbol{D}$ 上的表示系数矩阵 $\tilde{\boldsymbol{A}}_i=[\boldsymbol{A}(i)\boldsymbol{a}(i)]\in R^{n\times(M+1)}, i=1,\cdots,C, \boldsymbol{A}(i)\in R^{n\times M}, \boldsymbol{a}(i)\in R^{n\times 1}$，再次从 $\tilde{\boldsymbol{A}}_i, i=1,\cdots,C$ 中提取测试样本 $\boldsymbol{y}$ 在字典 $\boldsymbol{D}_i, i=1,2,\cdots C$ 上的表示系数 $\boldsymbol{a}_i(i)\in R^{n_i\times 1}, i=1,\cdots C$，最后进行类别标号判决。

(5) 分类结果输出：为验证可区分性字典学习模型的分类性能，在极化 SAR 图像上进行了三个比较实验(桑成伟，2017)：基于 SVM 的极化 SAR 图像分类、基于稀疏表示的极化 SAR 图像分类和基于可区分性字典学习的 SAR 图像分类。基于 SVM 的分类算法选用径向基核函数，惩罚因子为 $C=10^2$，形状参数为 $\sigma=0.1$。基于稀疏表示的分类算法字典 $\boldsymbol{D}$ 维数为 $\boldsymbol{D}\in R^{15\times 128}$。可区分性学习字典中类专属子字典 $\boldsymbol{D}_i$ 和共同子字典 $\boldsymbol{D}_S$ 的维数均为 15×32。上述三种算法构造的特征空间中为每类地物选取 10%像素用于训练字典，剩余 90%用于测试。

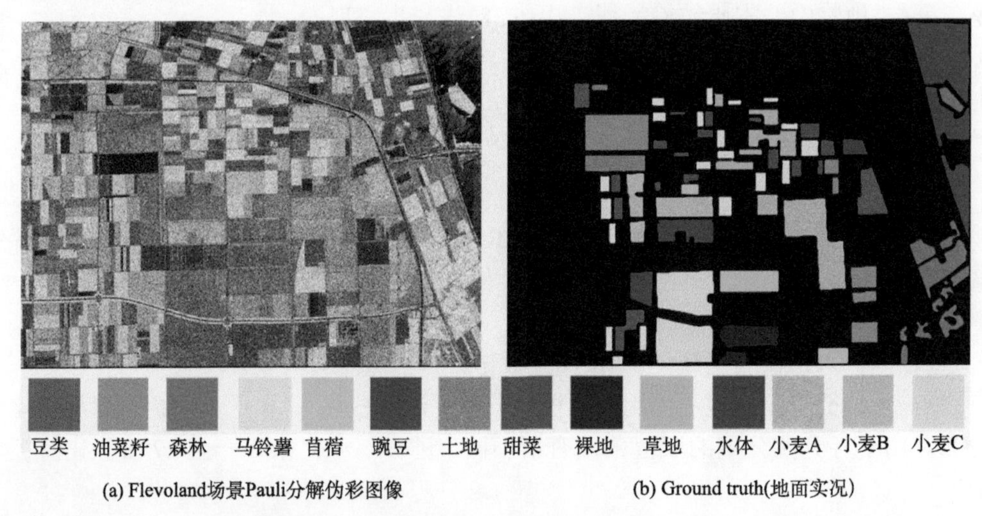

(a) Flevoland场景Pauli分解伪彩图像　　(b) Ground truth(地面实况)

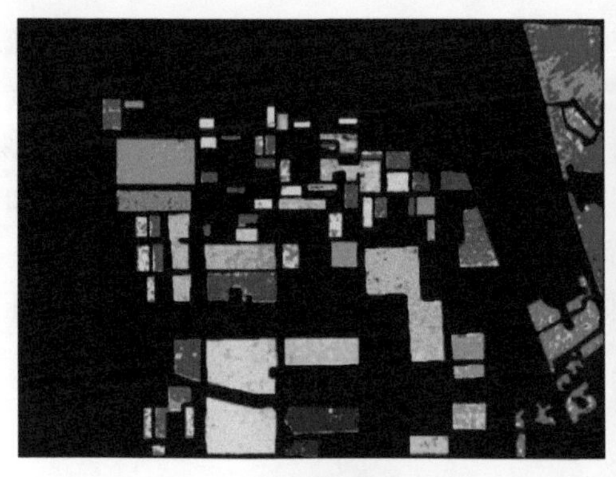

(c) SVM分类结果

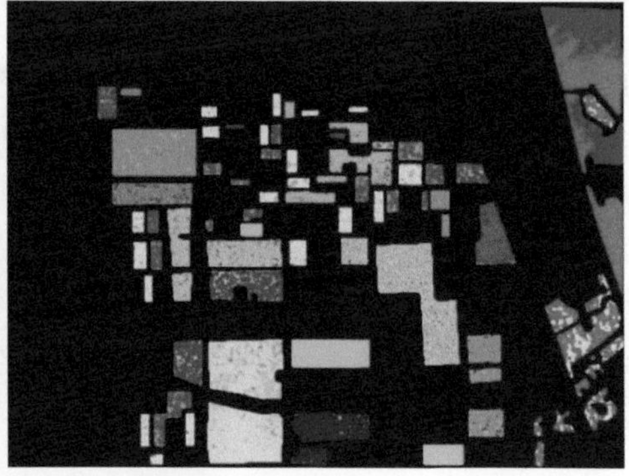

(d) 基于稀疏表示的分类结果

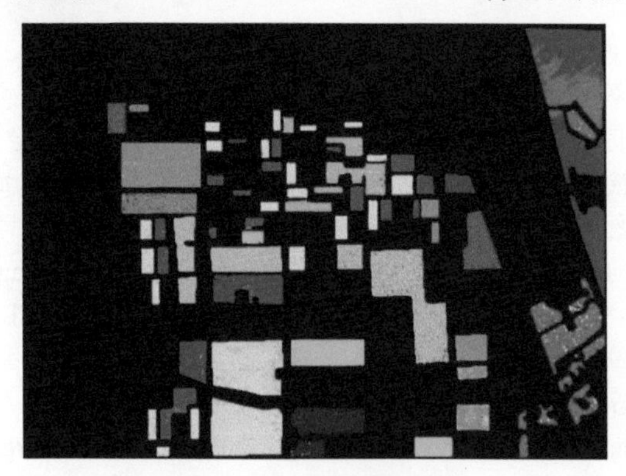

(e) 可区分性字典分类结果

图 6.7　分类结果

表 6.2　场景分类准确率

地物类型	SVM 算法	稀疏表示	可区分性字典学习模型
豆类	0.7416	0.9122	0.9462
油菜籽	0.8732	0.9079	0.9263
森林	0.8187	0.9013	0.9568
马铃薯	0.7253	0.8685	0.9524
苜蓿	0.7326	0.9566	0.9818
豌豆	0.8151	0.7943	0.8991
土地	0.8422	0.8438	0.9401
甜菜	0.6945	0.6794	0.9672
裸地	0.8865	0.9081	0.9407
草地	0.7084	0.8906	0.9872
水体	0.6577	0.4474	0.7138
小麦 A	0.8183	0.7908	0.8969
小麦 B	0.7829	0.9129	0.9337
小麦 C	0.6949	0.8186	0.9847
平均精度	0.7705	0.8309	0.9305

由图 6.7 可以看出，可区分性字典学习模型的分类结果明显优于 SVM 算法和稀疏表示算法，14 类地物能够得到有效区分。由表 6.2 可以看出，对于马铃薯，可区分性字典学习比 SVM 提高了 22.71%，比稀疏表示提高了 8.39%；对于草地比 SVM 提高了 27.88%，比稀疏表示提高了 9.66%；对于其他地物，可区分性字典学习精度均高于基于 SVM 和稀疏表示的分类算法，平均分类精度比 SVM 提高 16%，比稀疏表示提高 9.96%。

由此可见，可区分性字典学习由于能够抓住地物的具有可判别性的本质结构特征，对极化 SAR 图像中各类地物可以进行有效区分，且分类结果具有较好的区域一致性，能够较好地完成 SAR 图像分类的任务。

参 考 文 献

李航. 2012. 统计学习方法. 北京：清华大学出版社.

桑成伟. 2017. 极化 SAR 图像解译技术研究. 武汉大学博士论文.

桑成伟，孙洪. 2017. 基于可区分性字典学习模型的极化 SAR 图像分类. 信号处理, 33(11)：1405-1415.

殷慧. 2010. 基于局部特征表达的高分辨率 SAR 图像城区场景分类方法研究. 武汉大学博士学位论文.

周晓光. 2008. 极化 SAR 图像分类方法研究. 国防科技大学.

Afonso M V, Bioucas-Dias J M, Figueiredo M A. 2011. An augmented Lagrangian approach to the constrained optimization formulation of imaging inverse problems. IEEE Transactions on Image Processing, 20(3)：681-695.

Bertsekas D P. 2014. Constrained Optimization and Lagrange Multiplier Methods. Academic Press.

Boser B E, Guyon I M, Vapnik V N. 1992. A training algorithm for optimal margin classifiers. Proceedings of the Fifth Annual Workshop on Computational Learning Theory, ACM: 144-152.

Boyd S, Parikh N, Chu E, Peleato B, Eckstein J. 2011. Distributed optimization and statistical learning via the alternating direction method of multipliers. Foundations and Trends in Machine Learning, 3(1)：1-122.

Bruzzone L. 2000. An approach to feature selection and classification of remote sensing images based on the Bayes rule for minimum cost. IEEE Transactions on Geoscience and Remote Sensing, 38(1)：429-438.

Cortes C, Vapnik V. 1995. Support-vector networks. Machine Learning, 20(3)：273-297.

Ganesh A, Lin Z, Wright J, Wu L, Chen M, Ma Y. 2009. December. Fast algorithms for recovering a corrupted low-rank matrix. In 2009 3rd IEEE International Workshop on Computational Advances in Multi-Sensor Adaptive Processing(CAMSAP)：213-216.

Herbrich R. 2001. Learning Kernel Classifiers: Theory and Algorithms. MIT Press.

Hofmann T, Schölkopf B, Smola A J. 2008. Kernel methods in machine learning. The Annals of Statistics, 1171-1220.

Liu G, Lin Z, Yan S, Sun J, Yu Y, Ma Y. 2013. Robust recovery of subspace structures by low-rank representation. IEEE Transactions on Pattern Analysis and Machine Intelligence, 35(1)：171-184.

Liu Y, Li X, Liu C, Liu H. 2016. Structure-constrained low-rank and partial sparse representation with sample selection for image classification. Pattern Recognition, 59: 5-13.

Ren B, Hou B, Zhao J, Jiao L. 2017. Unsupervised classification of polarimetirc SAR image via improved manifold regularized low-rank representation with multiple features. IEEE Journal of Selected Topics in Applied Earth Observations and Remote Sensing, 10(2)：580-595.

Scholkopf B, Smola A J. 2001. Learning with kernels: support vector machines, regularization, optimization, and beyond. MIT Press.

Soentpiet R. 1999. Advances in Kernel Methods: Support Vector Learning. MIT Press.

Vapnik V. 1999. The Nature of Statistical Learning Theory. Springer Science & Business Media.
Zhang H, He W, Zhang L, Shen H, Yuan Q. 2014. Hyperspectral image restoration using low-rank matrix recovery. IEEE Transactions on Geoscience and Remote Sensing, 52(8): 4729-4743.
Zhang L, Sun L, Zou B, Moon W M. 2015. Fully polarimetric SAR image classification via sparse representation and polarimetric features. IEEE Journal of Selected Topics in Applied Earth Observations and Remote Sensing, 8(8): 3923-3932.

索　　引

1. 插图列表

2. 表格目录

第三部分

SAR 图像应用系统

第7章 合成孔径雷达图像信息可视化系统

合成孔径雷达图像中蕴含的地物信息比光学图像多得多。一个最直接的SAR图像信息应用就是将接收到的雷达后向散射波的强度以图像的形式展现出来，提供给熟悉雷达影像的使用者观看。而SAR图像远不止提供后向散射强度的信息，其中还蕴含着大量的极化特征信息，用以反映地物的几何特征、材质特征、覆盖物的穿透等物理特性。SAR图像信息可视化系统旨在提取感兴趣的地物目标的物理和几何特征分量，用以构造可读性的合成孔径雷达信息图，提供给使用者进行目视解译(孙洪，2009)。

下面先在7.1节描述信息可视化应用平台的系统设计。然后分别在7.2～7.4节论述单极化、双极化和全极化SAR图像数据的信息可视化技术，最后在7.5节提出一个最佳信息可视化方法。

7.1 SAR信息可视化系统

7.1.1 信息可视化平台的特点

面向特征的SAR图像信息可视化平台，是一个针对多源SAR图像(单极化SAR图像、多极化SAR图像、多时相SAR图像、极化干涉SAR图像等)通过特征提取、特征选择和降维、信息重构和信息可视化的SAR图像目视解译系统。

SAR图像目视解译平台的特性如下(涂尚坦，2012)。

1. 数据接入多样性

数据接入多样性包括软件层次上的兼容多种SAR系统数据和硬件层次上的兼容多种数据录入方式。对于接入SAR系统的数据，开发的目视解译平台兼容国内外多种SAR系统，包括SIR-C、Envisat-ASAR、RADARSAT-2、ALOS PALSAR、TerraSAR-X、ALOS-2 PALSAR、RISAT系统以及国产星载SAR系统，另外还预留了接口以备其他协议格式数据接入，因此该系统能够解决多种SAR系统目视解译问题。对于数据录入方式，传统的SAR图像解译系统通常以人工的方式事先将SAR图像拷贝到本地磁盘上，然后再进行处理。这种人工录入方式，在某种程度上增加了不必要的工作量。而本系统除了人工录入方式之外，还提供了全自动的网络录入方式。网络录入方式可以自动接收服务器推送过来的SAR数据，不仅使解译人员免于非核心业务的打扰，而且还能借助这种录入方式做到边接收边处理，有效提升SAR数据处理效率。

2. 特征信息丰富性

与光学图像相比，极化SAR图像的一个突出优势就是其含有的极化信息，这些极化信息能够表征目标的材料属性、几何结构和物理特征等特性。本系统使用 10 余种目标极化分解算法，为用户提供尽可能全面的极化特征，除此之外，还提供了图像处理中常用的一些纹理特征，从而使各种用户均能找到与其应用需求相匹配的特征。

3. 可视化响应实时性

本系统为用户提供了直方图均衡化、图像任意角度旋转、RGB 颜色空间的原色通道输入选择和原色通道权重设置等丰富的可视化手段。这些方式能够有效地改变图像的视觉特性，如对比度、亮度、纹理等，使得不同的用户均能获得适合其自身视觉系统的图像。

7.1.2 信息可视化系统设计

1. 系统工作流程

SAR 图像信息可视化系统的工作流程如下：首先针对各种数据源的 SAR 图像(如单极化、多极化、多时相、极化干涉 SAR 图像等)，从微波散射物理模型、图像数据统计特性和目标及场景特征等各个方面提取信息；然后以特征选择和维数约减的手段选择用户感兴趣的信息成分，并通过科学可视化的手段重构一个 SAR“信息图像”，使之成为具有较好可视性和可读性的“类光学图像”；最后针对“类光学图像”进行目视解译。图 7.1 展示了 SAR 图像信息可视化系统的框架。

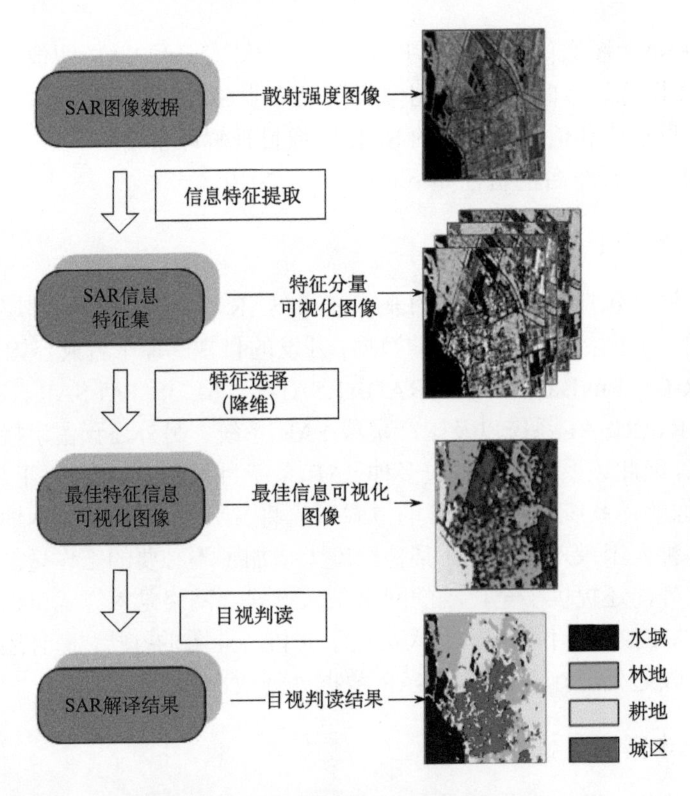

图 7.1 SAR 图像信息可视化系统框图

在 SAR 图像信息可视化系统框架中，首先，针对原始 SAR 图像数据通过信息分解和变换提取各种信息特征，得到对应的信息特征集，如单极化 SAR 图像的幅度特征、统计特征、纹理特征，多极化 SAR 图像中的幅度和相位特征，各种极化分解得到的极化特征等。然后，针对 SAR 信息特征集根据应用需求选择合适的特征分量或经过变换得到的本质特征，组成 SAR 图像有效信息集。如 SAR 图像目标检索应用中适合待检索目标的特征，SAR 图像地物覆盖分类应用中利于区分地物的特征，等等。再次，利用 SAR 有效特征集中的特征分量，采用合适的可视化方式进行合成，得到信息重构后的 SAR“信息图像”。如采用 RGB、YCbCr 等颜色空间彩色编码方案。最后，用户根据可读性好的 SAR“信息图像”进行目视判读，实现对 SAR 图像的目视解译。

2. 系统软件架构

如图 7.2(涂尚坦，2012)所示，该系统由用户层、算法层和数据层组成。用户层用于人机交互操作，为用户提供具体服务。算法层通过各种算法实现系统的功能支撑，为用户层提供功能支持。数据层用于存储和调度数据，为算法层服务。算法层为本系统的核心层，数据处理流程为：首先录入 SAR 测量数据；其次将录入数据切分为多个子任务，后续步骤对各子任务进行并行处理；再次将子任务中的数据格式转换为内部统一格式；然后对统一格式的数据进行特征提取，并将格式转换后的数据及提取的特征存入数据层；再次根据具体应用从 SAR 测量数据及提取的特征中学习出对应字典；最后在字典和数据

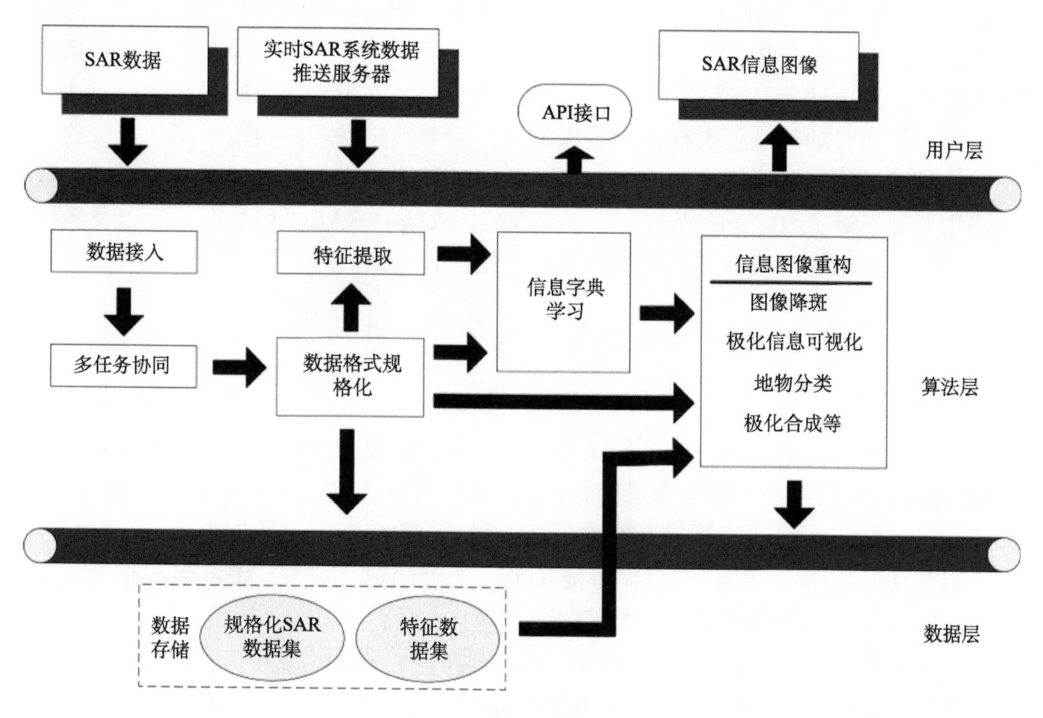

图 7.2　信息处理流程图

层的共同作用下重构出用户感兴趣的信息图像。各模块具体功能如下，数据接入模块旨在兼顾多种方式录入各种 SAR 系统数据；由于全景 SAR 图像的数据量巨大，如果将全部数据依次处理完毕后再进行显示会致使用户需要等待较长时间，无法实现实时可视化，严重降低用户体验。因此，采用多任务协同模块将可并行处理的任务进行多任务切分与调度，将全场景数据划分为多个小的子任务区域并设置处理优先级，后续操作依据处理优先级对各子任务区域进行并行处理，处理完一个子任务则显示此局部区域信息，通常子任务区域数据量较小，计算速度快，可接近实时地做出局部区域可视化响应；数据格式规格化模块，旨在将国内外现有的多种 SAR 系统的数据格式转换为统一的易于目视解译系统处理和显示的格式，利于系统功能的扩展；特征提取模块，旨在提取丰富的极化特征和纹理特征，为后续处理提供有效资源，并将这些特征以文件的方式进行保存，当再次调用这些特征时无需重新计算，只需调用相应文件即可；信息字典学习模块，针对具体应用需求通过机器学习领域中的诸多算法(稀疏表达算法、低秩表达算法等)从特征空间中学习出与应用相匹配的信息字典；信息图像重构模块，基于学得的信息字典和提取的特征以重建或者特征选择的方式构建信息图像。

系统以 Microsoft Visual Studio 2010 为开发环境，兼容 Access 数据库，Microsoft SQL server 2008 数据库和 Oracle 9i 数据库，借助开源的栅格地理空间数据转换动态库(GDAL)对数据集进行管理。系统以应用程序和动态库(DLL)这两种方式作为功能实现载体，适用环境包括 Windows 7、Windows 8 和 Windows 10 操作系统的 32 位和 64 位版本。如图 7.3(桑成伟，2017)软件架构图所示，本系统软件由面向用户的应用层、面向算法的功能插件层和面向数据的数据管理层三部分组成。其中，应用层主要用于信息显示和图像操作，信息显示用于显示 SAR“信息图像”，如鹰眼导航、感兴趣区域标注、多显示窗口展示及联动等，图像操作用于满足用户的个性化需求，如图像局部区域放大、缩小和旋转等操作；功能插件层由实现平台功能的算法模块和辅助处理模块组成；数据管理层主要用于对 SAR 测量数据、提取的特征、重构的 SAR“信息图像”以及系统日志进行存储、组织和管理，做到数据有备份，操作有记录。

7.1.3 信息可视化系统关键技术

1. 特征提取技术

单极化 SAR 图像和多极化 SAR 图像既有共有的特征，也有各自的特征。对于单极化 SAR 图像，可用以描述图像信息的特征包括散射特征(强度或者幅度)、纹理特征(灰度共生矩阵特征、Tamura 特征以及 SIFT 尺度不变转换特征等)、数据统计特征(直方图、分布参数和 Texton 特征等)、滤波器特征(Gabor 小波函数、启发式滤波器组和旋转不变滤波器组等)(参见本书第 5 章)。对于多极化 SAR 图像，其主要特征信息体现在极化特征上，可以使用目标极化分解提取多极化 SAR 图像的极化特征(参见本书第 3 章)，也可以通过调整极化椭圆角和方位角获得不同组合下的极化响应(参见本章第 7.6 节)。

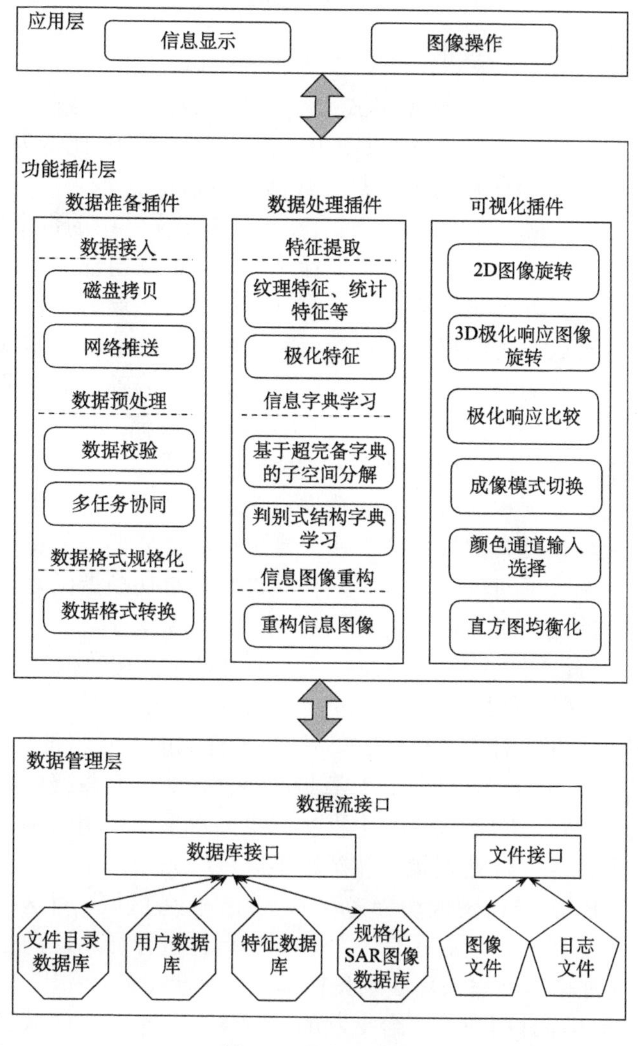

图 7.3 软件架构图

2. 特征降维/选择技术

特征选择技术即为通过特征选择或者降维变换的方法从高维特征矢量中提取低维的本质特征，或者说是得到一种稀疏的表达。根据不同的应用目标，应采用不同的降维或特征选择方法，主要包括三类方法：实验选择法、数学变换法和机器学习法。实验选择法是通过某种应用(如地物覆盖分类等)对不同特征的应用结果进行评价，选择评价结果较好的特征作为适合该应用的特征；数学变换法是假设原始特征分布在一个内蕴在高维特征空间中的低维流形曲面上，通过线性或非线性的维数约减技术找到这一流形曲面的低维表示作为本征特征，同时保持流形曲面的某种拓扑结构不变(Tu et al.，2012)；机器学习法则是采用机器学习领域中的支持向量机(Scholkopf et al.，1995)(support vector machine，SVM)、基于特征选择的层次 boosting(Liu et al.，2008)，基于结构相似的聚类(参见 7.5.2 节)和字典学习的稀疏表示等方法(桑成伟，2017)选择适合于应用的本质特征。

3. 数据管理和实时可视化技术

目前国内外现有SAR系统的数据格式往往并不一致，有的系统将每一极化通道数据存储为一个文件，其文件中每个复数数据占用32个比特(前16比特为实部，后16比特为虚部)，有的系统将每一极化通道内的复数数据存储为两个文件：一个文件对应复数数据的虚部；另一个文件对应复数数据的实部，实部和虚部文件中的每个数据均为16个比特。面对众多数据协议格式，本系统对其进行统一编码，使内部数据格式具有一致性，便于后续计算和处理。另外在实际应用中，经常存在对同一场景的各种特征分量图像进行反复切换调阅以及对过往场景特征的重新调阅。针对这种情况，本系统在文件数据组织管理上，采用场景档案的方式进行统一管理，以快速响应各种调阅请求。具体来说，系统将同一场景的SAR极化通道数据、提取的众多特征存储到同一个文件中，并以此文件作为此场景的场景档案。场景档案文件分为两个数据域——说明域和内容域，内容域用于存储具体极化通道数据和提取的特征数据，头说明域用于描述各类特征数据在内容域中的位置，便于从场景档案中根据需求快速定位读取需要调阅的特征。这样当用户对过往场景数据进行调阅或者对同一场景不同特征进行反复切换调阅时，借助场景档案本系统避免了大量文件的查找工作以及文件间的上下文切换工作，能够对调阅做出快速响应。本系统通过数据协议格式转换和场景档案这两种技术，在数据层面统一了多种SAR系统的数据协议格式，在文件层面统一了SAR数据文件的组织方式。由此在进行显示和处理时，能够以相同的方式对待多种SAR系统以及提取的各种特征。

SAR图像的成像尺寸较大，通常具有海量的特性，对于全景级的数据，处理完毕后再进行显示，则用户等待时间较长。在工程实现中，本系统采用两种策略进行优化以提升可视化实时性：多任务并行处理策略和感兴趣区域优先处理策略。多任务并行处理，旨在提高计算效率，其将SAR图像切分为若干小的子任务区域，对这些子任务区域进行并行处理，最后并不需要等待所有子任务处理完毕后再进行显示，而是处理完一个子任务显示一个区域，同时将数据写入离线场景档案，此种方式充分利用了设备的硬件资源。感兴趣区域优先，旨在提升用户与平台交互的实时性，若感兴趣区域已经存在于离线场景档案中，则直接将数据读取出来进行可视化，此时所消耗的时间仅为文件读取时间，若离线场景档案中此区域尚未录入，则进行在线处理，赋予感兴趣区域最高的处理优先级，立即对其进行处理，通常感兴趣区域数据量较小，可视化结果能够得以实时地展示。

这里以单极化SAR和多极化SAR数据集为处理对象，展示系统提供的主要目视解译功能。图7.4(桑成伟，2017)为本系统的界面元素组成图，其中左半部分为可视化展示区域包括鹰眼窗和区域显示窗，右半部分为功能交互区，包括特征提取功能区、可视化功能区、极化合成功能区和功能扩展区。

在可视化展示区中，包括一个鹰眼窗和一个或多个区域显示窗。区域显示窗根据用户需求可进行动态增加，即可以单独显示一幅图像，如图7.4所示仅显示SAR图像的RGB或者YCbCr伪彩编码图像，也可对某个感兴趣区域的伪彩编码图像及相应原色通道灰度图像进行同时显示，便于用户对信息进行全面解读，如图7.5所示。另外，这些区域显示窗具有多窗口联动功能，即更改鹰眼窗中的感兴趣区域，全部区域显示窗的显示内容将进行相应的变更。

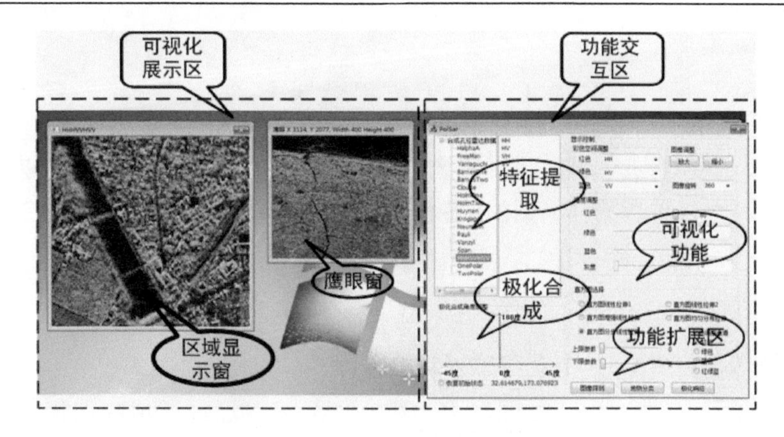

图 7.4 可视化系统界面

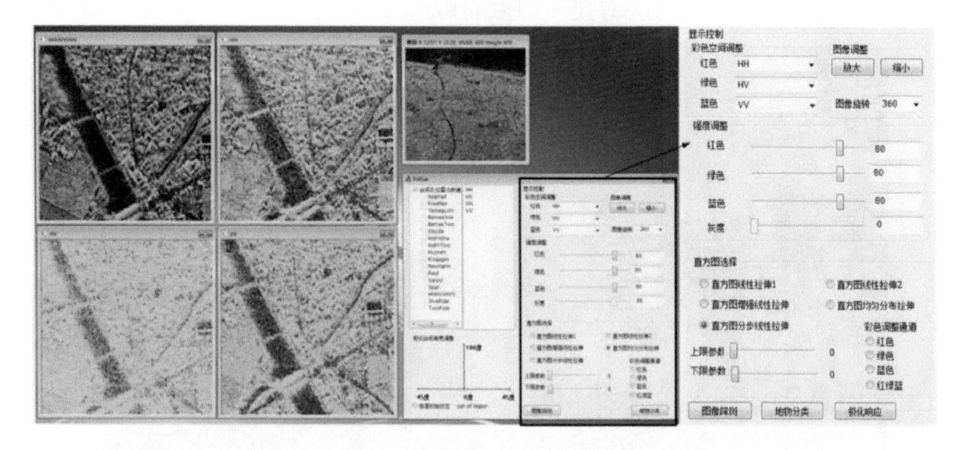

图 7.5 区域信息显示效果图

在功能交互区中，有多种特征信息提取方法可供选择，如提取极化特征的目标极化分解算法，提取图像纹理特征的灰度共生矩阵等。对于信息显示方式，即可显示伪彩编码图像，又可以显示每一维通道的灰度图像，另外对于原色通道的输入，用户可以根据需要选择不同的特征分量，同时可对各通道的权重进行调整。另外，该系统还提供了多种直方图均衡化方法，如：“直方图线性拉伸”“直方图增强线性拉伸”“直方图均匀分布拉伸”和“直方图分布线性拉伸”，通过直方图拉伸可以有效地增强图像对比度，提升图像的主观质量(桑成伟，2017)。

7.2 单通道 SAR 数据信息可视化

一般，单通道 SAR 数据只能利用地物的散射强度或者散射幅度信息构成一幅“黑白”图像，因为其相位是一个白噪声。但是注意到，一方面可以利用降斑滤波技术，使得强度图像的可读性更好。另一方面可以利用滤波技术提取 SAR 图像的空间统计特征、几何特征和纹理信息，构建增强感兴趣目标的伪彩色图像(殷慧和孙洪，2012)。

7.2.1 幅度数据滤波图像

对于 SAR 幅度数据 $X \in \mathbb{R}^2$ 进行降斑滤波，根据对滤波性能的要求，以及对滤波器复杂度的限制，可以选用第 4 章论述各种贝叶斯估计方法和变换域滤波方法 $\mathrm{F}_m\big|_{m=1,2,\cdots}$ (在屏幕菜单上选择第 m 个滤波)，展现出一幅或者多幅灰度图像 $\boldsymbol{Y}_m^G \in \mathbb{R}^2$：

$$\boldsymbol{Y}_m^G = F_m(\boldsymbol{X}),\ m = 1,2,\cdots \tag{7.1}$$

从感兴趣目标增强的图像 Y_m^G 中观察感兴趣的目标。

图 7.6 展现了一幅机载 SAR 图像 $\boldsymbol{X}$［图 7.6(a)］及其通过 Turbo 迭代滤波(图 4.11)降斑的图像 $\boldsymbol{Y}^G$［图 7.6(b)］。可见，滤波后的图像斑点噪声得到了有效地抑制，同时也较好地保留了图像中的纹理结构，增强了图像的可读性。

(a) 原始x-波段机载SAR图像$\boldsymbol{X}$　　(b) Turbo迭代滤波结果$\boldsymbol{Y}^G$

图 7.6　单通道 SAR 数据的滤波图像

7.2.2 特征信息伪彩图像

提高单通道 SAR 数据可读性的另一个途径是增强展现感兴趣目标的特征。

设某个特征提取算法 G，从 SAR 图像 $\boldsymbol{X}$ 数据中提取 N 个特征分量图像 e_n：

$$G(\boldsymbol{X}) = \boldsymbol{E}_N[e_1, e_2, \cdots, e_n, \cdots e_N]$$

$$e_n \in \mathbb{R}^2, \forall n$$

矢量 $\boldsymbol{E}_N$ 可以包括感兴趣的特征图像 e_n：辐射特征(强度或者幅度)，统计特征(均值、方差、相对标准差、分布参数)，纹理特征(灰度共生矩阵特征(王润生，1995)、Tamura 特征(Tamura et al.，1978)、SIFT 尺度不变转换特征(Lowe，2004)和 Texton 特征

(Leung-Malik，2001；Manik-Andrew，2004)等)，卷积特征(Gabor 小波函数、启发式滤波器组和旋转不变滤波器组等(刘梦玲，2011))。为了信息可视化，从 $\boldsymbol{E}_N$ 中选取三个描述感兴趣目标的最重要的特征分量图像(在屏幕菜单上选取第 m 个特征图像)：

$$\boldsymbol{P}_m[\boldsymbol{p}_1^{(m)}, \boldsymbol{p}_2^{(m)}, \boldsymbol{p}_3^{(m)}]\big|_{m=1,2,\cdots} \subset \boldsymbol{E}_N$$

$$\boldsymbol{p}_i^{(m)} \in \mathbb{R}^2, \forall i$$

在 SAR 信息可视化平台上，对输入图像 X 计算出所有考虑到的 N 个特征 E_N，并在屏幕上列表，由用户选出一组或者多组 $\boldsymbol{P}_m$，展现其信息图像：

$$\boldsymbol{X} \xrightarrow{G_m(X)} \boldsymbol{E}_N \xrightarrow{P_m \subset E_N} \boldsymbol{P}_m \rightarrow \begin{matrix} \boldsymbol{Y}_m^{\mathrm{RGB}}[\boldsymbol{P}_m] \\ \boldsymbol{Y}_m^{\mathrm{YCbCr}}[\boldsymbol{P}_m] \end{matrix},\ m=1,2,\cdots \tag{7.2}$$

从图 7.7 可以看到，图(a)中光学图像无法反映椭圆区域内水下目标，图(b)SAR 幅度图像能够反映此区域水下目标但较为模糊，图(c)降斑后的图像能够较为清晰地反映此区域水下目标，图(d)伪彩图像边缘清晰且能够将此区域的水下目标更加直观地凸显出来。与灰度图像相比，从伪彩编码图像中更加容易观测到更加丰富的细节信息，有助于用户的目视解译。

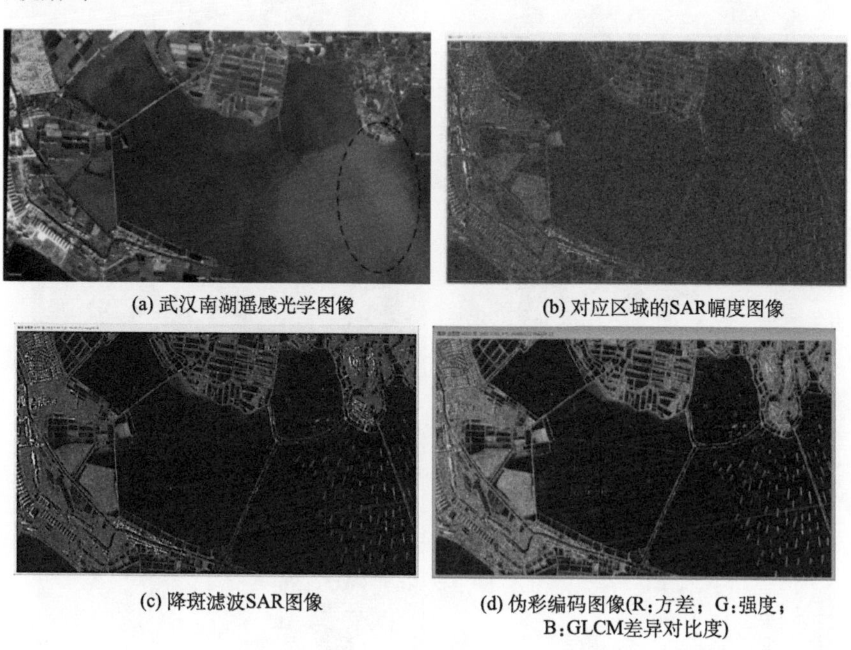

(a) 武汉南湖遥感光学图像　(b) 对应区域的SAR幅度图像

(c) 降斑滤波SAR图像　(d) 伪彩编码图像(R:方差；G:强度；B:GLCM差异对比度)

图 7.7　单极化 SAR 图像信息可视化实例

7.3　双极化 SAR 数据信息可视化

7.3.1　相位差和幅度比

双极化 SAR 数据提供了大于两倍的单通道 SAR 数据的信息。不仅可以利用两幅相互正交的极化 SAR 幅度数据，它们的相位差 ϕ_{i-j} 和幅度之比 r_{i-j} 也是非常有用的地物信息。相位差和幅度之比定义为

$$\phi_{i-j} = \text{Arg}(S_i S_j^*) \tag{7.3}$$

$$r_{i-j} = \left| S_i / S_j \right| \tag{7.4}$$

式中，S 的定义见式(3.16)。这个相位差 $\phi_{\text{HH-VV}}$ 表现了若干后向散射特征，特别是对于玉米田和森林(Ulaby et al.，1987)，这主要是由于诸如植物茎类的物体在 H 和 V 极化下的后向散射机制不同。而这个比值 $r_{\text{HH-VV}}$ 被广泛应用于消除一些地表的几何效应(高低起伏、凸凹不平等)，还可以用来估计土地的湿度(Oh et al.，1992)。

图 7.8 分别给出了双极化 SAR 的极化通道幅度图像，相位差图像，以及三者合成的伪彩编码图像。从中可看到，伪彩图(d)与(a)、(b)、(c)相比增强了图像内容的可辨识度，白色椭圆形区域内的细节更便于目视感知。

(a) HH通道幅度图像

(b) HV通道幅度图像

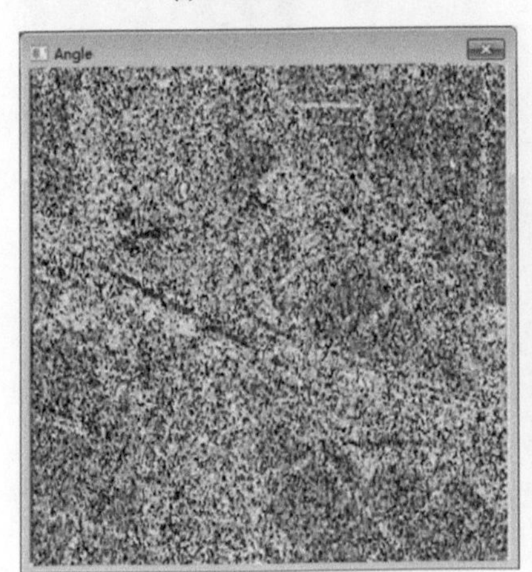

(c) HH与HV通道的相位差图像

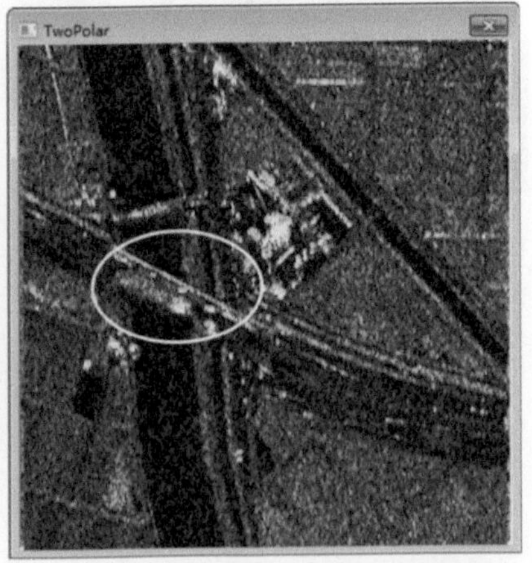

(d) 伪彩编码图像(R：HH通道幅度；G：HV通道幅度；B：HH通道与HV通道之间的夹角)

图 7.8　双极化 SAR 图像信息可视化实例

7.3.2　双极化 SAR 数据分类图像

利用一幅 PISAR 在日本 Tsukuba 附近得到的郊区双极化 SAR 图像，对场景进行了面散射目标区域和体散射目标区域的分类：

(1)首先通过 HH 和 VV 的复数数据得到 HH&VV 的相位差图像；

(2)对相位差图像开窗(5*5)统计均值；

(3)对区域均值取阈值进行分类，得到场景中的面散射类和体散射类。

图 7.9(a)和图 7.9(b)分别为 HH 和 VV 的幅度图像，图 7.9(c)为 HH 和 VV 的相位差图像，图 7.9(d)为分类后的合成伪彩色图像，其中红色区域为体散射目标区域(例如大豆等直立农作物地区)，绿色区域为面散射目标区域(例如裸露的土地和矮农作物地区)。

(a) HH幅度图像　(b) VV幅度图像

(c) HH&VV相位差图像　(d) 区域植被分类合成为彩色图像

图 7.9　相位差信息图像在分类中的应用

7.4　全极化 SAR 数据信息可视化

全极化 SAR 数据中蕴含着丰富的地物极化特征，包含了几何信息、纹理信息、材质信息等。全极化 SAR 数据的信息可视化一般有以下三类方式：极化回波强度图像、极化特征图像或者图形，以及全信息图像。

第一种方式，利用多通道回波强度数据构造展现比单通道更多信息的合成图像(7.4.1 节)。

主要有三种形式的多通道回波强度图像，根据应用需求，用不同的方式展示地物回波强度。

(1)将 3 或者 4 个正交极化通道的回波幅度图像直接合成为一个 RGB 伪彩图像，这样同时展示在各个正交极化方式下的地物散射强度信息。

(2)将 3 或者 4 个正交极化通道的回波复数据经过全极化最佳滤波(见 4.6 节)，得到一幅最大能量灰度图像，或者最大对比度灰度图像，等等。

(3)将 3 或者 4 个正交极化的回波数据变换成任意极化方式的回波强度图像(7.4.1.3 节)，最大限度地凸显感兴趣的地物目标的回波强度。

第二种方式，从全极化数据中提取出地物目标的各种极化特性(参见本书第 3 章)，构成极化响应特征可视化图(7.4.2 节)。

这些极化特征反映了地物的几何特征、纹理特征、材质特征等。主要有两个方式：

(1)用目标极化分解(3.3 节)各分量，构成多幅反映不同极化特征的信息图像。

(2)计算感兴趣目标的极化椭圆方程(式 3.2～3.5)，展现该方程的可视化图。

第三种方式，利用多通道的强度数据和提取的各种极化特性，自适应地选择局部地物的最主要的三个特征分量，合成一幅“全信息”全景图像，可以为进一步的目标检测及其分析提供一幅“最佳”的可视化图像(7.5 部分)。

7.4.1　全极化 SAR 强度图像

1. 正交极化复合图像

在极化数据具有对称性的前提下，直接将 HH、HV 和 VV 三个水平和垂直极化数据的幅度图像组成 RGB 伪彩图像：

$$\boldsymbol{Y}^{\mathrm{RGB}}=\left[RGB:|\mathrm{HH}|,|\mathrm{HV}|,|\mathrm{VV}|\right] \tag{7.5}$$

这里，复合图像 $\boldsymbol{Y}^{\mathrm{RGB}}$ 同时展现了三个正交极化的回波强度，并且保持了原有的空间分辨率。图 7.10 给出了一个实例，可见复合伪彩图像集合了不同正交极化的强度信息。

2. 最佳极化滤波图像

根据应用需求，用相应的多极化滤波（参见 4.6 节）$F_m\big|_{m=1,2,\cdots}$，得到灰度图像 $\boldsymbol{Y}_m^G\in\mathbb{R}^2$，使之具有最大能量，或者最大对比度等特点：

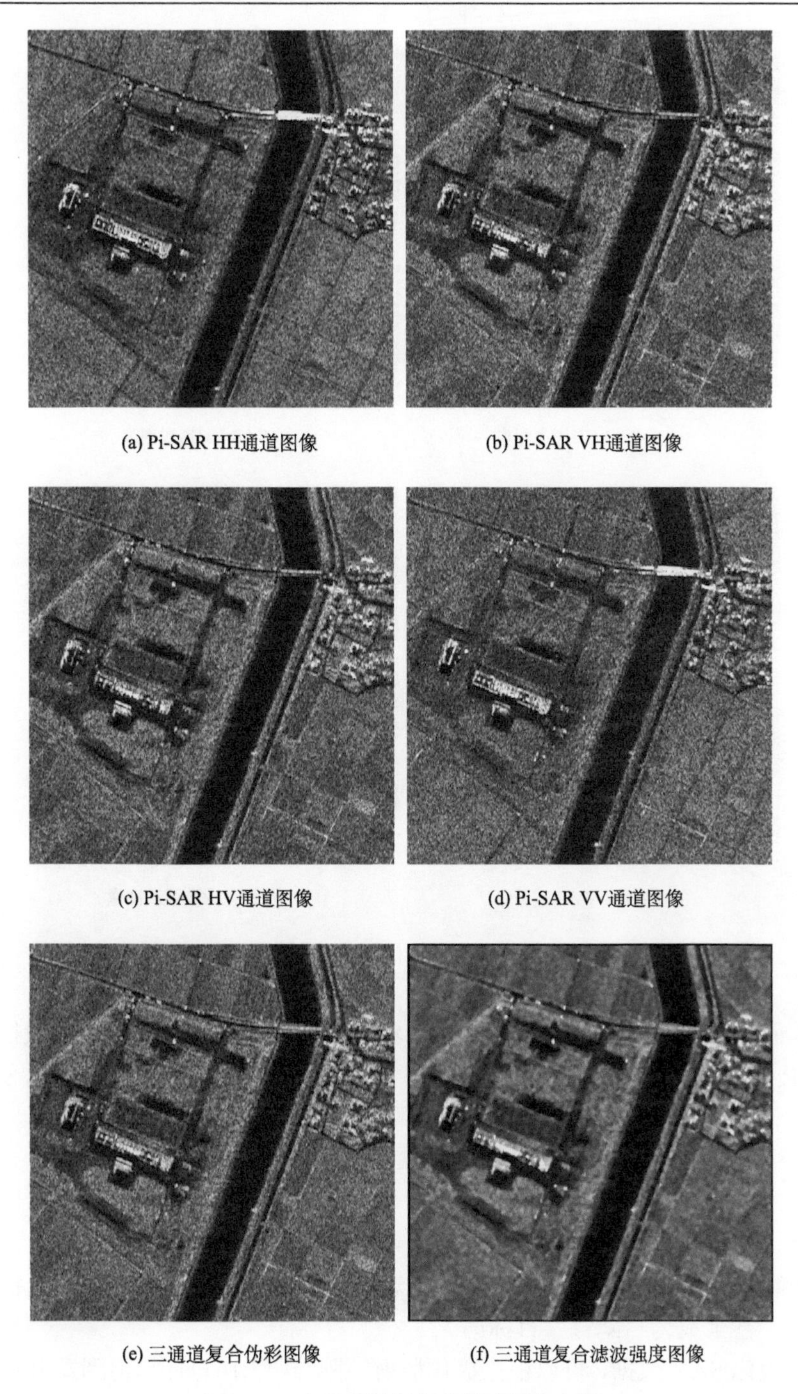

(a) Pi-SAR HH通道图像　(b) Pi-SAR VH通道图像

(c) Pi-SAR HV通道图像　(d) Pi-SAR VV通道图像

(e) 三通道复合伪彩图像　(f) 三通道复合滤波强度图像

图 7.10　多通道数据复合伪彩图像实例

$$\boldsymbol{Y}_m^G = F_m(\mathrm{HH,HV,VV}),\ m = 1,2,\cdots \tag{7.6}$$

图 7.11 给出了一个极化滤波的实例。可见，极化白化滤波(PWF)(参见 4.6.1 节式(4.53))得到图像增强的效果。

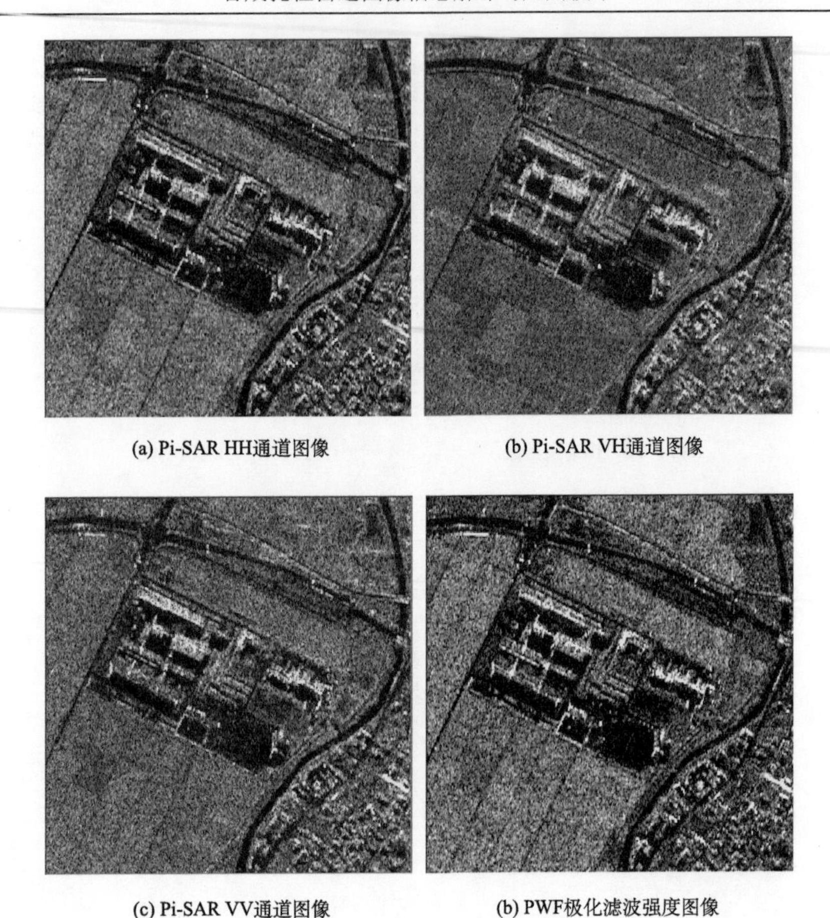

(a) Pi-SAR HH通道图像　(b) Pi-SAR VH通道图像

(c) Pi-SAR VV通道图像　(b) PWF极化滤波强度图像

图 7.11　最佳极化滤波图像

而且，最佳极化滤波还可以得到双极化 SAR 数据的目标增强图像。一般情形下，高分辨率 SAR 图像的斑点噪声更加强。图 7.12 展现了一个 0.5 m 分辨率双极化 SAR 图像，通过极化白化滤波，得到保持空间分辨率的降斑图像。

3. 极化合成复合图像

全极化 SAR 提供了发/收水平和垂直极化电磁波的回波数据。而各种地物对不同极化波的散射特性大不相同。对某些极化状态表现出较强的回波；对某些极化状态呈现出很弱的响应，甚至成为“隐身”目标。

利用全极化 SAR 数据，可以根据极化散射矩阵[式(3.16)]计算得到发射和接收天线在任意极化状态下的回波功率，这种技术称为极化合成。极化合成技术使得全极化雷达相对与传统的单通道单极化雷达具有更大优势。

对于确定的接收天线，其接收功率可以表示为天线的有效面积与接收波能流：

$$P = \frac{\lambda^2}{4\pi} g(\theta,\phi) \cdot \left| \frac{\boldsymbol{E}_\mathrm{r} \times \boldsymbol{H}_\mathrm{r}^*}{2} \right| \tag{7.7}$$

(a) 双极化机载SAR HH通道图像

(b) 双极化机载SAR HV通道图像

(c) 双极化SAR最佳极化滤波图像

图 7.12　双极化数据最佳极化滤波图像

式中，$g(\theta,\phi)$ 是天线的增益；$(\lambda^2/4\pi)\cdot g(\theta,\phi)$ 是天线的有效面积；θ 和 ϕ 描述入射波相对与天线的入射方向；$\left|(\boldsymbol{E}_\mathrm{r}\times\boldsymbol{H}_\mathrm{r}^*)/2\right|$ 是接收波的能流密度；$\boldsymbol{E}_\mathrm{r}$ 和 $\boldsymbol{H}_\mathrm{r}^*$ 分别是接收波的电场强度和磁场强度；上标“*”表示复共轭。接收波的能流密度决定于发射波的极化状态以及描述散射体特征的极化散射矩阵。对于空间的平面电磁波，$\boldsymbol{E}_\mathrm{r}$ 和 $\boldsymbol{H}_\mathrm{r}$ 具有确定的关系：

$$\boldsymbol{H}_\mathrm{r}=\sqrt{\frac{\varepsilon_0}{\mu_0}}k\times\boldsymbol{E}_\mathrm{r} \tag{7.8}$$

式中，ε_0 和 μ_0 分别是自由空间的介电常数和磁导律；k 为电磁波的方向矢量。将式(7.8)代入式(7.7)，得到

$$P=\frac{\lambda^2}{8\pi}g(\theta,\phi)\sqrt{\frac{\varepsilon_0}{\mu_0}}\cdot\left|\boldsymbol{E}_r\right|^2$$

上式对于任意极化状态下的电场矢量都是成立的。于是有

$$P(\psi_r,\chi_r,\psi_t,\chi_t)=k(\lambda,\theta,\phi)\cdot\boldsymbol{J}_r^\mathrm{T}\cdot K\cdot\boldsymbol{J}_t$$

式中，$k(\lambda,\theta,\phi)$ 是与天线有效面积和波阻抗有关的常数；$\boldsymbol{J}_r$ 是描述天线极化状态 (ψ_r,χ_r) 的 Stokes 矢量形式的极化状态矢量，与目标散射无关；$\boldsymbol{J}_t$ 为发射波的 Stokes 矢量，其极化状态由 (ψ_t,χ_t) 来描述；$\boldsymbol{K}$ 为目标的 Stokes 矩阵，上标 T 表示向量转置。将天线发射和接收电磁波的 Stokes 矢量归一化，并利用极化椭圆[式(3.11)]的两个几何参数 (ψ,χ)，可以得到

$$P_{\mathrm{r}}(\psi_{\mathrm{r}},\chi_{\mathrm{r}},\psi_t,\chi_t)=k(\lambda,\theta,\phi)\cdot\begin{bmatrix}1\\ \cos 2\chi_r\cos 2\psi_r\\ \cos 2\chi_r\sin 2\psi_r\\ \sin 2\chi_r\end{bmatrix}^{\mathrm{T}}\cdot\boldsymbol{K}\cdot\begin{bmatrix}1\\ \cos 2\chi_t\cos 2\psi_t\\ \cos 2\chi_t\sin 2\psi_t\\ \sin 2\chi_t\end{bmatrix} \tag{7.9}$$

式中，$\boldsymbol{K}$ 为 4×4 的目标 Stokes 矩阵。式(7.9)就是极化合成公式。在极化合成的计算过程中，如果只关心接受功率的相对值，那么还可以省略与天线的有效面积和波阻抗有关的常数 $k(\lambda,\theta,\phi)$，使得计算进一步得以简化。

(a) 椭圆角—0°；方位角—0°

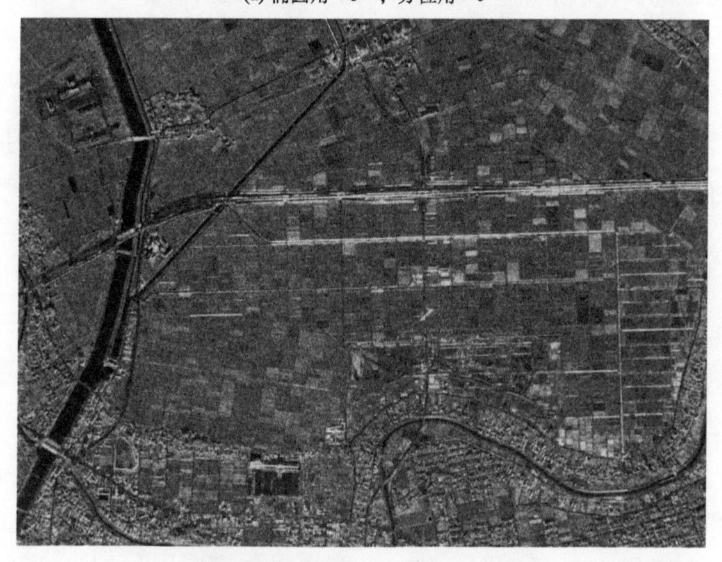

(b) 椭圆角—45°；方位角—45°

图 7.13　极化合成复合伪彩图像

在应用式(7.7)计算目标散射的回波功率时，发射天线和接受天线的极化状态可以在其有效范围内任意取值。在 SAR 信息可视化平台上可以任意滑动选择椭圆角和方位角 (ψ,χ) 平面，观察感兴趣目标的极化散射功率。图 7.13 展现了一幅 PiSAR 的极化合成复合伪彩图像。可见，极化合成为(ψ=45°, χ=45°)的复合强度图像显示出在(ψ=0°, χ=0°)极化状态下被“隐藏”的地物特性。

7.4.2　地物极化特征图

上一节将极化散射波的强度和角度信息构成可视化图像。更进一步，全极化 SAR 数据可以演算出大量地物的物理和几何特征，如倾斜面、粗糙物体、体散射植被、旋转体等。这一部分，考虑地物的物理和几何特征的可视化问题，有两类方式：

第一，用全极化 SAR 数据演算出描述地物的特征量，称为目标极化分解。选择感兴趣的物理特征量构成伪彩图像，展示地物特征信息(7.4.2.1 部分)；

第二种方式更加精细，将局部目标的极化合成方程[式(7.7)]用三维图形展现出来(7.4.2.2 部分)，称为目标极化特征图，准确地描述了感兴趣目标的极化特征。

1. 目标极化分解复合图像

电磁波极化对地物目标的物理特性、材料属性以及几何形状等特征较为敏感，散射波承载了目标丰富的信息(孙洪，2005)。由极化数据(极化散射矩阵式(3.16))通过目标极化分解(第 3 章 3.3 节)，提取地物目标的特征信息，用特征信息量构成复合伪彩图像。

图 7.14 展现了 Freeman&Durden 分解和 Pauli 分解的分量图像及其目标特征复合伪彩图像。可以看到，不同的地物目标表现于相应的极化特征。例如，图中矩形框内的人造建筑物，在 Freeman&Durden 分解(面散射、二次散射和体散射)下得不到显现，而在 Pauli 分解(各向同性奇次散射，各向同性偶次散射，以及与水平 $\pi/4$ 倾角的偶次散射)下凸显出来。

SAR 信息可视化系统提供所有可能得到的目标极化分解(参见第 3 章 3.3 节)，包括 HalphaA 分解、FreeMan 分解、Yamaguchi 分解、BarnesOne 和 BarnesTwo 分解、Cloude 分解、HolmOne 分解、HolmTwo 分解、Huynen 分解、Krogager 分解、Neumann 分解、Pauli 分解和 Van zyl 分解。用户可以根据感兴趣的地物物理特征在平台界面上选择所需的目标极化分解，也可以一并展现多个目标极化分解的复合伪彩图像，用于观察和分析地物目标。

2. 目标极化特征图

在 7.4.1 节的第 3 部分中，利用雷达电磁波方程[式(7.7)]构成不同极化方式的散射波强度图像，展示出某些地物信息，但并不含有散射波的相位信息。而地物目标的完整的极化信息表现在地物目标的极化散射波状态(图 7.15)之中，用电磁波方程[式(7.7)]描述。为了精确地分析和辨识地物目标的几何特性、物理特性，用三维可视化图形展现这个目标散射的回波方程。将式(7.7)重写如下：

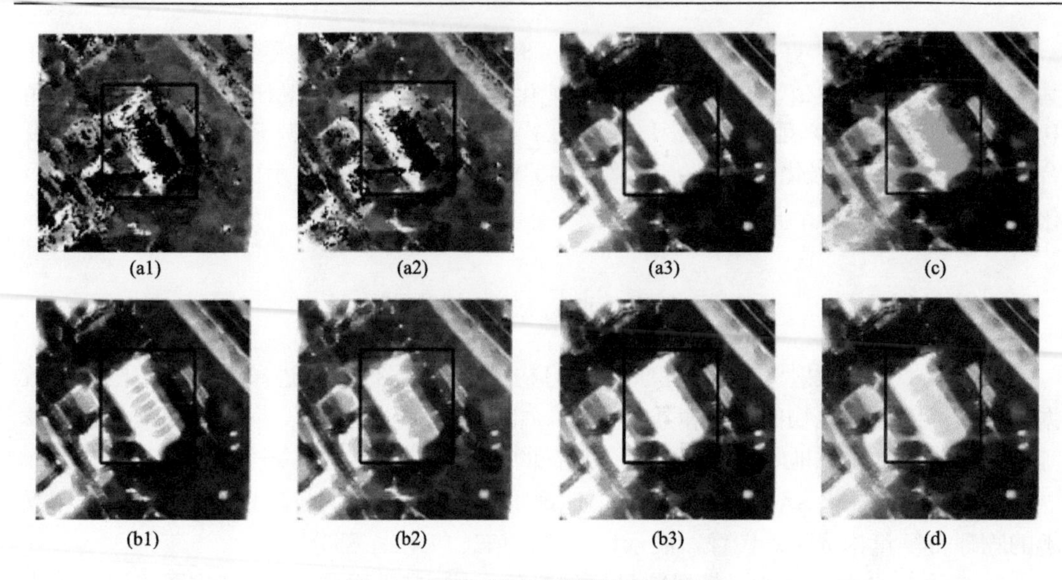

图 7.14　目标极化分解复合伪彩图像

(a1)、(a2)和(a3)分别为 Freeman&Durdan 分解(面散射、二次散射、体散射分量)图像；(c) Freeman & Durdan 分解复合伪彩图像(b1)、(b2)和(b3)分别为 Pauli 分解(奇散射，偶散射、 π/4 倾角偶散射分量)图像；(d) Pauli 分解复合伪彩图像

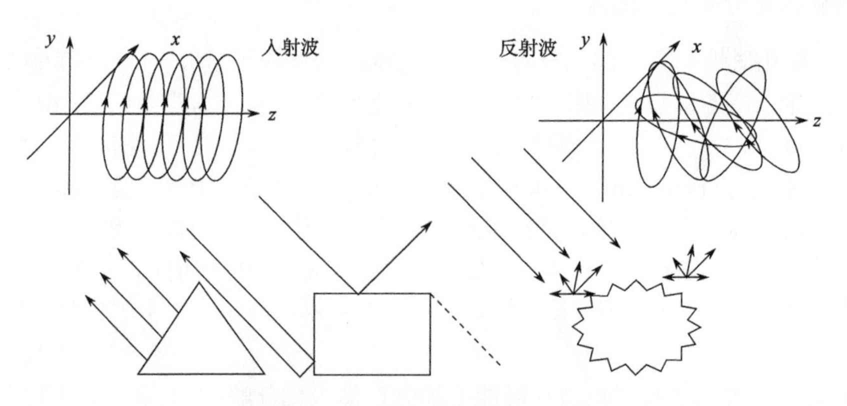

图 7.15　入射波与地物散射波图解

$$P_r(\psi_{\mathrm{r}},\chi_{\mathrm{r}},\psi_t,\chi_t)=k(\lambda,\theta,\phi)\cdot\begin{bmatrix}1\\ \cos 2\chi_r\cos 2\psi_r\\ \cos 2\chi_r\sin 2\psi_r\\ \sin 2\chi_r\end{bmatrix}\cdot\boldsymbol{K}\cdot\begin{bmatrix}1\\ \cos 2\chi_t\cos 2\psi_t\\ \cos 2\chi_t\sin 2\psi_t\\ \sin 2\chi_t\end{bmatrix}$$

上式表示，接收到的电磁波功率 P 是发射波的椭圆倾角 ψ_t 和椭圆率角 χ_t 以及地物散射波的椭圆倾角 ψ_r 和椭圆率角 χ_r 的函数。式中，$k(\lambda,\theta,\phi)$ 是与天线有效面积和波阻抗有关的常数，通常只关心 P 的相对值；k 可以用作归一化常数，而 K 是极化回波数据的散射矩阵。当发射天线和接收天线的极化状态相一致时(即 $\psi_r=\psi_t, \chi_r=\chi_t$)，称之为同极化方式；当发射天线和接收天线的极化状态正交时(即 $\psi_r=\pi-\psi_t, \chi_r=\pi-\chi_t$)，称之为交叉极化。在同极化和交叉极化情况下，上式中散射回波功率 P 的函数自变量由 4

个减少到 2 个。这样可以展现同极化和交叉极化状态下的三维图形，分别称之为同极化特征图和交叉极化特征图：

$$
\begin{aligned}
&\boldsymbol{P}_r(\psi,\chi)\Big|_{\psi_r=\psi_t,\ \chi_r=\chi_t}, \quad \text{同极化特征函数} \\
&\boldsymbol{P}_r(\psi,\chi)\Big|_{\psi_r=\pi-\psi_t,\ \chi_r=\pi-\chi_t}, \quad \text{交叉极化特征函数}
\end{aligned}
\tag{7.10}
$$

其中，$\psi \in [-\pi/2, \pi/2]$，$\chi \in [-\pi/4, \pi/4]$

在信息可视化平台上展现三维极化特征图[式(7.10)]，通常可以任意旋转这些图形，便于目视解译。

图 7.16 给出一个真实 SAR 图像中的墙角部分的极化特征图[式(7.10)]，并且与理想二面角反射器的极化特征图相比较。实测数据的极化响应计算[式(7.9)]中，k 取为归一化常数，$\boldsymbol{K}$ 为观察数据的 Stockes 矩阵。理想二面角(图 3.7)的极化响应计算则用理想二面体的 Stockes 矩阵[式(3.34)]。可以看到，实际数据得到的极化特征图与理想“标准”物体的特征图有些“误差”，这是由于所取数据的区域往往不是单一目标，可能包含了其

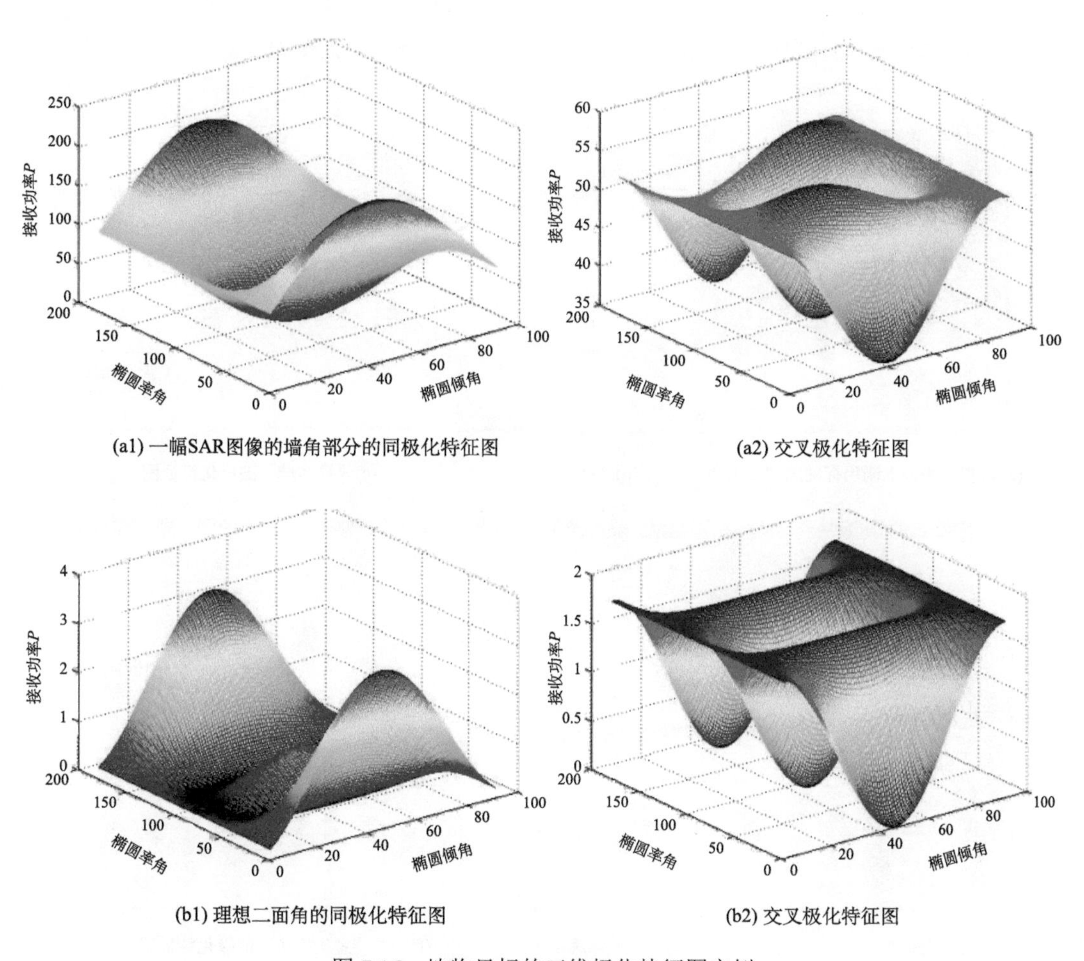

(a1) 一幅SAR图像的墙角部分的同极化特征图　(a2) 交叉极化特征图

(b1) 理想二面角的同极化特征图　(b2) 交叉极化特征图

图 7.16　地物目标的三维极化特征图实例

他地物背景或者目标，也由于相干斑的影响使得极化特征图不再“规范”。因此，在目标辨识的应用中，根据提取的极化特征进行自动分类精度非常有限。而利用极化特征的可视化图形(如图 7.16 所示)，很容易分辨出极化特征三维图形的主体形状。就是说，将辨识的最后一步留给目视解译。

在 SAR 信息可视化平台上，将典型的单目标的散射矩阵存储起来，用以对比实测目标的极化特征图，便于目视解译。图 7.17 展示了平台上存储的六种典型单一目标的极化特征图，球体、面散射体、三面体；水平偶极子，倾斜的偶极子，二面角，右旋螺旋体和左旋螺旋体。它们的散射矩阵见第 3 章 3.2.4 节。图 7.18 给出一个实用例子。对于任意划定的感兴趣的局部(用鼠标圈定)，给出可任意旋转的极化特征图形(图 7.18)，对照理想单目标的极化特征图(图 7.17)，可以解释为该区域的主体是一个“短细棒”，即为一个栅栏类物体。

通常，不同的地物目标具有不同的极化特征图。所以，极化特征图可以用来精确地辨识地物目标。

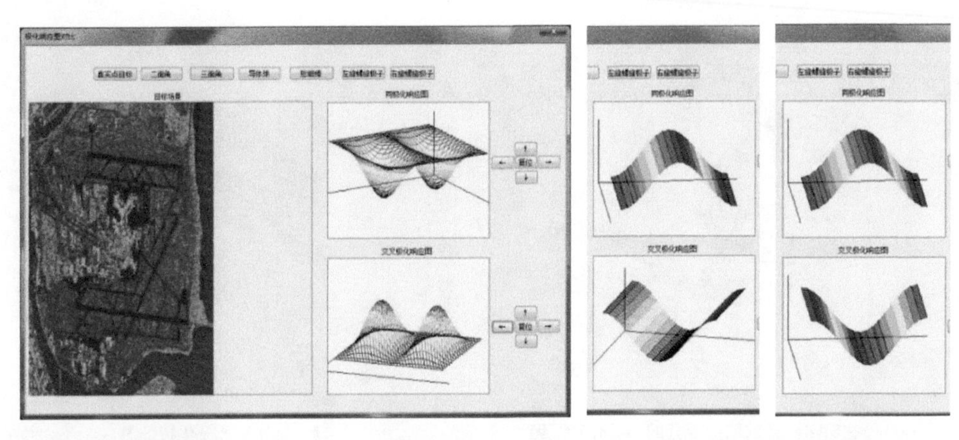

(a) 可视化平台上调用标准的“二面角”　(b)“三面角”　(c)“导体球”的极化特征图

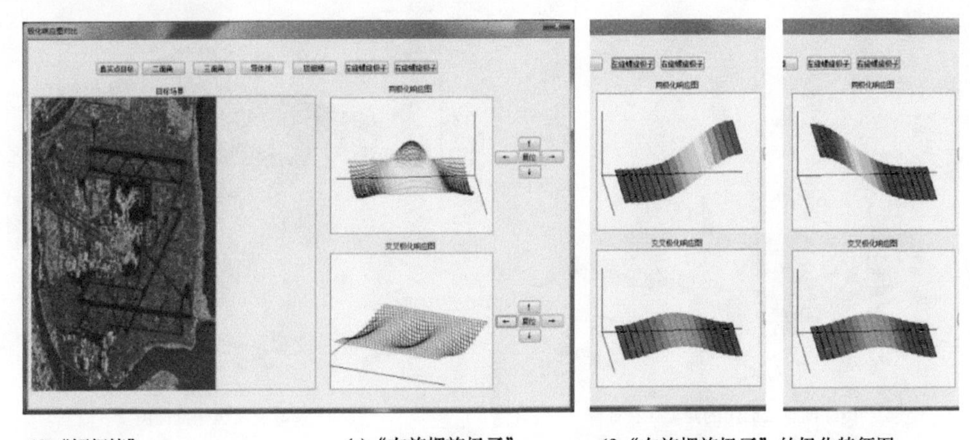

(d)“短细棒”　(e)“左旋螺旋极子”　(f)“右旋螺旋极子”的极化特征图

图 7.17　6 个典型单一目标的同极化和交叉极化特征图

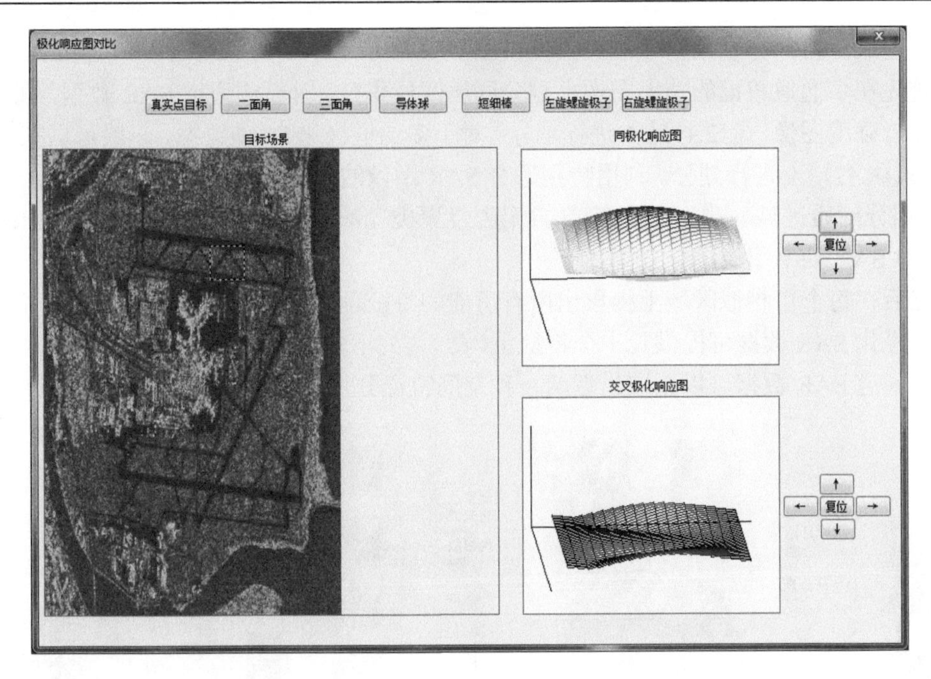

图 7.18　目标的极化特征图用于目视解译的实例

7.5　最佳信息可视化图像

在 SAR 图像数据应用中，通常需要从一幅可目视的“全信息”图像开始，以便捕捉感兴趣的目标区域。所谓全信息图像是指 SAR 数据中含有的可显现的地物散射特征、反射强度、极化角度，或者目标极化特征等。这里提出两个技术问题：

第一，高维特征矢量的降维问题。SAR 图像数据，尤其是多通道极化 SAR 数据，蕴含着近百种反映地物目标的特征量。例如，全极化 SAR 数据可以提取出近百种极化特征(7.4.4 节)。为了构成一幅最佳的目视图像，需要从中选取一个(构成灰度图像)或者三个(构成伪彩图像)最能暴露地物信息的特征量。这就涉及到 SAR 高维特征矢量的降维技术。

第二，地物目标自适应特征提取问题。不同的地物目标暴露于不同的极化特征之下。例如，平坦和非平坦路面可用反射系数的强度区分，平面和斜面可用回波角度区分，建筑和林地可用偶次散射和体散射来区分，等。这就需要有一个目标自适应或者局部区域自适应的空间分割和聚类技术，从而在各个局部区域提取最佳信息分量来组成最佳信息可视化图像。

下面以全极化 SAR 数据为例，论述最佳信息可视化图像的构造。

7.5.1　最佳信息可视化系统

最佳信息可视化系统主要包含三个主要步骤：划分同质区域、构建观察数据的特征空间、选取主特征分量来构建信息图像。图 7.19 展示了系统的原理图。

首先在多通道数据的功率图像上划分同质区域集合。对于单通道 SAR 数据，在幅度图像或者强度图像[式(2.11)]上进行划分。对于多通道极化 SAR 数据，一般可以在 Span 图像[式(4.47)]上进行划分。利用特别适合 SAR 图像的“非局部自相似聚类”方法(4.2.3 节)来划分同质区域。也可以用简单的无监督聚类 mean-shift 算法(Comaniciu-Meer，2002)对 SAR 功率图像进行分割。

然后在每个自相似区域上提取出所有可能的特征量，组成一个超完备的特征空间。对于全极化 SAR 数据可提供几十个特征量，表 7.1 列出常用的 12 组包含 37 个特征分量。对于单通道 SAR 数据可以提取出近两百种空间特征分量(7.2.2 节)。

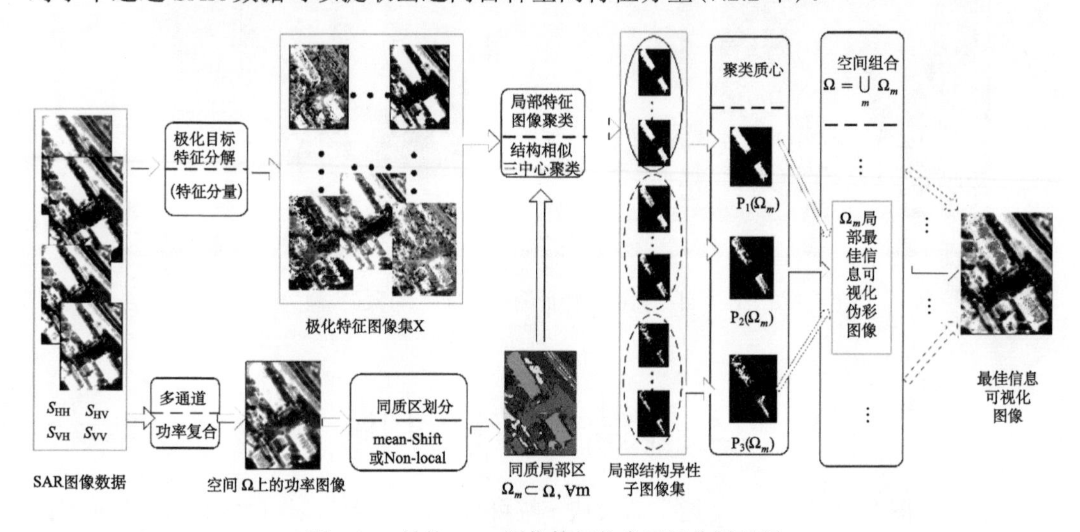

图 7.19 最佳 SAR 图像特征信息可视化原理图

接着在每个同质区域上从高维特征空间中选取最佳特征分量，拟构建伪彩信息图像。那么要挑选局部最佳组合的三个特征分量，以构建局部最佳信息图像。下一节专门论述用聚类的方法获得这个最佳三维特征矢量的原理。

最后，组合每个划分区域的信息图像，并且加权平均这些区域重叠的部分，形成所谓最佳信息可视化图像。

表 7.1 常用目标极化分解及其对应的地物特征

目标极化分解	极化分解 3 分量	计算对应的地物特征
$f_1=\text{Pauli}$	$\lvert a\rvert^2,\lvert b\rvert^2,\lvert c\rvert^2$	式(3.41)和表 3.1
$f_2=\text{Krogager}$	k_S,k_D,k_H	式(3.45)和表 3.2
$f_3=\text{Huynen}$	A_0,B_0-B,B_0+B	式(3.47)和表 3.3
$f_4=\text{Barnes1}$	Barnes _1, Barnes _2, Barnes _3	式(3.50)
$f_5=\text{Barnes2}$	Barnes _4, Barnes _5, Barnes _6	式(3.51)
$f_6=\text{van Zyl}$	$\Lambda_1,\Lambda_2,\Lambda_3$	式(3.52)和表 3.4
$f_7=\text{Freeman}$	P_V,P_D,P_S	式(3.55)和表 3.5

续表

目标极化分解	极化分解 3 分量	计算对应的地物特征
f_8 = Yamaguchi	P_V, P_D, P_S, P_C	式(3.57)和表 3.6
f_9 = Cloude	$H, \bar{a}, A$	表 3.7
f_{10} = Holm	$\lambda_1-\lambda_2, \lambda_2-\lambda_3, \lambda_3$	表 3.8
极化通道幅度复合图像	$\lvert S_{\mathrm{HH}}\rvert, \lvert S_{\mathrm{HV}}\rvert, \lvert S_{\mathrm{VV}}\rvert$	
极化通道功率 Span 图像	$\mathrm{Span}=\lvert S_{\mathrm{HH}}\rvert^2+2\lvert S_{\mathrm{HV}}\rvert^2+\lvert S_{\mathrm{VV}}\rvert^2$	

7.5.2 特征图像集聚类

考虑用全极化 SAR 数据构造一幅全信息伪彩图像。这就是要从几十个极化特征分量中选取三个“最佳”分量来构造“最佳”的信息图像。所谓最佳信息图像，是指显现最多的地物信息的可视化图像。组成最佳信息伪彩图像的三个分量并非为各自能显示最多地物信息的特征分量，而是三个分量的组合能表现最全面的信息。因此，这里我们设计一个选取最佳特征分量组合的方法——特征图像集的聚类方法。

首先集合所有特征分量图像 x_i (例如，图 7.14(a)和(b)的灰度图像)，组成特征图像集 $\boldsymbol{X}$：

$$\boldsymbol{X}=\{\boldsymbol{x}_i, i=1,2,\cdots,n\} \tag{7.11}$$

例如，利用表 7.1 列出的特征分量，可以得到 37 幅灰度图像的图像集 $\boldsymbol{X}=\{\boldsymbol{x}_i\}_{i=1}^{37}$。

这个超完备的特征图像空间 $\boldsymbol{X}$ 几乎完全表征了极化数据 $[\mathrm{HH}, \mathrm{HV}, \mathrm{VV}]$ 包涵的地物信息。从特征图像空间 $\boldsymbol{X}$ 中选取的三个分量 $\boldsymbol{p}_j \in \boldsymbol{X}$，$j=1,2,3$ 组成一个 $\boldsymbol{X}$ 降维的特征图像 空间：

$$\boldsymbol{P}=\{\boldsymbol{p}_j,\ j=1,2,3\};\quad \boldsymbol{P}\subseteq\boldsymbol{X} \tag{7.12}$$

那么，最佳的三分量 $\{\boldsymbol{p}_1,\boldsymbol{p}_2,\boldsymbol{p}_3\}$ 应该使得 $\boldsymbol{P}$ 张成的空间足够逼近高维空间 $\boldsymbol{X}$：

$$\boldsymbol{X}-\boldsymbol{P}\approx\varnothing \tag{7.13}$$

选取最佳特征分量必须注意到，每个局部图像仅含有某些地物，那么有些特征分量图像并不提供新的地物信息。例如，图 7.14(a3)表现的“体散射”分量图像与图 7.14(b)表现的“水平 π/4 倾角偶次散射”分量图像对于图中的人造建筑物几乎呈现出相同的视觉信息。为了确定满足式(7.13)的特征分量 $\{\boldsymbol{p}_1,\boldsymbol{p}_2,\boldsymbol{p}_3\}$，可以将所有可以得到的特征分量图像 $\{\boldsymbol{x}_i,\ \forall i\}$ 通过图像聚类技术聚为三类 $\boldsymbol{X}=\{\boldsymbol{X}^{(1)},\boldsymbol{X}^{(2)},\boldsymbol{X}^{(3)}\}$，每类的质心 $\{\boldsymbol{p}_1,\boldsymbol{p}_2,\boldsymbol{p}_3\}$ 选为构成最佳信息伪彩图像的三分量。

从人眼视觉特性出发，结构信息是目标特征的主要表现形式。因此，将结构相似性作为聚类的准则，类内的图像具有较大的结构相似度，而异类间的子图像在结构上具有较大差异。这样，三个不同类的特征图像组合可以表征多通道数据提供的近似完整的结构信息。

由此我们对模糊C均值聚类算法(FCM)(Mishra et al.，2012)改造成一个以结构相似(Wang et al.，2004)为距离测度的聚类算法，称为模糊结构相似聚类(FSSM)(Sang-Sun，2016)，简述如下。

给定由 n 个图像组成的图像集 $\boldsymbol{X}=\{\boldsymbol{x}_i\}_{i=1}^n$，通过聚类将其划分成3个子集：

$$\boldsymbol{X}=\{\boldsymbol{x}_i\}_{i=1}^n=\left[\boldsymbol{X}^{(j)}=\{\boldsymbol{x}_i^j,\forall i\}\right]_{j=1}^3 \tag{7.14}$$

定义模糊聚类矩阵 $\boldsymbol{W}=(w_{ij})$，其中 w_{ij} 为 $\boldsymbol{x}_i$ 对于第 j 个子集的隶属度，满足如下条件：

$$\begin{gathered} w_{ij}\in[0,1] \\ 0\leqslant\sum_{i=1}^n w_{ij}\leqslant n,\quad \sum_{j=1}^3 w_{ij}=1 \end{gathered} \tag{7.15}$$

取聚类的目标函数为

$$J_m(\boldsymbol{W},\boldsymbol{P})=\sum_{i=1}^n\sum_{j=1}^3 w_{ij}^m d_{ij}(\boldsymbol{x}_i,\boldsymbol{p}_j) \tag{7.16}$$

式中，$1\leqslant m\leqslant\infty$ 是一个用来控制不同类别的混合度的尺度参数；$\boldsymbol{P}=[\boldsymbol{p}_1,\boldsymbol{p}_2,\boldsymbol{p}_3]$ 为三个聚类中心的组合；$\boldsymbol{p}_j$ 为第 j 个子集的聚类中心。$d_{ij}(\boldsymbol{x}_i,\boldsymbol{p}_j)$ 为第 i 个对象点到聚类中心的距离：

$$d_{ij}(\boldsymbol{x}_i,\boldsymbol{p}_j)=1-\mathrm{SSIM}(\boldsymbol{x}_i,\boldsymbol{p}_j) \tag{7.17}$$

式中，$\mathrm{SSIM}(\boldsymbol{x}_i,\boldsymbol{p}_j)$ 为 $(\boldsymbol{x}_i,\boldsymbol{p}_j)$ 的结构相似度[式(4.2)]。

聚类算法就是在隶属度(7.15)约束下，通过如下隶属度 w_{ij} 和聚类中心 $\boldsymbol{p}_j$ 的迭代过程最小化目标函数(7.16)：

$$w_{ij}=\frac{1}{\sum_{r=1}^3\left(\frac{d_{ij}}{d_{ir}}\right)^{\frac{2}{(m-1)}}},\quad \boldsymbol{p}_j=\frac{\sum_{i=1}^n w_{ij}^m\boldsymbol{x}_i}{\sum_{i=1}^n w_{ij}^m} \tag{7.18}$$

如此得到的 $\boldsymbol{P}=[\boldsymbol{p}_1,\boldsymbol{p}_2,\boldsymbol{p}_3]$ 具有如下性质：

$$\mathrm{SSIM}(\boldsymbol{p}_i,\boldsymbol{p}_j)\big|_{i\neq j}\approx 0,\quad \mathrm{Span}\{\boldsymbol{x}_i,\forall i\}-\mathrm{Span}\{\boldsymbol{p}_j,j=1,2,3\}\approx\varnothing$$

即三个特征图像 $(\boldsymbol{p}_1,\boldsymbol{p}_2,\boldsymbol{p}_3)$ 在视觉结构上近似独立，也成为结构信息的互补，张成的信息空间足够逼近高维特征空间 $\boldsymbol{X}=\{\boldsymbol{x}_i\}_{i=1}^n$。于是，可以由这三个特征图像 $(\boldsymbol{p}_1,\boldsymbol{p}_2,\boldsymbol{p}_3)$ 组成最佳信息可视化伪彩图像：

$$\boldsymbol{x}_{\mathrm{opt}}^{\mathrm{RGB}}[\mathrm{RGB}:\boldsymbol{p}_1,\boldsymbol{p}_2,\boldsymbol{p}_3] \tag{7.19}$$

图7.20展出一个SAR图像局部的特征分量图像三个中心的聚类实例。

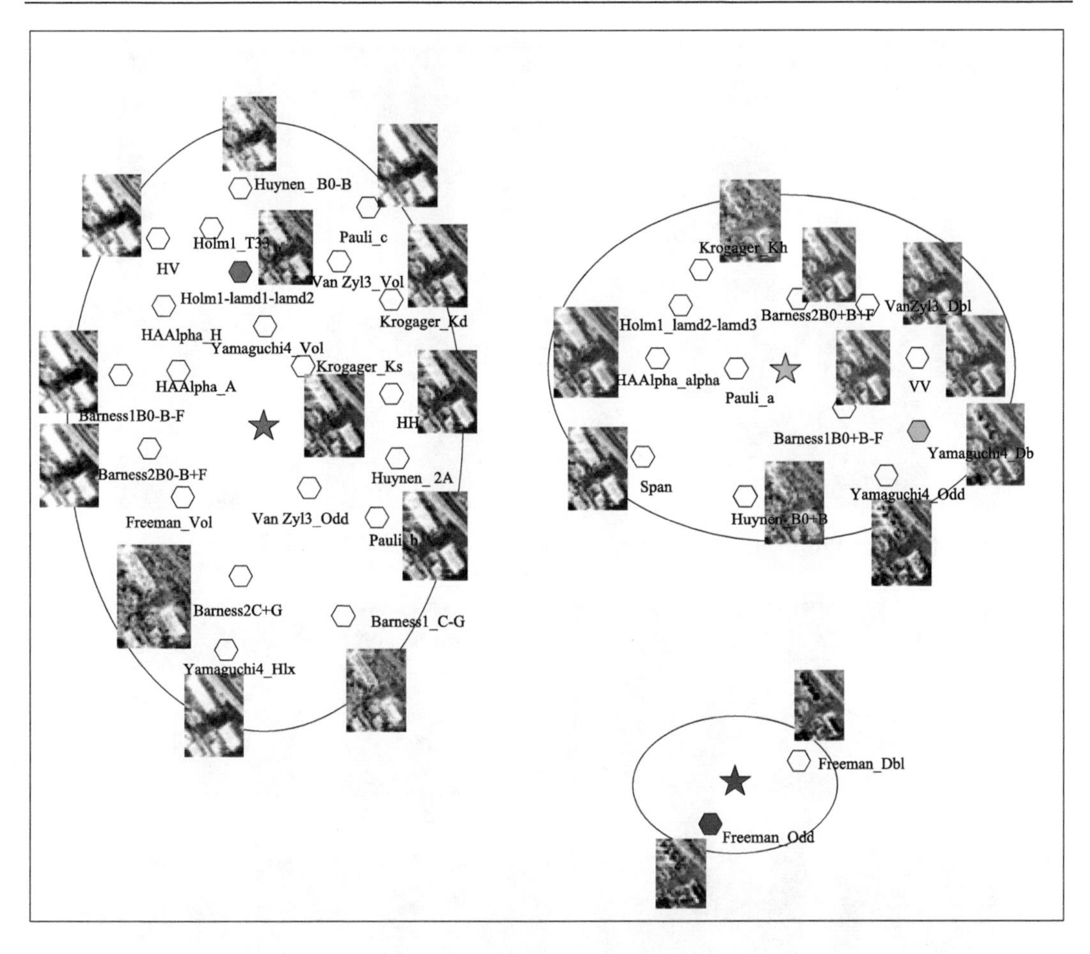

图 7.20　特征图像集聚类的实例

7.5.3　最佳特征信息图像

前面式(7.19)给出的是某个同质区域Ω_m(参见图 7.19)上的最佳信息图像$\boldsymbol{x}_{\text{opt}}^{\text{RGB}}(\Omega_m)$。将这些局部图像组合成整幅最佳信息可视化图像：

$$\boldsymbol{Z}_{\text{opt}}^{\text{RGB}}(\Omega)=\bigcup_m\left[\boldsymbol{x}_{\text{opt}}^{\text{RGB}}(\Omega_m)\right],\ \Omega=\bigcup_m\Omega_m \tag{7.20}$$

图 7.21 展现了一个全极化 SAR 数据的最佳特征信息伪彩图像，并且与目标极化分解复合伪彩图像进行比较。

取 ESAR 系统获取的 L 波段德国 Oberplaffenhofen 极化 SAR 数据，原始数据大小为1200×1300像素，分辨率为3×3 m。该地区主要包括森林、多种农作物、跑道和人造建筑物等[参见图 7.21(b)对应地区的光学遥感图像]。

(a) [RGB: |HH|, |HV|, |VV|]复合图像　　(b) 光学遥感图像

(c) Pauli分解伪彩图像　　(d) 最佳特征信息伪彩图像

图 7.21　全极化 SAR 最佳信息可视化图像实例

可以看到，图 7.21(a)展现了直接用三个正交通道的幅值数据的复合图像，无论是跑道、飞机、农田还是人造建筑物，都没有显现出来。

图 7.21(c)展现了 Pauli 目标极化分解复合图像，这里利用了地物极化散射特性，凸显了奇次散射、偶次散射和斜坡散射的跑道、不同作物的农田(例如，左上角区域)等地物。但是复杂的建筑物(例如，右下角区域)、小路径(例如，图(d)中大矩形框内)、飞机(例如，图(d)中小矩形框内)等一些复杂目标没能显现出来，因为 Pauli 分解并不含有体散射、旋转体散射等特征分量。

图 7.21(d)展现了本节论述的最佳特征信息可视化图像，清楚地显现出点目标(如小矩形框内的飞机)、线目标(如大矩形框内的小路径)、面目标(如左上角的农田)、体目标

(如机场上的林地)和复杂目标(如右下角的建筑群)。

这种“最佳 SAR 信息可视化图像”为 SAR 数据应用提供一个“第一眼视图”，显现出数据中蕴含的极化信息，也为进一步应用给予了提示。

7.6 结　论

SAR 信息可视化系统提供了一个 SAR 图像目视解译的应用平台。其基本原理是提取和挖掘 SAR 数据中的地物信息，以图像或者图形的形式展现蕴含在 SAR 数据中的地物信息，将“最后一步”的信息解译留给具有先验知识和背景经验的使用者。

SAR 信息可视化系统包含了三个主要的关键技术：第一，降斑滤波，以提高信息图像的可读性；第二，地物目标特征提取，以获得构建信息可视化图像的特征分量；第三，高维特征矢量降维，以选取适应于地物目标的物理特性以及显示系统和人眼视觉特性的特征分量。

对于单通道 SAR 数据，主要利用降斑滤波后的反射系数强度信息，以及提取的图像边缘、纹理信息，构建感兴趣目标增强的可读性好的图像。

对于双极化 SAR 数据，可以利用双通道的幅度比和相位差，显现地物目标的方位角等信息，也可以直接用于某些地物的分类。

对于全极化 SAR 数据，可以提取近百种目标极化散射特征，以各种可视化方式展示局部的或者全局的地物目标的几何特性和物理特性。

SAR 信息可视化系统是一个“人机分工”的应用平台。一方面利用电脑的计算、分析能力挖掘数据中的信息，并且用适于人眼视觉特性的方式展示这些信息；另一方面，利用人脑丰富的经验和知识，以及复杂的识别能力，作出最终的信息解译。

参 考 文 献

刘梦玲. 2011. 基于特征选择的 SAR 图像信息处理技术研究. 武汉大学博士学位论文.

桑成伟. 2017. 极化 SAR 图像解译技术研究. 武汉大学博士学位论文.

孙洪. 2005.(译)合成孔径雷达图像处理. 北京: 电子工业出版社.

孙洪. 2009. SAR 图像二次成像. 国家自然科学基金项目: 60872131.

涂尚坦. 2012. 极化 SAR 图像解译及其应用技术研究. 武汉大学博士学位论文.

王润生. 1995. 图像理解. 长沙: 国防科技大学出版社.

殷慧, 孙洪. 2012. 基于单时相单极化高分辨率 SAR 图像的二次成像方法. 中国发明专利, ZL 2010 1 0505 394.8.

Comaniciu D, Meer P. 2002. Mean shift: a robust approach toward feature space analysis. IEEE Computer Society, 24(5): 603-619.

Leung T, Malik J. 2001. Representing and recognizing the visual appearance of materials using three-dimensional textons. International Journal of Computer Vision, 43(1): 29-44.

Liu M L, He C, Chao Q, Sun H. 2008. A hierarchical boosting algorithm based on feature selection for synthetic aperture radar image retrieval. Proceeding of 9th International Conference on Signal Processing, 1: 981-984.

Lowe D G. 2004. Distinctive image features from scale-invariant key points. International Journal of

Computer Vision, 60(2): 91-110.

Manik V, Andrew Z. 2004. Unifying statistical texture classification frameworks. Image and Vision Computing, 22(14): 1175-1183.

Mishra N S, Ghosh S, Ghosh A. 2012. Semi-supervised fuzzy clustering algorithms for change detection in remote sensing images. Indo-Japan Conference DBLP2012: 269-276.

Oh Y, Sarabandi K, Ulaby F. 1992. An empirical model and an inversion technique for radar scattering from bare soil surfaces. IEEE Transactions on Geoscience and Remote Sensing, 30: 370-381.

Sang C W, Sun H. 2016. Content-adaptive polarimetric SAR image visualization with a principal dictionary. IEEE Geoscience & Remote Sensing Letters, 13(4): 580-583.

Scholkopf B, Burges C, Vapnik V N. 1995. Extracting support data for a given task. Proceedings of First International Conference on Knowledge Discovery and Data Mining: 262-267.

Tamura H, Mori S, Yamawaki T. 1978. Textural features corresponding to visual perception. IEEE Transactions on, Systems, Man and Cybernetics. 8(6): 460-473.

Tu S T, Chen J Y, Yang W, Sun H. 2012. Laplacian eigenmaps-based polarimetric dimensionality reduction for SAR image classification. IEEE Trans. Geosci. Remote Sens., 50(1): 170-179.

Ulaby F, Held D, Dobson M, Mcdonald K, Senior T. 1987. Relating polarization phase difference of SAR signals to scene properties. IEEE Transactions on Geoscience and Remote Sensing, 25(1): 83-91.

Wang Z, Bovik A C, Sheikh H R, et al. 2004. Image quality assessment: from error visibility to structural similarity. IEEE Transactions on Image Processing, 13(4): 600.

索　引

1. 公式列表

2. 插图列表

3. 表格目录

第 8 章　SAR 图像目标检索系统

8.1　SAR 图像信息解译系统

合成孔径雷达可以全天候、全天时工作，因此合成孔径雷达图像有极大的利用前景，在国民经济领域和国防领域都有广泛的应用需求：环境监测、资源调查、灾害评估等；对于云雾缭绕地区、地广而复杂区域(如山地、海洋、森林等)，尤其需要利用 SAR 图像有价值的信息。

这些应用都希望有一个 SAR 图像信息自动解译系统。然而，由于合成孔径雷达的相干成像机理，也由于地物目标的复杂性，SAR 图像的全自动目标识别技术难以达到应用需求。注意到，在前面分析 SAR 图像信息的章节中，设立了若干假设条件，这些假设不一定符合各种复杂的环境；还注意到，在前面论述的 SAR 图像信息处理技术的章节中，采用了若干经验参数，这些参数不一定适应各种不同的场景。为了达到实用的要求，一个可行的途径就是采用人机交互的方式，将电脑强大的信息挖掘能力与人脑的先验知识和灵活感知的能力相结合。SAR 图像目标检索系统就是这样一种人机交互的应用平台。

这个基于目标检索系统的 SAR 图像解译应用平台，可以图 8.1 所示的原理图描述，其工作流程简述如下。

第一步　取感兴趣的地物图像样本。一种方式是从已存储的目标库经过“索引”获取图像样本；另一种方式是从待解译的 SAR 图像中切割出“样本”图像，经过“建库”系统，将图像样本录入“图像库”，然后从样本中提取特征，录入“特征库”，同时经过标注，录入“文本库”。

第二步　SAR 图像目标自动解译。实际上这里就是一个经典的模式识别系统，识别出所有与样本“相似”的目标。

第三步　人为干预。人工目测由自动解译系统提供的“相似目标”，用正负(+/–)号标注出完全确定的接受/不接受的目标。

第四步　相关反馈。根据人为干预的正面和负面意见，利用特征权重调整和支持向量机两种相关反馈技术，改变自动解译系统的参数或者算法，返回到第二步，重新解译 SAR 图像。

如此人机交互工作，得到查准率(周明全,等，2007)足够高的“相似目标集合”结果。同时，可以用经过相关反馈调整后的目标特征更新目标库。

基于这个 SAR 图像检索系统，可以根据需求服务于各种 SAR 图像应用。只需接入根据需求编写的应用程序，利用检索系统提供的解译结果，得到设立的目标解译结果(如图 8.1 所示)。

下面着重讨论基于内容检索的 SAR 图像检索原理和技术(8.2 节)，SAR 图像检索系统的特有的相关反馈技术(8.3 节)。然后介绍 SAR 图像检索系统的设计(8.4 节)。最后展示几个典型的应用范例(8.5 节)，包括地物分布调查、特指目标搜寻，以及特定地物的变化监测。

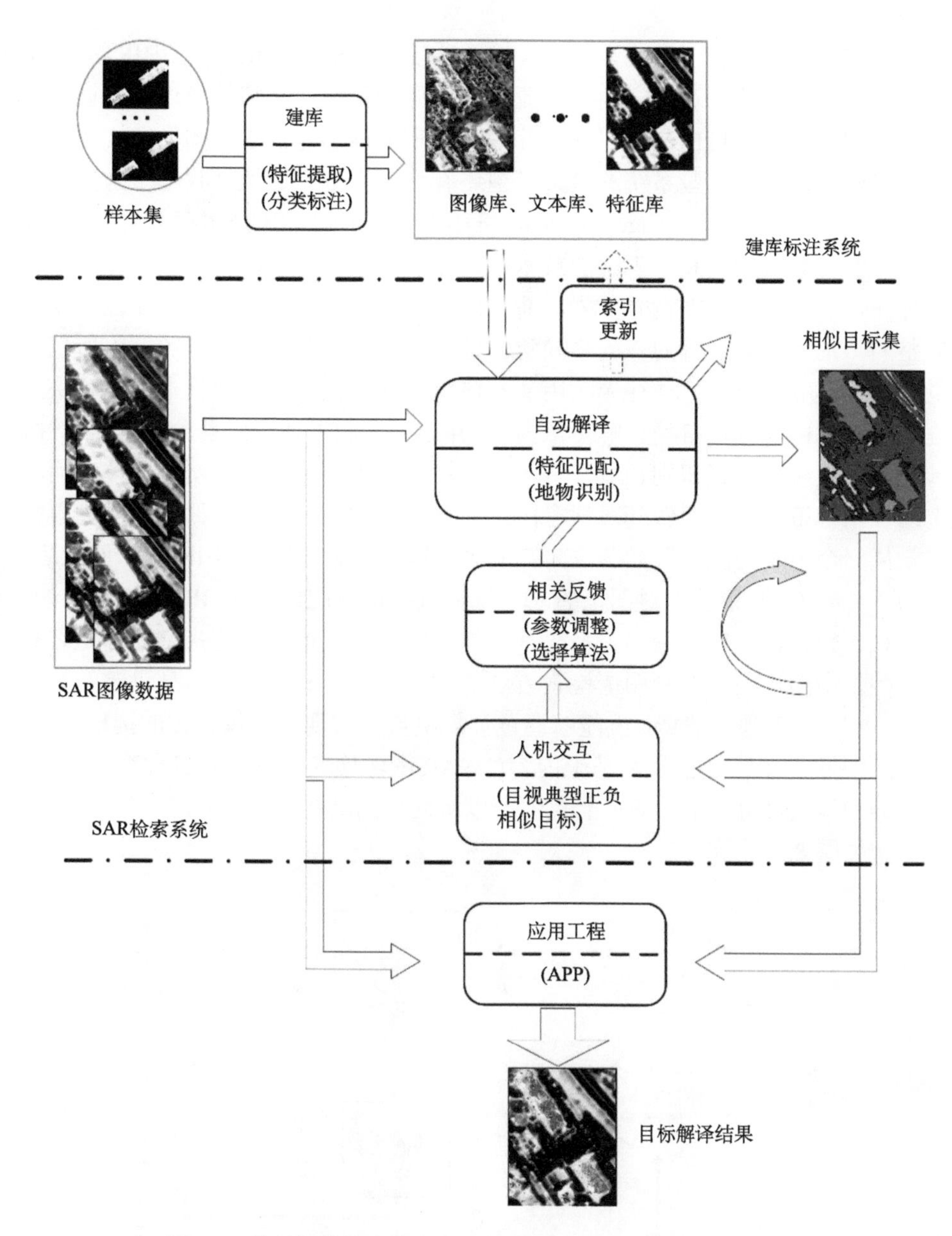

图 8.1　基于图像检索技术的人机交互 SAR 图像解译应用平台

8.2 SAR 图像目标检索方法

8.2.1 基于内容的图像检索原理

传统图像中基于内容图像检索技术(content-based image retrieval，CBIR)的产生可以追溯到 20 世纪 90 年代。在此之前较为流行的图像检索系统是将图像作为数据库存储的一个对象，用关键字或自由文本对其进行描述，查询操作是基于该图像的文本描述进行精确匹配或概率匹配，有些系统的检索模型还有词典支持。这就是我们常说的基于文本的图像检索技术(text-based image retrieval，TBIR)，然而 TBIR 技术存在着严重的问题。首先，目前的计算机视觉和人工智能技术都无法对图像进行自动文本标注，而必须依赖于人工标注，这项工作不但费时费力，而且由于人主观意识差异手工标注往往是不准确或不完整的，这种主观理解的差异将导致图像检索中的失配；此外，图像中所包含的丰富视觉特征(颜色和纹理等)往往无法用文本进行客观的描述。从理论上讲，解决上述问题的理想方案是由计算机自动理解图像内容，并给图像加上客观而且全面的概念性标注，但这涉及图像理解与模式识别领域许多尚未解决的疑难问题，特别就目前技术而言，当不限定图像内容范围时，要做到对任意图像的自动理解还远远是一件不可能的事情。因此，需要从一个中间层次来研究图像内容的表示以及检索问题，CBIR 技术便应运而生。

区别于原有 TBIR 系统中对图像的人工标注进行检索的做法，CBIR 利用图像的色彩、纹理、形状、轮廓、对象的空间关系等基本视觉特征进行检索，这些特征都是客观独立地存在于图像中的，因此这种图像检索方法的主要特点是利用图像本身包含的客观视觉特性，不需要人为干预和解释，就能够通过计算机自动实现对图像特征的提取、存储等。

与传统图像 CBIR 系统类似，基于内容的 SAR 图像检索系统一般包含查询输入部分、数据库部分和检索部分，在此基础上我们可以将同样的结构用于 SAR 图像检索系统，基本结构框图如图 8.2 所示。

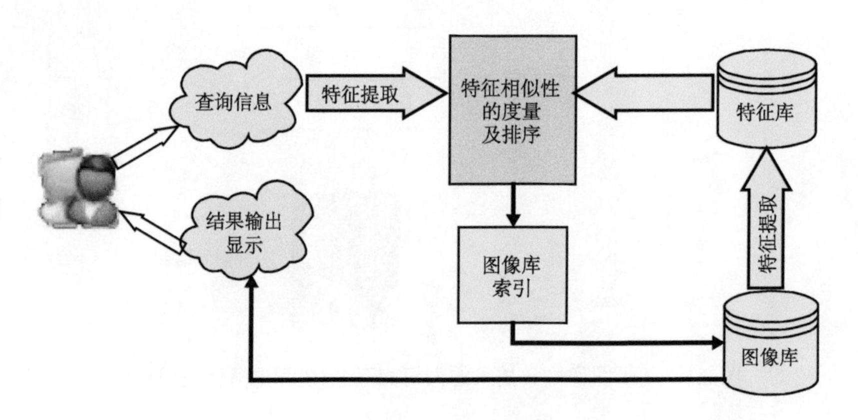

图 8.2　基于内容的 SAR 图像检索系统

其中不同的颜色代表不同的部分，各部分功能描述如下。

查询输入部分：提供多样的查询手段，支持用户根据不同应用进行的各种查询工作，根据用户提出的查询条件完成对图像内容的描述，一般就是特征提取。

数据库部分：对待检索图像(一般数量比较大)进行图像内容的描述，并以某种计算机方便表达的数据结构建立数据库，便于后续检索。该部分是将图像数据库中待检索图像进行分析和特征提取，分别归入所属的特征数据库，并在检索过程中完成基本的数据库操作，例如索引、图像的插入与删除等，该部分中特征提取的方法与查询模块特征提取方法相同。

检索部分：在图像库中搜索所需的图像内容，将用户要求的描述与数据库中图像的描述进行相似性度量，确定它们在内容上的一致性和相似性，并将结果输出。

8.2.2 用于检索的 SAR 图像特征

基于内容的图像检索两个本质的问题是图像内容表示和图像相似性度量。其中，图像可视内容的表示是基于内容图像检索的基础，图像内容描述子的好坏直接决定了图像检索系统的性能。现阶段，没有人类的帮助，要实现图像高层特征的自动生成几乎是不可能的。当前大多数高层特征都是由人工生成的，而低层可视特征的提取是自动完成的，不需要人工参与，因此在大多数图像检索系统中得到应用。

图像内容描述子的形成一般包括两个步骤：特征提取和特征选择。本节将主要列举单极化 SAR 图像检索中使用到的特征的计算方法。

1. 统计特征

由于 SAR 图像一般为幅度或者强度图像，所以在小节中颜色特征主要是指灰度直方图、均值、方差和方差均值比。

2. 纹理特征

虽然每个人都能够辨识纹理，且纹理在影像分析中十分重要而又普遍，但是很难给纹理下一个准确的定义，到目前为止，还没有一个公认的精确纹理定义。只是比较粗略的把纹理定义成对图像的像素灰度级在空间上的分布模式的描述，反映物体的质地，如粗糙度、光滑性、颗粒度、随机性和规范性等。图像纹理反映的是图像的一种局部结构化特征，具体表现为图像像素点的某邻域内像素点灰度级或者颜色的某种变化。在 SAR 图像中一般使用到的纹理特征有灰度共生矩阵(GLCM) (Liu et al.，2012)、Tamura 纹理(郝玉保,等，2010)、Gabor 特征(Cheung et al.，2005)和 SAR-SIFT(Dellinger et al.，2013)等。

8.3 相关反馈技术

基于内容图像检索系统给出的初始检索结果往往不能很好地满足用户的信息需求，这主要归因于如下几点：

(1) 由于当前图像理解技术的局限，建立从图像的低层特征到高层语义的映射还很困难。

(2) 由于用户界面的限制以及对图像库的不熟悉,用户很难给出能准确反映其信息需求的查询。

(3) 由于人类视觉感知的主观性,对于同一幅图像不同的人或同一个人在不同的时间可能有不同的认知，因此借助于离线的学习不能适应这些不同的要求。

20 世纪 90 年代中期，在文本检索领域提出的相关反馈(relevance feedback，RF) (张磊,等，2002) 技术被引入到基于内容图像检索领域。相关反馈技术通过把人的参与引入到信息检索过程中，从而把检索模式从一次进行变成交互式的多次进行，并成为提高检索性能的有效方法。在相关反馈的交互过程中，只要求用户根据需求对系统当前的检索结果给出是否相关的判断(没有把握的判断可以不置可否)，然后系统根据用户的反馈进行学习来给出更好的检索结果。

8.3.1　相关反馈流程

相关反馈的一般步骤可以分为：

(1) 用户通过样例、关键字或草图等方式给出查询，系统返回初始的自动检索结果。

(2) 用户对当前显示的检索结果，根据自己的判断给出它们是否相关或相关程度的判断。

(3) 系统根据用户的反馈信息进行学习,返回新的检索结果,用户根据新结果的情况，选择返回步骤 2 进行下一轮反馈或是结束。

在相关反馈中，用户判断的相关度量和反馈模式是两个重要的环节，它们决定了用户与系统交互方式，并在很大程度上影响了相关反馈算法的设计。

8.3.2　相关反馈原理

大多数相关反馈算法都可以归结为一个学习问题，也就是通过用户反馈的相关样本和不相关样本来学习一个查询模型，例如查询点移动、特征加权等；或者归结为一个分类问题(对于类别检索来说)，在这种情况下，我们希望通过用户反馈的样本来学习一个分类模型，用来区分相关图像和不相关图像。因此，我将相关反馈的过程划分为选择反馈样本和更新相似性度量这两个部分(Chen et al.，2011)，用图 8.3 所示框图描述。

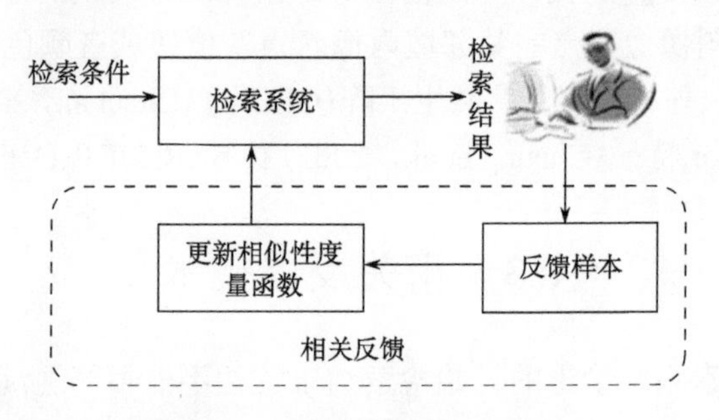

图 8.3　相关反馈的基本框架

各种相关反馈算法其实质都是寻找一个相似性度量，用来衡量图像库中的图像与查询图像(或者查询图像所属的类别)之间的相似性。大致可以将基本相关反馈算法分为两个大类：一类是基于距离度量的，例如查询点移动(邵虹等，2009)，特征加权(Chen et al.，2011)等；另一类是基于分类框架的(类别检索)，即把整个图像库中的图像看作两类：一类是与查询图像相关的类；一类是与查询图像不相关的类，例如，SVM(Joachims，1998)，Adaboost(Zhu，2006)等方法。

8.3.3　相关反馈算法

1. 基于距离度量的方法

在这类方法中，图像检索被看作一种k邻近搜索，图像被表示成特征空间中的一个点，然后根据图像特征和查询间的距离度量把k幅离查询最近的图像捡出。常用的距离度量有 Minkowski 距离(Merigo &Casanovas.，2011)及其加权变形以及二次距离。在一个d维的特征空间中，给定查询$\boldsymbol{q}=\{q_1,q_2,\ldots,q_d\}$和图像$\boldsymbol{x}_i$的特征$\boldsymbol{x}=\{\boldsymbol{x}_{i1},\boldsymbol{x}_{i2},\ldots,\boldsymbol{x}_{id}\}$，加权的 Minkowski 距离为

$$D_p(\boldsymbol{q},\boldsymbol{x}_i,\boldsymbol{w})=\left(\sum_{j=1}^{d} w_j\left|\boldsymbol{q}_j-\boldsymbol{x}_{ij}\right|^p\right)^{\frac{1}{p}} \tag{8.1}$$

式中，$\boldsymbol{w}=\{w_1,w_2,\ldots,w_d\}$为权值向量。在这样的搜索模型下，相关反馈算法的主要策略有改进查询、改进距离度量或选择不同的距离度量。改进查询也被称为查询点移动，就是修改$\boldsymbol{q}$；改进距离度量就是修改$\boldsymbol{w}$，对权值向量$\boldsymbol{w}$的修改也被称为权值调整。

1)查询点移动算法

在现有的相关反馈技术中普遍采用的是 Rocchio(范红梅等，2009)公式给出的信息检索模型，其基本原理是对于用户提交的正反馈集合和负反馈集合，利用 Rocchio 公式，改变用户的检索向量：

$$\boldsymbol{q}_{i+1}=\alpha\boldsymbol{q}_i+\beta\left(\frac{1}{N^{\mathrm{R}}}\sum\boldsymbol{x}^R\right)-\gamma\left(\frac{1}{N^{\mathrm{D}}}\sum\boldsymbol{x}^D\right) \tag{8.2}$$

式中，α,β,γ分别是常量；$\boldsymbol{x}^R$和$\boldsymbol{x}^D$分别表示正反馈样本和负反馈样本；N^{R}和N^{D}为对应的样本数目。$\boldsymbol{q}_i$为第i次查询的查询样本，经过相关反馈后，查询样本调整为$\boldsymbol{q}_{i+1}$。

在查询点移动算法中，权重被认为是不随相关反馈过程而发生变化，这往往不能有效地反映出图像高层语义和用户的查询要求。此外，该方法还要求在查询开始前设定一组精确的权值，因此实现起来也比较困难。

2)特征权值调整

如果在某个特征分量上所有正样本具有相似的特性，那么这个特征分量就能较好地反映用户的查询需求，应该增加该特征分量在特征向量中的权重；相反地，当所有正例

的取值很分散时，这个特征分量对当前的查询影响不大，甚至有反作用，则应该减小其权重。例如，图 8.4 中红色的圆形样本为用户需要的相关结果，蓝色的三角形为不相关样本(即，负样本)。设所有样本在特征空间的位置关系如图 8.4 所示，当未进行特征权值调整时，根据距离检索结果为圆形区域内所有的样本，可以看出大部分结果为不相关样本，如图 8.4(a)所示；当进行特征权值调整以后，相当于将查询区域由原来的圆形变为椭圆形，如图 8.4(b)所示，检索结果都为相关样本。

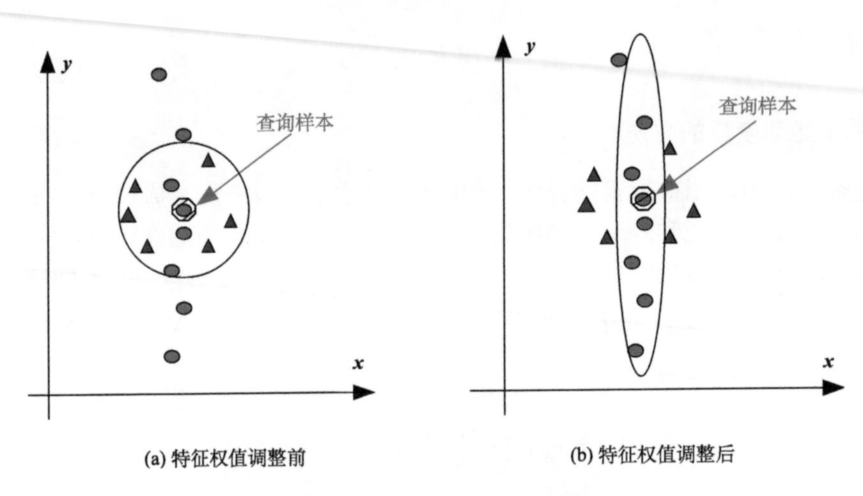

图 8.4　特征权值调整示意图

采用交互式的相关反馈方法，根据用户的反馈信息动态调整特征权重，这样相比于查询点移动更能准确地体现用户的查询需求。但是修正权重算法的运算量非常较大，计算复杂度高。

2. 基于机器学习的方法

随着相关反馈技术的不断深入研究，许多学者将相关反馈看作模式识别中的有监督学习或分类问题，如作为 1 类的学习问题、两类的分类问题或顺序回归问题等，并针对该学习问题的特点把各种机器学习方法引入到相关反馈算法的研究当中。通过利用成熟的机器学习理论，例如支持向量机(SVM)等，对样本集的学习，得出用户查询目的与图像特征之间的对应模型，然后根据学习的模型指导新一轮的检索。

SVM 方法训练的分类器，不仅可以大幅提高检索结果的正确率，还可以大幅提高检索结果的密集度，而且收敛速度也很快。由于 SVM 方法不仅考虑了对渐近性能的要求，而且能够根据有限的样本信息在模型的复杂性和学习能力之间寻求最佳折中，从而获得最好的推广能力。具体在每次检索时，用户标记的都是在特征空间中距离样例图像较近的图像，同时在返回结果中未标记的无关图像也离样例图像较近，这些反馈样本比较适合于构造 SVM 分类器，因为支持向量正是位于分类间隔面上的样本，而距离分类间隔面很远的样本，对 SVM 分类器的构造是没有影响的。因此，虽然用户标记和反馈的图像有限，但却能够提供将相关和不相关图像在特征空间中分开所需的信息，从而进一步检索时再由该模型找到更多的相关图像。

将检索结果图像作为训练样本，由用户标记出正负例样本，作为有类别标号的训练样本由 SVM 进行学习，构造出适合表示用户查询意图的分类器，然后用该模型对图像库中的所有图像进行分类，对于分为“正确”的图像，求出每幅图像相对于分类面的距离，离分类面越远的图像就越接近查询样例，按此距离从大到小再次排序返回结果。

8.4 SAR 图像检索系统设计

在国家高新技术研究发展计划(863 计划)项目“高分辨率 SAR 图像城区信息智能检索”的支持下，武汉大学信号处理实验室开发了 SAR 图像检索系统(SARUISR)，软件著作权申请号：2010R11L071461。该系统可以完成基于文本的检索和基于样本的检索，将标注结果存入数据库，可进一步实现语义检索功能。检索平台结构框图如图 8.5 所示。

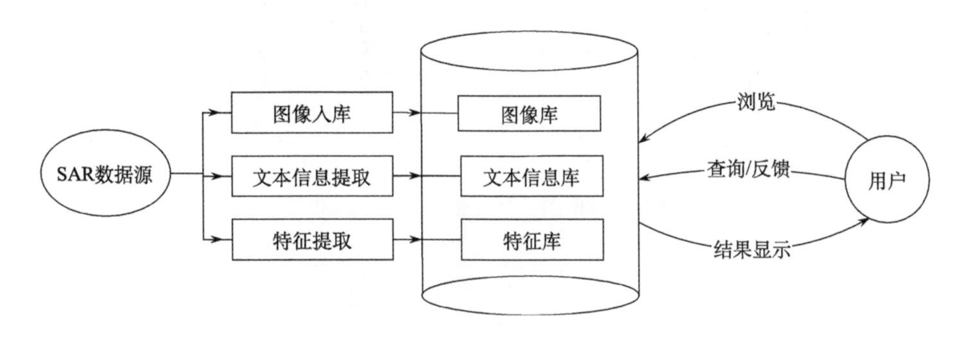

图 8.5　SAR 图像智能检索平台实施框图

8.4.1　检索平台的技术特点

数据库方面 SARUISR 采用数据库组织管理数据，通过 SQL Server 2005 自带索引和外部空间索引实现对数据的查询、添加、删除、修改等操作，大大提高了海量数据的存储合理性和查询时效性。为了能够处理大画幅的 SAR 图像，SARUISR 采用内存映射方式读取图像文件，由于只是将图像读入虚拟内存，大大降低了海量遥感图像数据对内存容量的要求。采用 Intel 公司的图像核心处理库 IPP(Intel，2010)，利用其针对硬件优化的特点，在海量图像快速显示、缩放、直方图均衡化等操作上获得明显的效果。SARUISR 使用 GDAL(Geospatial Data Abstraction Library)(Zhang et al.，2012)函数库来实现标注图像的打开、保存及浏览等功能。在检索结果展示方面，SARUISR 将检索结果在原始 SAR 图像中标记显示，方便用户查看以及进行相关反馈操作，提供了较好的人机交互。实现了计算机双屏显示，并在此基础上进行了各个底层模块的整合与功能划分，界面层次清晰，友好美观。

8.4.2 检索平台的软件框架

图 8.6 和图 8.7 分别给出检索平台的设计方案和软件架构。

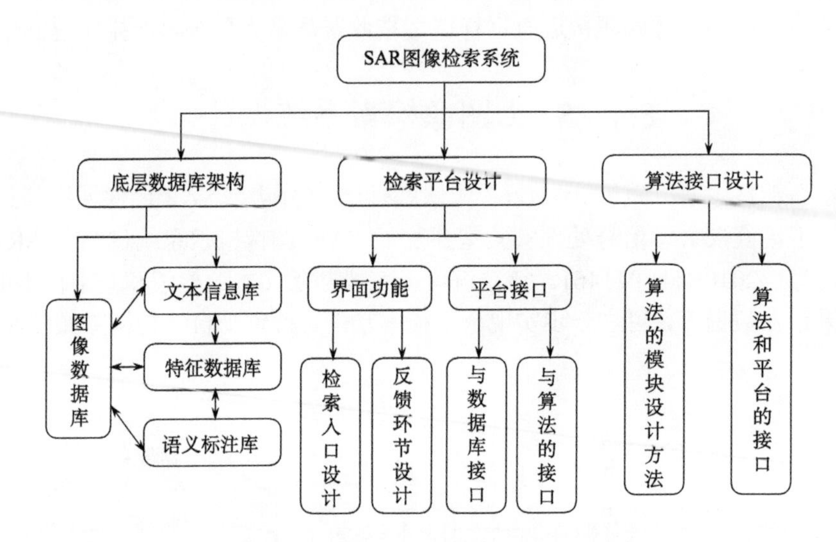

图 8.6 SAR 图像智能检索平台组成框图

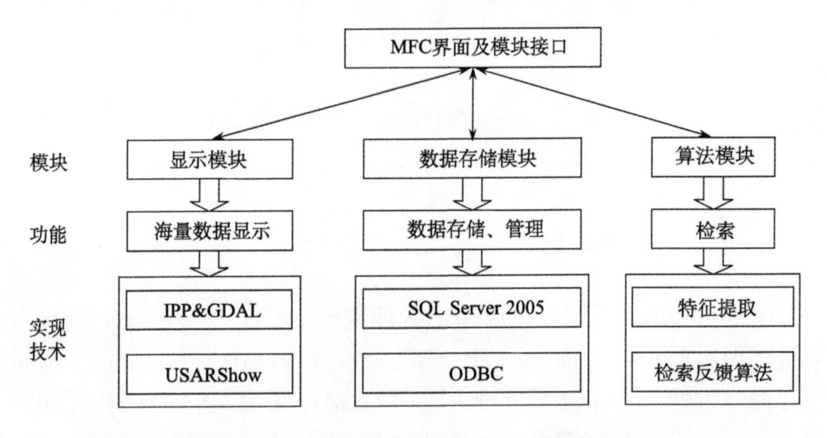

图 8.7 SAR 图像智能检索平台总体软件架构

该检查平台主要包括 MFC 基础类库、图像显示类库、数据库管理库、特征及检索算法类库四大部分：

(1) MFC 基础类库主要实现人机交互的界面，以及系统中几大模块之间的接口和通信。

(2) 图像显示类库主要由 Intel IPP 函数库和基于 Windows 环境中基本图像 Dib 的显示类库 USARShow 组成，系统显示功能就是由 IPP 函数库实现图像基本显示处理，然后由 USARShow 类库进行显示。

(3) 使用 GDAL 函数库中提供的读写操作完成对标注图像的读写，同时平台还使用

GDAL 函数库所集成一系列可以实现图像缩放功能函数，包括图像显示金字塔有关功能函数，方便用户浏览。

(4)特征提取及检索算法是自主开发实现的，主要包括 SAR 图像多种视觉特征的提取和选择，包括直方图、均值、方差、相对标准差、GLCM(灰度共生矩阵)、GABOR 等特征，检索过程中相似度度量方法、线性 SVM 相关反馈算法等。数据库管理主要完成信息特征库和标注信息库的建库和管理，采用 MFC ODBC 方式进行数据库管理。

图 8.8 是 SAR 图像智能检索平台的数据传输框图。

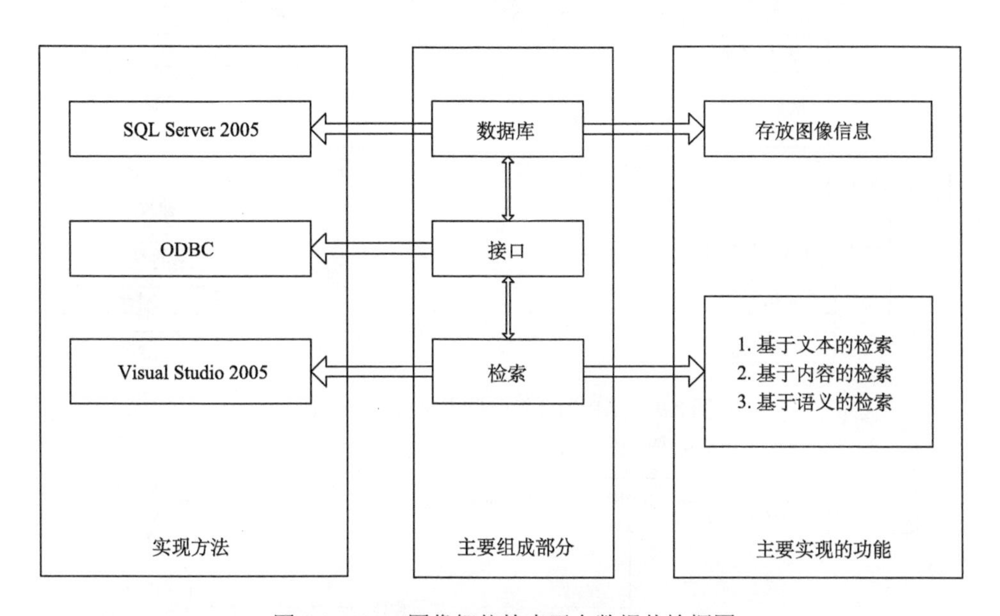

图 8.8　SAR 图像智能检索平台数据传输框图

系统集成的 SAR 图像解译及其应用的算法模块有特征分析和提取、分割和分类算法、相关反馈学习算法。系统菜单的设计如图 8.9 所示。

系统在检索过程中需要能够对 SAR 图像进行浏览，目前一景 SAR 图像通常数据量很大，容量最大可达数 G，为了使用户能快速浏览检索图像，大尺寸、大数据量 SAR 图像显示采用 Intel IPP 函数库与 USARShow 类库相结合的方式进行，同时为了尽可能减小计算机硬件对系统图像显示的限制，在内存管理方面，系统采用了内存映射机制。显示操作流程如图 8.10 所示。

8.4.3　检索平台性能评测

检索平台可以自动读取手工标注图，并在数据库中增加标注信息属性列(图 8.11)；每次检索结果可以和手工标注信息比对，从而得到检索精度(图 8.12)。

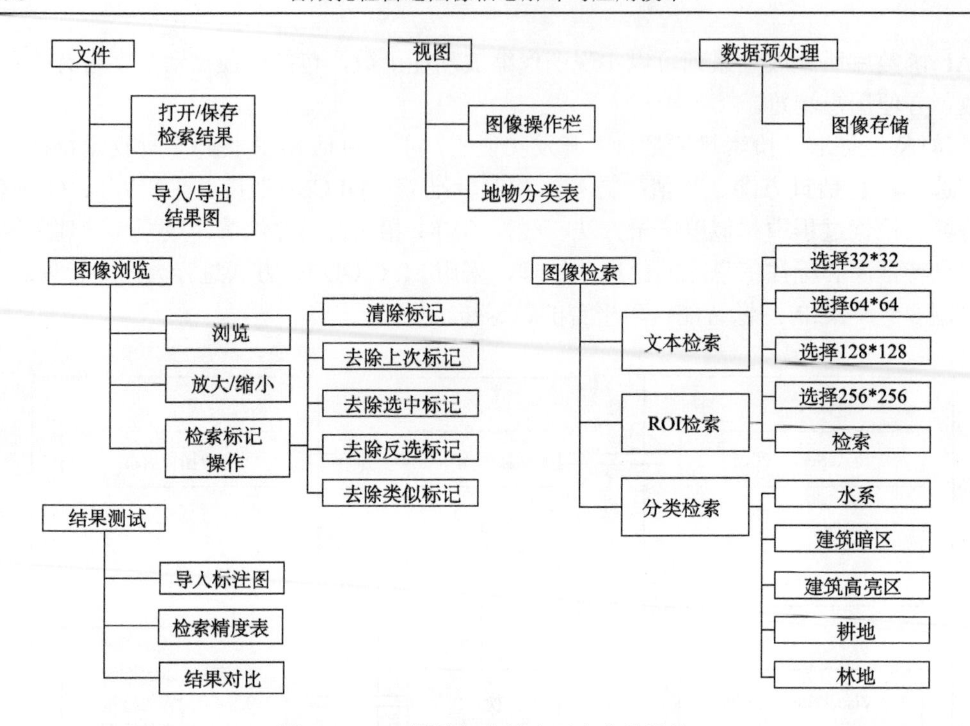

图 8.9　SAR 图像智能检索平台菜单设计

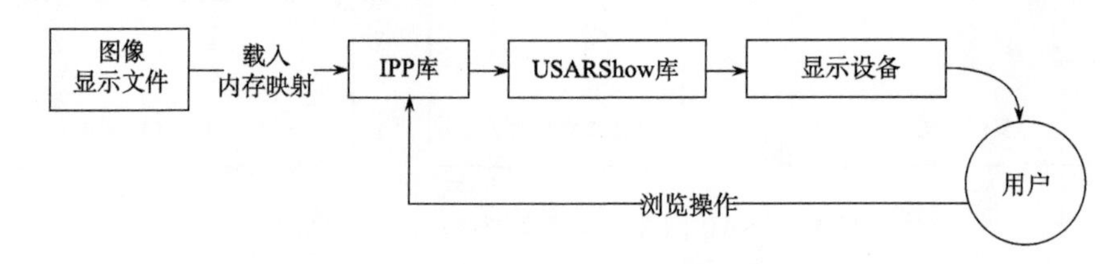

图 8.10　SAR 图像智能检索平台图像显示流程

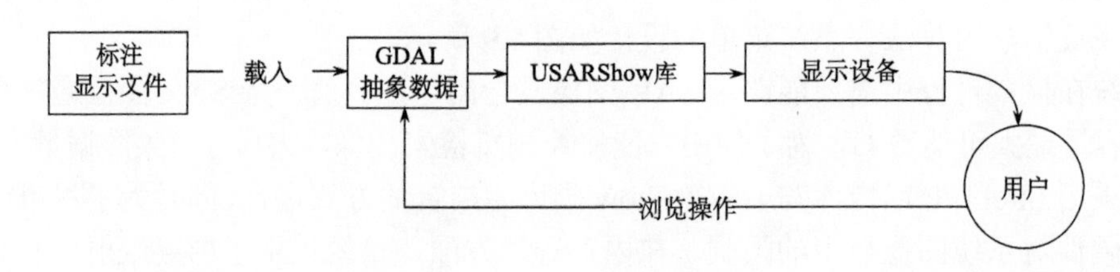

图 8.11　平台标注图像显示

客观评价图使用 ArcGIS(ArcGIS. 2010)进行标注。图 8.13 所示为检索精度表，包括查全率、查准率、平均准确度等定量指标。

设真实的与样本相关的图像集合为 A，检索出的图像为 B。查全率 P，查准率 R 和误检率 F 的定义如下(周明全,等，2007)：

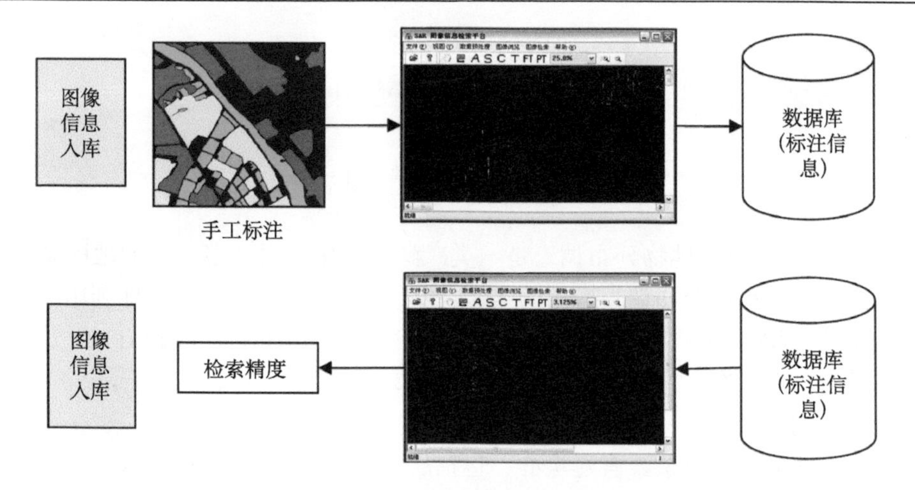

图 8.12　检索评测模块示意图

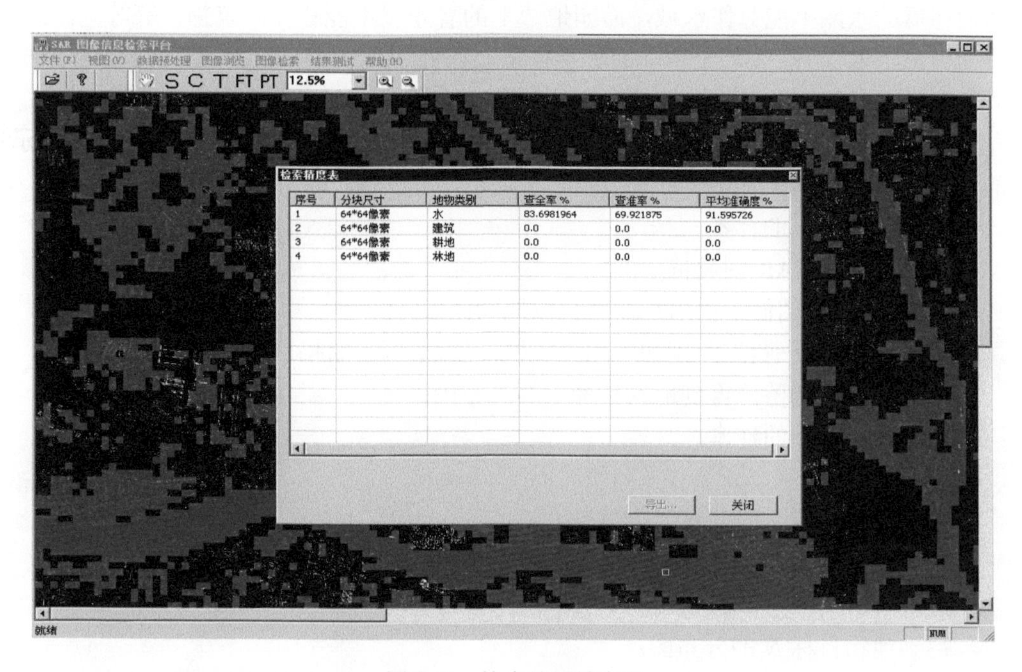

序号	分块尺寸	地物类别	查全率 %	查准率 %	平均准确度 %
1	64*64像素	水	83.6981964	69.921875	91.595726
2	64*64像素	建筑	0.0	0.0	0.0
3	64*64像素	耕地	0.0	0.0	0.0
4	64*64像素	林地	0.0	0.0	0.0

图 8.13　检索结果精度表

$$
\begin{aligned}
P &= p(A|B) = \frac{p(A \cup B)}{p(B)} \\
R &= p(B|A) = \frac{p(A \cup B)}{p(A)} \\
F &= \frac{B \cup \overline{A}}{\overline{A}}
\end{aligned}
\tag{8.3}
$$

8.5 典型应用

8.5.1 地物分布调查

利用 SAR 图像进行地物分布调查是一类广泛的应用，对于多云雾的地区尤为重要。

这里给出一个地物分布调查应用的实例：基于 TerraSAR 数据的土地利用现状分类。利用 SAR 图像智能检索系统 SARUISR(软件著作权号：2010R11L071461)，按照国家土地利用分类的一级标准，对覆盖广东省广州市区、番禺区、顺德区的 TerraSAR-X 条带数据进行土地利用调查。

城区以及郊区信息复杂，有建筑群，包括居民区、工业区；有水域，包括流动的江河、静止的湖溏；有绿地，包括林地、园地，还有耕地等等。还存在比较复杂的情况，如房前屋后的水滩不能算作水域，而园地边上的看守屋不能算作建筑物，等等。因此，这样的信息提取任务，依赖全自动的分类技术不可能达到要求。而且，不同的 SAR 数据，不同的地区，其建筑物、耕地等信息的特征有所不同。

针对 N 个类别的“地物目标分布调查”应用，基于检索技术的解译平台(图 8.1 所示)中的“应用工程(APP)”流程如下：

- 取地物目标 1 的样本；
- 计算样本的 SAR 图像特征；
- 在整幅 SAR 图像中检出与样本相似地物；
- 通过人工“正-负”甄别和“相关反馈”算法，调整地物特征的描述；
- 经过若干次调整，得到地物目标 1 的分布图；
- 取地物目标 2 的样本，
- ……
- 得到地物目标 2 的分布图；
- 取地物目标 N 的样本，
- ……
- 得到地物目标 N 的分布图；
- 最后，合并 N 个地物目标得到地物分布图和地物分布面积表。

在这个应用实例中，为了提高检索系统的查准率，分两级检索：第一级，先检出“水体，建筑，林地，耕地”四类。第二级，在“水体”类中再分拣出“河流(动水)和湖泊(静水)”两类，在“建筑”类中分拣出“工业区和居民区”两类，在“林地”类中分拣出“林地和园地”两类。最后，得到项目要求的七类地物调查结果。

用 SAR 图像信息检索方式，根据明显的样本和用户的特殊要求，经过若干次主动反馈学习，可以得到一级(四类)和二级(七类)专题分类图及其统计数据。经过与全人工目视解译及手工标注的结果之间的比对，已达用户提出的 10%检索误差的要求。图 8.14 给出四类专题图，表 8.1 给出其统计数据。图 8.15 给出一个二级检索的结果，将“水域”细分为“河流”和“静水域”(水塘、湖泊、水库)，图 8.16 给出七类专题分类图。

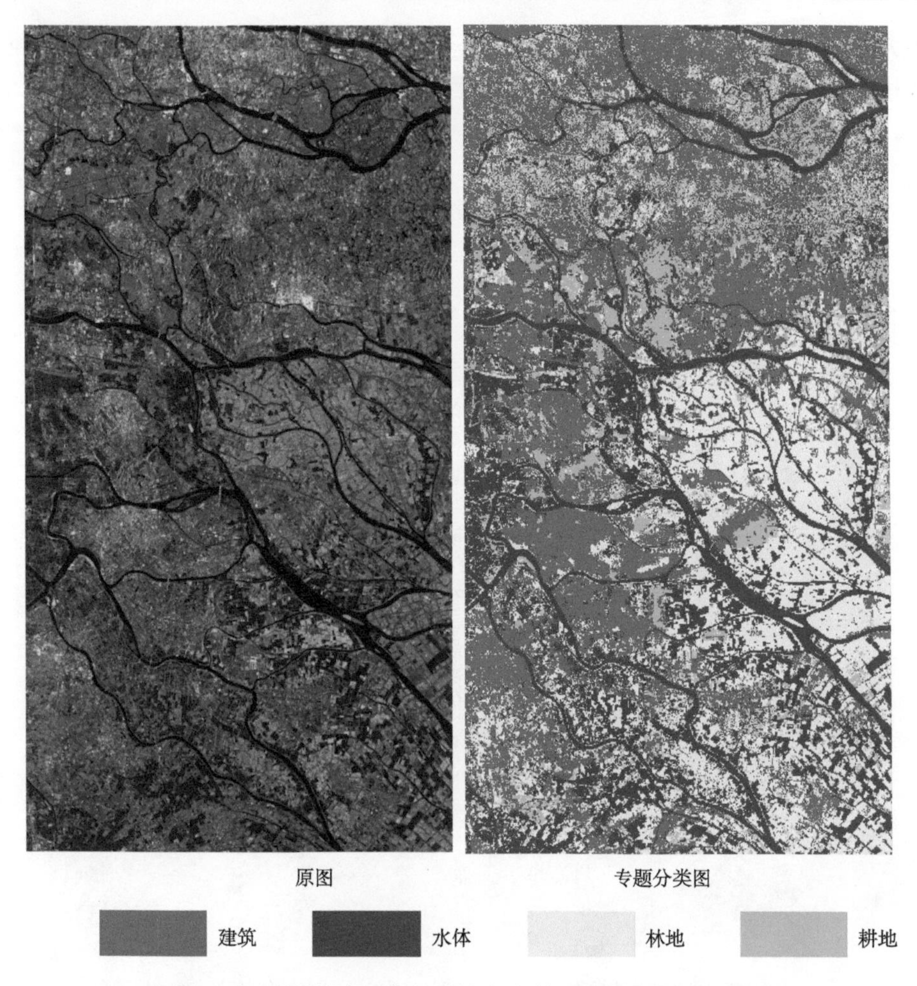

图 8.14　利用检索平台得到的土地利用现状的四类分类图

表 8.1　全图面积统计结果（全图总面积：$1.899\times10^9\ m^2$）

类别	建筑	水	耕地	林地
面积/$10^8 m^2$	7.068	4.582	4.415	2.925

8.5.2　特定目标搜寻

在大范围内寻找特指地物目标常常是一种应急的应用。在从山峻林地区、茂密森林地区、海洋或沙漠地区搜寻特指目标的一个重要途径就是利用 SAR 图像。尤其处于自然灾害时期，多云多雾、地势复杂，SAR 图像检索技术成为一个必要的手段。

在这种环境下，指定的目标并没有库存的样本图像，但是可以用 SAR 图像检索系统进行“模糊检索”，即根据对特指目标的描述生成一个类似的“模糊样本”，通过检索系统的相关反馈，修正这个模糊样本，并且检索出若干个最相关的地物目标，最后通过人眼目视和获取的情报及知识，判决特指地物目标的所在地(定位)，或者判别目标的类别(识别)。

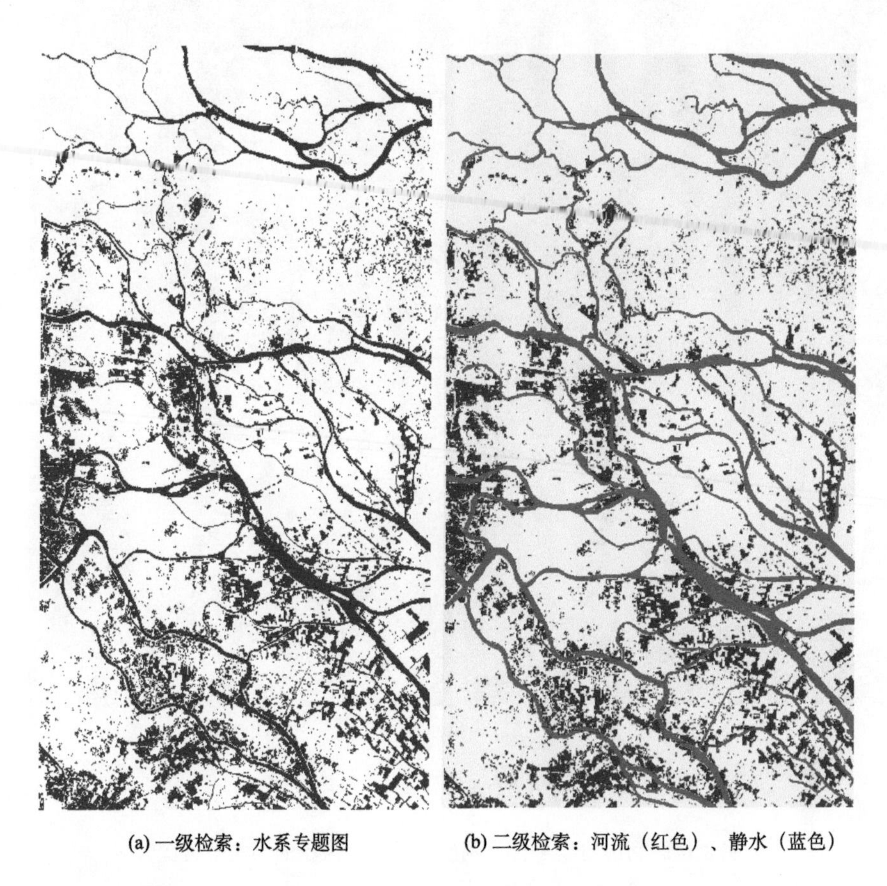

(a) 一级检索：水系专题图　　(b) 二级检索：河流（红色）、静水（蓝色）

图 8.15　水系的二级检索结果

这里，给出一个基于机载 SAR 图像进行“5.12 失事直升机搜寻”的实例。利用 SAR 图像智能检索系统 SARUISR(软件著作权号：2010R11L071461)，基于“模糊检索”的方法，搜寻 2008 年四川“5 • 12”地震救灾直升机失事地，如图 8.17 所示。首先利用计算机模拟失事飞机模型，并且截取获得的 SAR 图像的背景样本，构成一个用于检索的模糊样本图(如图 8.17 中右上角所示)。通过 SAR 图像目标检索系统，得到与构建的样本最为匹配的 5 个目标处，如图 8.17 中的五个黄色框所示，其中最下端的黄色框证实为飞机失事地点。实际上，根据当时提供的飞机失事的可能范围，可以确定这个目标地点。

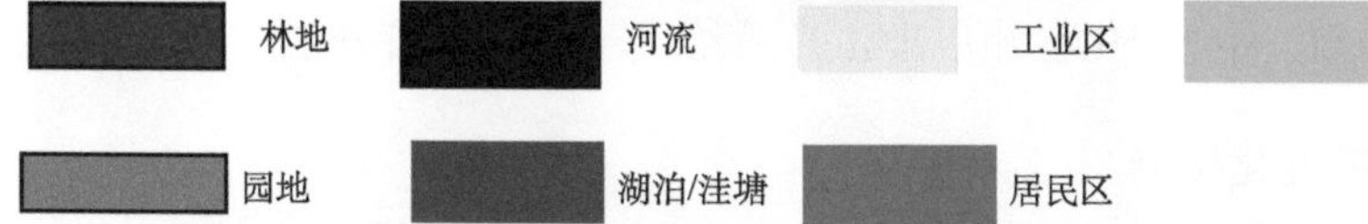

图 8.16　利用检索平台得到的土地利用现状的七类专题分类图

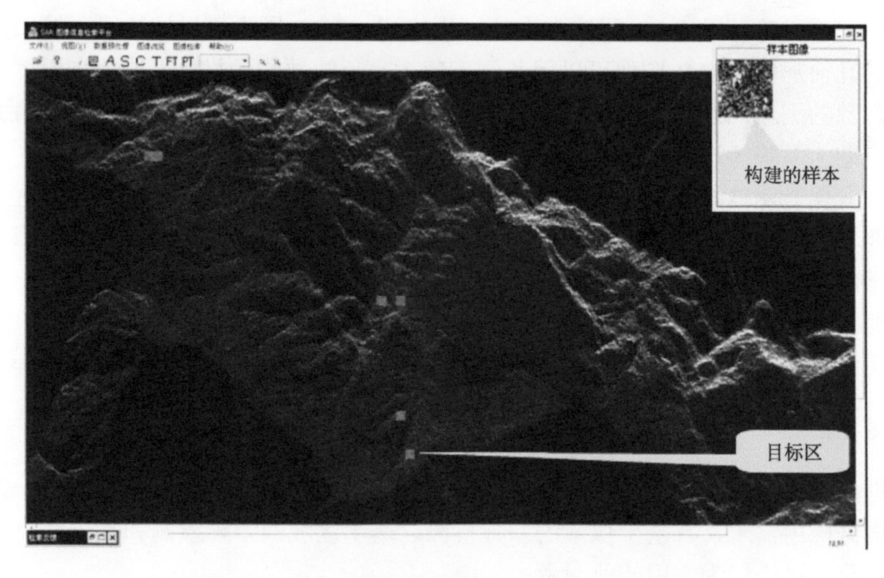

图 8.17　检索系统成功搜到“5·12”失事直升机

8.5.3　目标变化监测

特指地物目标的变化监测是一个非常广泛的应用。无论是民用的土地资源或者自然灾害状况的调查，还是军用的环境侦察或者战场调查，SAR 图像检索技术都可以发挥重要作用。

用于这种专题变化检测，SAR 解译平台(图 8.1)中的应用工程(APP)可以采用如下流程：

- 获取数据：取得地物变化前、后不同时相的 SAR 图像Ⅰ和图像Ⅱ，并且两幅图像进行配准(Yu & Sun，2005)。对于同一遥感传感器的重访，可以不再使用 SAR 图像配准技术；
- 变化检测：利用 SAR 图像变化检测技术，获得图像Ⅰ相对图像Ⅱ有变化的区域(见 8.5.3.1 部分)；
- 变化解译：利用 SAR 图像检索技术，分别对图像Ⅰ和Ⅱ的变化区域辨识特指的地物目标类型(见 8.5.3.2 部分)；
- 标注结果：地物变化结果可视化，并且量化地物变化各项指标(见 8.5.3.2 部分)。

当然，应用工程(APP)也可以首先分别对图像Ⅰ和Ⅱ检索出所有特指的地物目标，然后根据两景 SAR 图像标注为不同的地物目标区域做出专题变化的标注。但是这个方案实现起来效率低得多。

下面简述 SAR 图像变化检测原理，然后给出一个变化解译的应用实例。

1. SAR 图像变化检测

变化检测技术旨在从 SAR 图像数据中，区分开合成孔径雷达系统和电磁波传输中各种随机因素引起的数据变化，提取由地物目标的物理性质和几何性质引起的变化。

我们着重讨论基于 SAR 回波强度的变化检测。SAR 图像可以用边缘或轮廓反映地物目标的几何形状；SAR 图像可以用其强度值大小反映地物的材质，如地物湿度等等影响介电常数的因素；还可以反映地物表面粗糙度，如矿石、砾石、圆石颗粒、植物枝叶、静止或流动水面等等这些表面结构要素。

图像变化检测技术就是根据多时相 SAR 图像数据标注出图像变化的区域。这里包括两个主要步骤：生成差异灰度图像和提取变化区域，下面简述这两个技术。

通常的 SAR 图像变化检测方法有两大类：一类是基于像素的变化检测；另一类是基于区域的变化检测。另外针对特殊的变化检测应用，还有线目标的变化检测(蔡纯，2005)。

下面简述基于像素的变化检测和基于区域的变化检测技术。

1) 差异检测

依据两幅多时相图像数据，设计反映其差异的测度，将其作为灰度值形成一幅差异图像。根据应用需求，有基于像素的差异检测、基于区域的差异检测和基于线目标的差异检测。我们讨论较为常用的前两者。

(1)基于像素的差异检测

基于像素变化检测适合用于检测沿海地区环境变化、研究热带森林、温带森林的落叶情况及其他变化、分析地表沙漠化及灌溉农作物的生长情况等(Weydahl，1993；Vogelman，1988；Way et al.，1994)。

基于像素的差异检测的测度，主要利用像素邻域的均值比、相关系数和直方图或者熵之差。

- 均值比

比值法是基于像素变化检测的基本方法，十分适合应用于检测城市的变化情况(Todd，1977)。SAR 图像的相干斑可以认为是一种乘性模型[式(2.12)]，因此可以用多时相图像的像素值之比检测变化与否。如果没有发生变化，相应波段中相应像素的期望比值接近于 1。如果某些像素的位置发生了变化，这个比值将会显著地大于或小于 1。

假设对应同一分辨率单元的不同时相 T_0 和 T_1 的 SAR 强度图像 I_0 和 I_1 在统计上相互独立的。取像素点 (i,j) 的邻域 $\Omega_{i,j}$，则均值比图像 γ_R 为

$$\begin{aligned}\gamma_R(i,j) &= \left(\sum\nolimits_{(k,l)\in\Omega_{i,j}} I_1(k,l)\right)\Big/\left(\sum\nolimits_{(k,l)\in\Omega_{i,j}} I_0(k,l)\right)\\ &= \mu_1(i,j)/\mu_0(i,j)\end{aligned} \tag{8.4}$$

- 相关系数

取像素点 (i,j) 的 N 点邻域 $\Omega_{i,j}$，SAR 强度图像 I_0 与 I_1 之间的相关系数 $\gamma_C(i,j)$ 为

$$\gamma_C(i,j) = \frac{\left(\frac{1}{N}\sum\nolimits_{(k,l)\in\Omega_{i,j}} I_1(i,j)I_0(i,j)\right)}{\sqrt{\frac{1}{N}\sum\nolimits_{(k,l)\in\Omega_{i,j}} I_1^2(i,j)}\sqrt{\frac{1}{N}\sum\nolimits_{(k,l)\in\Omega_{i,j}} I_0^2(i,j)}} \tag{8.5}$$

如果没有发生变化，I_0 与 I_1 之间高度相关，其相关系数接近于 1。

- 直方图之差

直方图显示了图像的分布规律，而滑动窗口内的直方图可以反映某像素邻域内的局部分布规律。比较不同时相 SAR 图像对应坐标的像素在邻域直方图上的差别，也可以定位并提取变化信息。设 B 为图像数据的位数，$p(b)$ 为图像灰度级为 b 的统计值。则直方图之差的一阶范数为

$$\gamma_{\text{HIST}}(i,j) = \sum\nolimits_{b=1}^{(2^B-1)} \left|p_1(b) - p_0(b)\right| \tag{8.6}$$

如果对应像素邻域无变化，则直方图应该大体一致；如果存在变化，直方图也会根据变化的原因不同形成不同的差异。这种方法依赖于窗口的选择，过小的窗口会导致同一类别的直方图差别较大，从而影响差异图的准确性。

- 图像互熵

图像互熵也是描述两幅图像之间差异信息的一种常用特征，将其用作对变化信息的检测可以生成对应的差异图像。

取图像 I_0 和 I_1 在位置 (i,j) 的邻域，计算互协方差 $\text{Cov}(i,j)$

$$\mathrm{Cov}(i,j)=\begin{bmatrix} E(I_1I_1) & E(I_1I_0) \\ E(I_0I_1) & E(I_0I_0) \end{bmatrix} \tag{8.7}$$

用其互熵 $H(I_0,I_1)$ 构成差异图像 $\gamma_H(i,j)$：

$$\begin{aligned}\gamma_H(i,j) &= H\left[I_1(i,j),I_0(i,j)\right] \\ &= -p_{\lambda_1}(i,j)\log_2[p_{\lambda_1}(i,j)]+p_{\lambda_2}(i,j)\log_2[p_{\lambda_2}(i,j)]\end{aligned} \tag{8.8}$$

式中，$\lambda_k(i,j)$, $k=1,2$ 为 $\mathrm{Cov}(i,j)$ 的特征值，其概率定义为

$$p_k(i,j)=\lambda_k(i,j)/\left[\lambda_1(i,j)+\lambda_2(i,j)\right],\quad k=1,2$$

(2) 基于区域的差异检测

区域变化检测广泛用于大面积的地物监测，如国土资源调查、生态状况监控、城市增长调查、战场环境变化等。

基于区域的变化检测方法采用 SAR 图像分割技术，然后在各个同质区域进行变化检测。这样大大地抑制了斑点噪声对检测的影响。

第一步，图像分割。

SAR 图像的分割技术主要采用基于分布特征和基于纹理特征的分割技术，如马尔科夫随机场法（Yang & Sun，2006）、流域分割法（曹永锋 & 孙洪，2003）等。

对于 SAR 图像变化检测的应用，由于主要基于辐射强度进行变化检测，因此可以用最简单实用的 MeanShift 方法（Jarabo-Amores et al.，2011）进行分割。

为了对变化前、后的图像 I 和图像 II，获得一个相同的划分，可以对两景图像的均值图像 $\bar{I}=(I_1+I_0)/2$ 实施 MeanShift 分割（这是一个非常简单实用的方法）。

第二步，区域变化检测。

对每个划分的子区域，基于分布特征和纹理特征定义区域变化的测度，以构建差异图像。下面简述利用图像统计特性的区域似然法和利用图像纹理特征的联合稀疏系数进行区域变化检测。

- 区域似然比

首先利用相对熵，即 KL 散度（Kullback & Leibler，1951）：

$$D(I_1|I_0)\triangleq\sum p(I_0)\log\left[\frac{p(I_0)}{p(I_1)}\right] \tag{8.9}$$

式中，$p(I_0)$ 和 $p(I_1)$ 分别表示两幅 SAR 图像 I_0 和 I_1 的概率分布函数。为了避免不对称，定义区域差异测度为

$$\gamma(I_1,I_0)=D(I_1|I_0)+D(I_0|I_1) \tag{8.10}$$

实用中很难获取准确的 SAR 图像的分布函数 $p(I)$，通常用低阶矩估计区域差异测度 γ。

如果仅仅用到分布函数的一阶统计量，即区域内像素的均值，则两幅图像的差异距离为

$$D_{\text{Mean}}(I_1|I_0) \triangleq \log\left(\frac{\sum_{(i,j)\in\Omega} I_1(i,j)}{\sum_{(i,j)\in\Omega} I_0(i,j)}\right) \tag{8.11}$$

这样，该区域的差异测度简化成为

$$\gamma_{\text{Mean}}(I_1, I_0) = 1 - \min\left\{\frac{\mu_1}{\mu_0}, \frac{\mu_0}{\mu_1}\right\} \tag{8.12}$$

对于多视图像或者经过降斑滤波后的图像 X ，可以用高斯分布描述

$$p(X) = \frac{1}{\sqrt{2\pi\sigma_x^2}} \exp\left\{-\frac{(x-\mu_x)^2}{2\sigma_x^2}\right\}$$

这时区域差异图的距离参数可以利用二阶统计量，成为

$$\gamma_{\text{Gaus}}(X_1, X_0) = \frac{\sigma_{X_1}^4 + \sigma_{X_0}^4 + (\mu_{X_1} - \mu_{X_0})^2(\sigma_{X_1}^2 + \sigma_{X_0}^2)}{2\sigma_{X_1}^2\sigma_{X_0}^2} - 1 \tag{8.13}$$

对于幅度图像 A ，近似满足瑞利 Rayleigh 分布：

$$p(A) = \frac{A}{\delta^2} \exp\left\{-\frac{A^2}{2\delta^2}\right\}, \quad A \geqslant 0$$

这时，区域差异图的测度参数成为

$$\gamma_{\text{Rayl}}(A_1, A_0) = \log\left(\frac{\sigma_{A_1}^2}{\sigma_{A_0}^2}\right) + \frac{\sigma_{A_0}^2}{\sigma_{A_1}^2} + \log\left(\frac{\sigma_{A_0}^2}{\sigma_{A_1}^2}\right) + \frac{\sigma_{A_1}^2}{\sigma_{A_0}^2} - 2 \tag{8.14}$$

一般在不考虑 SAR 图像纹理情况下，可以认为 SAR 图像强度数据服从 Gamma 分布：

$$p(I|\sigma) = \frac{L^L I^{L-1}}{\sigma^N (L-1)!} \exp\left\{-\frac{LI}{\sigma}\right\}$$

式中，σ 表示图像上一个强度均匀区域的均值，L 是 SAR 数据的等效视数。这将使得差异测度 γ 的计算非常复杂：

$$\gamma_{\text{Gamma}}(I_1, I_0) = \log\left(\int \frac{p(I_0)}{p(I_1)} p(I_0)\mathrm{d}I_0\right) + \log\left(\int \frac{p(I_1)}{p(I_0)} p(I_1)\mathrm{d}I_1\right) \tag{8.15}$$

如果考虑强纹理的 SAR 强度数据服从分布，其差异测度 γ 更加复杂。另外，如果考虑更高阶的矩，如三阶或者四阶累量，可以用 Edgeworth 级数逼近分布函数(Lin et al.，1999)。

- 联合稀疏系数(Li et al.，2012)

在稀疏表示 $\boldsymbol{x} = \boldsymbol{D}\boldsymbol{A}$ [式(4.33)]中，自适应字典矩阵 $\boldsymbol{D} = \left[\boldsymbol{d}_k\right]_{k=1}^K$ 的原子矢量 $\boldsymbol{d}_k$ 描述了图像在纹理结构上的特征分量。如果两幅图像 I_0 和 I_1 没有实质性的变化，则它们在同一个稀疏表示字典 $\boldsymbol{D}$ 上都可以得到稀疏表示 $\|\boldsymbol{\alpha}_m\|_0 = \min, \forall m$ 其中 $\boldsymbol{A} = [\boldsymbol{\alpha}_m]$，即 $\boldsymbol{\alpha}_m$ 是稀疏

的。如果相反，它们有实质性的变化，它们不可能都得到稀疏表示。

设对局部图像（分割得到的同质区域）I_0 通过学习（式(4.36)和表 4.6）得到自适应字典 $\boldsymbol{D}^{(0)}$ 及其稀疏表示 $\boldsymbol{A}^{(0,0)}=[\alpha_m^{(0,0)},\forall m]$：

$$\left\{\boldsymbol{D}^{(0)},\boldsymbol{\alpha}_m^{(0,0)}\right\}=\arg\min\left\|I_0-\boldsymbol{D}^{(0)}\boldsymbol{\alpha}_m^{(0,0)}\right\|_F^2+\lambda_0\left\|\boldsymbol{\alpha}_m^{(0,0)}\right\|_0 \tag{8.16}$$

用学习得到的稀疏域字典 $\boldsymbol{D}^{(0)}$，求得 I_1 对 I_0 的联合稀疏表示

$$\boldsymbol{\alpha}_m^{(1,0)}=\arg\min\left\|I_1-\boldsymbol{D}^{(0)}\boldsymbol{\alpha}_m^{(1,0)}\right\|_F^2+\lambda_1\left\|\boldsymbol{\alpha}_m^{(1,0)}\right\|_0 \tag{8.17}$$

如果 I_1 相对于 I_0 没有实质上的变化，则混合范数 $\|\bullet\|_{1,\infty}$ 基本不变，即有

$$\left\|\alpha_m^{(0,0)}\right\|_{1,\infty}\approx\left\|\alpha_m^{(1,0)}\right\|_{1,\infty}$$

相反，如果它们有纹理结构上的变化，$\boldsymbol{\alpha}^{(1,0)}$ 将不会那么稀疏，而且系数权重也相对很小，因此其 $l_{1,\infty}$ 范数就比 $\boldsymbol{\alpha}^{(0,0)}$ 的小很多。即有

$$\left\|\alpha_m^{(0,0)}\right\|_{1,\infty}\gg\left\|\alpha_m^{(1,0)}\right\|_{1,\infty}$$

于是，差异图像的灰度可以取两个方向的联合稀疏系数之和：

$$\gamma_{Spars}(I_1,I_0)=\left\|\boldsymbol{\alpha}^{1,0}\right\|_{1,\infty}+\left\|\boldsymbol{\alpha}^{0,1}\right\|_{1,\infty} \tag{8.18}$$

这是一个考虑到图像纹理结构的非常鲁棒的变化检测的测度。

2) 变化检测

设计一个阈值 T，根据差异图像 γ 将图像空间 $\{\omega(i,j)\}$ 划分为变化区域 Ω_C 和未变化区域 Ω_N 两类：

$$\omega(i,j)\in\begin{cases}\Omega_N, & \text{if } \gamma(i,j)\leqslant T\\ \Omega_C, & \text{if } \gamma(i,j)>T\end{cases} \tag{8.19}$$

阈值的选取用经验值或者自动确定。对于比较鲁棒的差异测度，可以选取经验阈值，因为这时的阈值在很大范围内都能保证检测性能指标。如联合稀疏系数法，可以在 (0,1.5) 之间很大一个范围内置阈值。对于复杂地物的 SAR 图像，其变化检测的阈值常常用如下几个经典的自动阈值计算方法。

(1) 最大类间方差阈值

设图像 γ 的灰度级为 $[1,M]$。如果第 m 级灰度级的像素点个数为 n_m，总的像素点个数为 N，则第 m 级灰度值出现在差异图中的概率为 $p(m)=n_m/N$。对于阈值 T，未变化类 Ω_N 与变化类 Ω_C 的类间方差为

$$\sigma^2(T)=p_N(\mu-\mu_N)^2+p_C(\mu-\mu_C)^2$$

其中

$$p_N = \sum_{m=1}^{T} p(m), \quad \text{变化类}\Omega_N\text{概率}$$

$$p_C = \sum_{m=T+1}^{M} p(m), \quad \text{变化类}\Omega_C\text{概率}$$

$$\mu_N = \sum_{m=1}^{T} m \cdot p(m), \quad \text{未变类灰度均值}$$

$$\mu_C = \sum_{m=T+1}^{M} m \cdot p(m), \quad \text{变化类灰度均值}$$

$$\mu = \sum_{m=1}^{M} m \cdot p(m), \quad \text{图像}\gamma\text{灰度均值}$$

使 $\sigma^2(T)$ 最大的阈值 T 就是所求将图像划分为变化类 Ω_C 和未变化类 Ω_N 两类的最佳阈值：

$$\hat{T} = \arg\max[\sigma^2(T)] \tag{8.20}$$

最大类间方差法是 Otsu (1979) 最早于 1979 年提出，它是一种简单有效的自动阈值选取方法。由于最大类间方差稳定性较好，其在对实时性要求高的图像处理中得到广泛的应用。

(2) 最佳熵阈值

同样考虑灰度级 T 将图像空间位置 ω_i 分为变化类 Ω_C 和未变化类 Ω_N，引用熵 $H(K) \triangleq -\sum_{k=1}^{K} p(k) \cdot \ln p(k)$，则每一类对应的熵 $H_C(T)$ 和 $H_N(T)$ 分别为

$$\begin{aligned} H_N(T) &= -\sum_{m=1}^{T}\left[\frac{p(m)}{p(T)} \cdot \ln\left(\frac{p(m)}{p(T)}\right)\right] \\ &= -\frac{1}{p(T)}\sum_{m=1}^{T}\left[p(m)\ln p(m) - p(m)\ln p(T)\right] \\ &= H(T)/p(T) + \ln\left[p(T)\right] \end{aligned}$$

和

$$\begin{aligned} H_C(T) &= -\sum_{m=T+1}^{M}\left[\frac{p(m)}{1-p(T)} \cdot \ln\left(\frac{p(m)}{1-p(T)}\right)\right] \\ &= \frac{H(M)-H(T)}{1-p(T)} + \ln\left[1-p(T)\right] \end{aligned}$$

使得熵 $H(T)$ 最大的 T 就是最佳熵阈值 $\hat{T}$ (Kapaur et al.，1985)：

$$\begin{aligned} \hat{T} &= \arg\max\left[H_N(T) + H_C(T)\right] \\ &= \arg\max\left[\frac{H(M)-H(T)}{1-p(T)} + \frac{H(T)}{p(T)} + \ln\left\{p(T)\cdot\left[1-p(T)\right]\right\}\right] \end{aligned} \tag{8.21}$$

(3) 最小错误率阈值

当图像灰度 m 取为 T 时，定义其错误代价函数 (cost function) 为

$$C(m,T) \triangleq \begin{cases} -2\ln\left[p\left(\Omega_N \middle| m,T\right)\right], & \text{if } m \leqslant T \\ -2\ln\left[p\left(\Omega_C \middle| m,T\right)\right], & \text{if } m > T \end{cases}$$

平均错误代价就为

$$J(T)=\sum_{m=1}^{M}p(m)C(m,T)$$

那么，最佳阈值$\hat{T}$应该使得平均错误概率$J(T)$最小。

对于高斯模型，最小错误率阈值为

$$\hat{T}=\arg\min\left\{\begin{matrix}1+2\left[p_N(T)\log\left(\sigma_N(T)\right)+p_C(T)\log\left(\sigma_C(T)\right)\right]\\-2\left[p_N(T)\log\left(p_N(T)\right)+p_C(T)\log\left(p_C(T)\right)\right]\end{matrix}\right\} \tag{8.22}$$

式中，变化类Ω_C和未变类Ω_N的先验概率p及其均值μ、方差σ^2分别为

$$p_N(T)=\sum_{m=1}^{T}p(m) \qquad p_C(T)=1-p_N(T)$$

$$\mu_N(T)=\frac{\sum_{m=1}^{T}\left[m\cdot p(m)\right]}{p_N(T)} \qquad \mu_C(T)=\frac{\sum_{m=T+1}^{M}\left[m\cdot p(m)\right]}{p_C(T)}$$

$$\sigma_N^2(T)=\frac{\sum_{m=1}^{T}p(m)\left[m-\mu_N(T)\right]^2}{p_N(T)} \qquad \sigma_C^2(T)=\frac{\sum_{m=T+1}^{M}p(m)\left[m-\mu_C(T)\right]^2}{p_C(T)}$$

(4) 恒虚警率阈值

多时相 SAR 图像经过前文所述各类方法所生成的差异图像，由于其直方图的特性与瑞利分布十分接近，因此可以利用瑞利分布模型进行恒虚警率检测(Hu, et al.，2013)提取变化区域。基于瑞利分布的恒虚警率P_{FAR}检测的阈值为

$$T=\frac{\sqrt{-2\log P_{FAR}}-\sqrt{\pi/2}}{\sqrt{2-\pi/2}}\delta+\mu \tag{8.23}$$

式中，δ为差异图像的方差；μ为差异图像的均值。

2. 目标变化解译实例

利用 SAR 图像智能检索系统 SARUISR(软件著作权号：2010R11L071461)，调查一年内广东某区域农用地、未利用地和建筑地之间的转变面积。根据已获得的该地区 2008 年 5 月及 12 月的两景 TerraSAR-X 数据，利用 SAR 图像检索平台进行分析处理。首先利用变化检测技术得到变化区域，如图 8.18 所示的红色区域；然后对变化区域通过检索分类技术得到的专题标注图，如图 8.19 所示。特别关注的是图中玫瑰色所示的农用地变为建筑地，黄色所示的未利用地变为建筑地，尤其关注的是图中蓝色所示的农用地成为未利用地。

图 8.18、图 8.19 结果显示出，该区域在 2008 年 5 月到 12 月之间存在的主要变化都基本类属于农用地及未利用地转变为建筑用地，以及农用地及建筑用地转化为未利用地。而未利用地主要为裸土地，表明很大可能是待建地。综上可知，该地区正在大规模的兴建中。实际情况是，该地区为广东番禺地区，标注图中最大的未利用地→建筑用地的区域(黄色区块)正是在番禺石壁村兴建中的号称“亚洲最大火车站”的广州新客站，考虑

交通便利和成本问题，将石壁村进行了整体搬迁，在原有农用地的基础上兴建该站。为了保障新客站的顺利建成，周边地区也配套建起几处工业区以及铁路的修建和公路的线路调整，在标注图中表示为农用地“变为”建筑用地的几个集中区域(玫红色区块)。

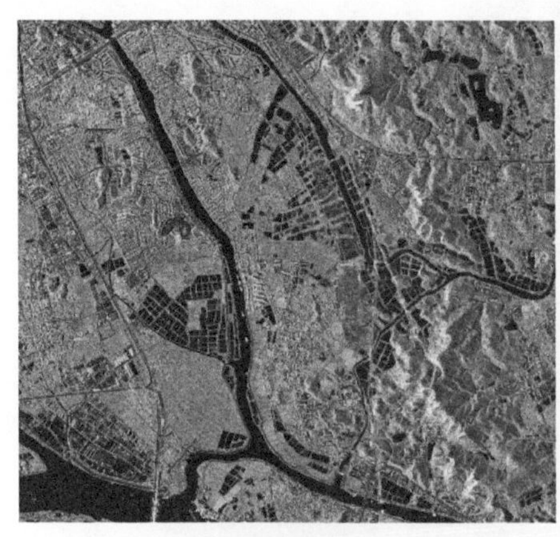

(a) 5月24日广东地区SAR图像

(b) 12月19日广东地区SAR图像

(c) “红色”标出有变化的区域

图 8.18　广东地区变化检测结果图

图 8.19　广东地区专题变化解译标注图

8.6 结　论

SAR 图像目标检索系统提供了一个 SAR 图像目标辨识的应用平台。其基本原理是利用电脑自动解译系统和人脑判别干预系统进行协同工作。

SAR 图像目标检索系统的两个关键技术是：电脑自动解译的模式识别技术，和人工判别干预的相关反馈技术。

SAR 图像目标检索系统是一个有效的 SAR 图像解译应用平台。武汉大学信号处理实验室在国家高新技术研究发展计划(863 计划)项目“高分辨率 SAR 图像城区信息智能检索”支持下开发了 SAR 图像检索系统(SARUISR)。本章展示了该系统的三个典型的应用实例：地物分布调查/侦察，特指目标的搜寻和地物变化的辨识。

SAR 图像目标检索系统是一个“人机交互”的应用平台。该系统结合电脑计算和推理方式的自动识别技术和人脑灵活快速的感性认知能力，以达到 SAR 图像解译的应用需求。

参考文献

蔡纯. 2005. 星载 SAR 多时相图像变化检测算法研究. 武汉大学硕士学位论文.

曹永锋, 孙洪, 徐新. 2003. 基于盆地动力学的图像多级阈值化方法. 信号处理, 19(8): 94-97.

范红梅, 王希常, 于建伟. 2009. 基于特征的文档子图像检索及其相关反馈. 信息技术与信息化, (5): 33-35.

郝玉保, 王仁礼, 马军等. 2010. 改进 Tamura 纹理特征的图像检索方法. 测绘科学, 35(4): 136-138.

邵虹, 张金霞, 崔文成等. 2009. 基于动态权重查询点移动的正相关反馈方法. 计算机工程与设计, 30(20): 4711-4714.

张磊, 林福宗, 张钹. 2008. 基于支持向量机的相关反馈图像检索算法. 清华大学学报(自然科学版), 42(1): 80-83.

周明全, 耿国华, 韦娜. 2007. 基于内容图像检索技术. 北京: 清华大学出版社, 230-235.

ArcGIS. 2010. https: //www.arcgis.com/index.html.

Chen R, Cao Y F, Sun H. 2011. Active sample-selecting and manifold learning-based relevance feedback method for synthetic aperture radar image retrieval. Radar, Sonar & Navigation, IET, 5(2): 118-127.

Cheung K H, Kong A, You J, et al. 2005. A new approach to appearance-based face recognition. IEEE International Conference on Systems, 2: 1686-1691.

Dellinger F, Delon J, Gousseau Y, et al. 2013. SAR-SIFT: A SIFT-like algorithm for SAR images. IEEE Transactions on Geoscience & Remote Sensing, 53(1): 453-466.

Hu J W, Xia G S, Sun H. 2013. Target detection in SAR images via radiometric multi-resolution analysis. Proc. of SPIE MIPPR 2013, Vol.8918, pp. 2013 SPIE. 8919. 04H, doi: 10.1117/12.2031543.

Intel. 2010. https: //software.intel.com/en-us/intel-ipp/.

Jarabo-Amores P, Rosa-Zurera M, de la Mata-Moya D, et al. 2011. Spatial-range mean-shift filtering and segmentation applied to SAR images. IEEE Transactions on Instrumentation and Measurement, 60(2): 584-597.

Joachims T. 1998. Making large-scale SVM learining practical. Technical Reports, 8(3): 499-526.

Kapaur J N, Sahoo P K, Wong A K C. 1985. A new method for gray-level picture thresholding using the entropy of the histogram. Computer Vision Graphics and Image Processing, 29(3): 273-285.

Kullback S, Leibler R A. 1951. On information and sufficiency. Annals of Mathematical Statistics, 22(1): 79-86.

Li W, Chen J, Yang P, Sun H. 2012. Multi-temporal SAR images change detection based on joint sparse representation of pair dictionaries. IEEE International Geoscience and Remote Sensing Symposium: 6165-6168.

Lin J, Saito N, Levie R. 1999. Edgeworth Approximation of the Kullback-Leibler Distance Towards Problems in Image Analysis [OL]. http: //www.math.ucdavis.edu/～saito.

Liu J, Cheng Y L, Sun J D. 2012. Modified FCM SAR image segmentation method based on GLCM feature. Computer Engineering & Design, 33(9): 3502-3506.

Merigo J M and Casanovas M. 2011. A new minkowski distance based on induced aggregation operators. International Journal of Computational Intelligence Systems, 4(2): 123-133.

Otsu N. 1979. A threshold selection method from gray-level histogram. IEEE Trans. on Systems, Man, and Cybernetics, 9(1): 62-66.

Vogelman J E. 1988. Detection of forest change in the Green Mountains of Vermont using multispectral scanner data. Int.J. Of Remote Sensing, 9: 1187-1200.

Way J, Rignot E J M, McDonald K C, et al. 1994. Evaluating the type and state of Alaska Taiga forests with imaging radar for use in ecosystem models. IEEE Transactions on Geoscience and Remote Sensing, 32(2): 353-370.

Yang Y, Sun H, Cao Y F. 2006. Unsupervised urban area extraction from SAR imagery using GMRF. Pattern Recognition and Image Analysis: Advances in Mathematical Theory and Applications, 16(1): 116-119.

Yu X Y, Sun H. 2005. Automatic image registration via clustering and convex hull vertices matching. Springer-Verlag: Lecture Notes in Artificial Intelligence 3584: 439-445.

Zhang H, Tong H, Zuo B, et al. 2012. Quick browsing of massive remote sensing image based on GDAL. Computer Engineering & Applications, 48(13): 159-162.

Zhu J, Zou H, Rosset S, et al. 2006. Multi-class AdaBoost. Statistics & Its Interface, 2(3): 349-360.

索　引

1. 公式列表

(1) 检索系统(8.1～8.3)

(2) 图像差异测度(8.4～8.18)

(3) 变化检测阈值(8.19～8.23)

2. 插图列表

3. 表格目录